Pilze

LYNNE BODDY & ALI ASHBY

Pilze

GEHEIMNISSE EINES VERBORGENEN REICHS

Marasmius capillaris

INHALT

Violetter Lacktrichterling
(*Laccaria amethystina*)
Dieser auffällig gefärbte Pilz mit violettem Hut und Stiel kann uns täuschen. Wenn er austrocknet, färbt er sich hellgrau, fast weiß, und ist dann nicht mehr so leicht zu bestimmen.

PILZHYPHEN

Ein Teelöffel Waldboden (etwa 1 Gramm) enthält bis zu 100 Meter lange Pilzhyphen. Auf einem kurzen Spaziergang erstrecken sich im Boden unter Ihren Füßen Pilzhyphen, die, aneinandergereiht, lang genug wären, um die Erde am Äquator mehrere Male zu umspannen.

Früher ordnete man die Pilze den Pflanzen zu, aber heute weiß man, dass sie ein eigenes Reich bilden. Forschende schätzen, dass es etwa fünf Millionen Pilzarten gibt, von winzigen Hefe- und Fadenpilzen bis hin zu Hutpilzen, Stäublingen und Porlingen.

WAS SIND PILZE?

Pilze sind weder Pflanzen noch Tiere. Sie bilden ein eigenes Reich und kommen in fast jedem Lebensraum der Erde vor, in Höhlen in der Tiefsee genauso wie im Obstkorb auf dem Tisch. Viele Pilzarten sind Mikroorganismen und bestimmte Arten sind sogar ein Teil des Mikrobioms des Menschen. Die Zellen einzelliger Hefepilze beispielsweise haben meist nur drei bis vier Tausendstel Millimeter (µm) und höchstens 40 µm Durchmesser, und Fadenpilze bilden winzige fadenförmige Hyphen, die aus einer oder vielen Zellen unterschiedlicher Länge bestehen. Das Haar eines Menschen ist etwa 40-mal so dick wie sie.

Wenn man Trockenhefe mit Wasser und Zucker versetzt oder wenn unzählige Pilzsporen einen Sporenabdruck bilden (S. 172–173), werden Spuren dieser Lebewesen für uns sichtbar. Wir brauchen jedoch ein Mikroskop, um die Pilze genauer erforschen zu können. Hyphen kann man mit bloßem Auge sehen, wenn sie in Massen wachsen, z. B. auf Lebensmitteln oder auf der Unterseite von morschem Holz. Sie formen sichtbare Fruchtkörper und Netzwerke, die man als Myzelien bezeichnet und die sich oft über weite Entfernungen ausbreiten. Eines der größten Lebewesen der Erde ist das Myzel eines Pilzes.

DER WESENTLICHE TEIL: DAS MYZEL Die wesentlichen Teile eines Baums sind seine Wurzeln, der Stamm und die Äste. Die wesentlichen Strukturen eines Pilzes sind seine feinen, für uns meist unsichtbaren Hyphen, die ein Netzwerk bilden, das man als Myzel bezeichnet (S. 36–37). Anders als Pflanzen können Pilze keine eigenen Nährstoffe herstellen. Sie sind daher darauf angewiesen, abgestorbene organische Materie oder Körperteile eines lebenden Tiers oder einer Pflanze zu finden und zu verdauen (S. 38–39).

FACHBEGRIFFE

Die Wissenschaft verwendet Fachbegriffe, von denen viele in diesem Buch vorkommen. Im Glossar auf S. 288–289 sind die wichtigsten Begriffe kurz erklärt.

»PILZFRÜCHTE«: DIE FRUCHTKÖRPER Äpfel sind die Früchte von Apfelbäumen und Birnen die Früchte von Birnbäumen. Obwohl Früchte unterschiedlich aufgebaut sind, bilden alle in ihrem Inneren Samen und tragen zu deren Verbreitung bei. Ähnlich haben Röhren- und Lamellenpilze, Porlinge, Erdsterne, becher- und korallenförmige Fruchtkörper, Stäublinge und viele anders gestaltete Fruchtkörper (S. 180–213) die Aufgabe, Sporen zu bilden und zu verbreiten, damit der Pilz neue Lebensräume besiedeln kann.

Scharlachroter Kelchbecherling (*Sarcoscypha coccinea*)
Die becherförmigen, kurz gestielten und bis 8 cm breiten Fruchtkörper wachsen im Spätwinter und Frühjahr an feucht liegenden morschen Ästen, die oft teilweise vom Falllaub verborgen sind. Die leuchtend rote Innenseite der Becher ist mit der Fruchtschicht überzogen, in der die Sporen gebildet werden.

Die Myzelien einiger Arten bilden nur einmal im Leben Fruchtkörper, andere über viele Jahre hinweg und zu bestimmten Jahreszeiten. Bei manchen Arten bilden die Fruchtkörper mehrere Monate oder sogar Jahre lang Sporen.

MEHR ALS NUR EIN HUT MIT STIEL Alle Pilze mit Hut und Stiel sind Fruchtkörper, aber nicht alle Pilzarten bilden Hüte mit Stielen aus. Als Hutpilze bezeichnet man die Fruchtkörper vieler Basidiomyceten (Ständerpilze) (S. 14–15). Sie sind aber nur die sprichwörtliche Spitze des Eisbergs, denn der wichtigste Teil der meisten Arten ist das Myzel. Einige Pilze leuchten im Dunkeln (S. 124–125), andere verdauen Fadenwürmer (S. 87). Wieder andere nehmen radioaktive Stoffe auf oder zersetzen Plastik (S. 280–281) und etliche bilden Enzyme, die man bei bestimmten Herstellungsverfahren einsetzt (S. 276–277). Viele Pilze sind die Nahrung von Tieren (S. 86–87) und einige sind auch für uns essbar (S. 216-217), während andere tödlich giftig sind (S. 96–97, 178–179). Verschiedene Pilze nutzt man seit Jahrhunderten ihrer Heilkräfte wegen (S. 248–251), während andere bei spirituellen Praktiken eine Rolle spielten (S. 240–243).

Einige Pilze sind Krankheitserreger oder töten andere Lebewesen (S. 72–81), aber die meisten Pflanzen (S. 60–63) und viele Tiere (S. 82–85) könnten ohne die Lebensgemeinschaften, die sie mit Pilzen bilden, nicht überleben. Viele Pilze zersetzen tote Tiere und Pflanzenteile und sogar die Baumaterialien unserer Häuser (S. 32–33). Pilze sind die besten Wiederverwerter der Erde. Ohne sie blieben die Nährstoffe in abgestorbenen Pflanzenteilen eingeschlossen und es gäbe keine fruchtbaren Böden, in denen neue Pflanzen wachsen können (S. 280–281).

Dieses Buch handelt nicht ausschließlich von Pilzen – und es ist auch kein Bestimmungsbuch. Es ist ein Buch für Neugierige, für all jene, die mehr über das Reich der Pilze erfahren möchten – was sie sind, was sie tun und wie es dazu gekommen ist, dass sie unsere Welt entscheidend mitgestalten.

Weshalb ist das wichtig? Weil eines sicher ist: Auch wir könnten ohne die Pilze nicht überleben.

Schildborstling auf Totholz (*Scutellinia scutellata* s. l.)

ENTDECKEN

KAPITEL I

WAS IST EIN PILZ? Wie und wann haben sich die Pilze entwickelt? In diesem Kapitel lernen Sie die wesentlichen Unterschiede zwischen Pilzen und anderen Lebewesen und ihre Verwandtschaftsverhältnisse kennen und erfahren, wie viele Arten es gibt und wo man sie finden kann.

Pilze sind näher mit den ***Tieren*** *als mit den Pflanzen verwandt und entwickelten sich vor etwa* ***einer Milliarde*** *Jahren.*

Die ersten Lebewesen erschienen vor etwa 3,5 Milliarden Jahren auf der Erde. Es waren zunächst einfache einzellige Lebewesen. Später entwickelten sich aus ihnen komplizierter gebaute Einzeller, unter denen auch die Vorfahren der Pilze waren.

DER AUFSTIEG DES REICHS DER PILZE

Die ersten einfachen Organismen lebten in Gemeinschaften. Sie bildeten schleimige Matten, die man als Biofilme bezeichnet. Nach fast zwei Milliarden Jahren entwickelten sich aus diesen Einzellern komplexere eukaryotische Zellen. Dieser Zelltyp besitzt einen Kern (mit genetischem Material) und Organellen (abgegrenzte Kompartimente), die bestimmte Aufgaben haben. Ein Mitochondrium beispielsweise erzeugt Energie. Aus den frühen Eukaryoten entwickelten sich schließlich die Pflanzen-, Tier- und Pilzzellen, die wir heute kennen.

WANN ENTWICKELTEN SICH DIE PILZE? Forschende können mit sogenannten molekularen Uhren (der Frequenz, mit der Mutationen in der DNA passieren) und anhand von Fossilien abschätzen, wann bedeutende evolutionäre Ereignisse passierten. Dank dieser Methoden ließ sich zeigen, dass zunächst einfach gebaute pflanzenähnliche Lebewesen aus einem gemeinsamen Vorfahren hervorgingen und 600 Millionen Jahre später die Pilze und die Tiere. Das bedeutet, dass Pilze näher mit den Tieren als mit den Pflanzen verwandt sind. Sie erschienen vor etwa einer Milliarde Jahren.

WIE WAREN DIE ERSTEN PILZE BESCHAFFEN? Die ersten Pilze waren einzellige, im Wasser lebende Organismen mit einfachen Sporen bildenden Strukturen. Einige Pilzgruppen, wie Mitglieder der Chytridiomycota (S. 14–15), der Microsporidia und der Cryptomycota, haben noch immer Merkmale dieser ursprünglichen Formen.

PROMISKUITIVE LEBEWESEN

In den urzeitlichen Biofilmen auf der noch jungen Erde kamen Zellen in Kontakt, tauschten ihre Inhalte aus und verschlangen sich gegenseitig. Versuch und Irrtum führten dazu, dass sich Merkmale vermischten. Tatsächlich gelten einige der ursprünglichsten Gruppen, wie die Eipilze (Oomyceten, S. 20–21) und die Schleimpilze (Myxomyceten, S. 20–21) weder als Pflanzen noch als Tiere oder Pilze.

Dem Reich der Pilze mit etwa fünf Millionen Arten gehören viele verschiedene Pilzgruppen an – von einzelligen Hefepilzen und winzigen Formen, die in Pflanzen- oder Tierzellen leben bis hin zu den größten Lebewesen der Erde.

WER GEHÖRT ZUM REICH DER PILZE?

CHYTRIDIOMYCOTA

Die winzigen Töpfchenpilze leben im Salz- und Süßwasser und in nassen Böden. Anders als bei den meisten Pilzen entspringen die Hyphen, die man Rhizoiden nennt, an der Basis des kugeligen Körpers. Viele Arten wachsen auf abgestorbenen Lebewesen und andere sind Krankheitserreger, die lebende Pflanzen- oder Tierzellen infizieren.

ZOOPAGOMYCOTA

Diese Pilze sind darauf spezialisiert, wirbellose Tiere zu töten. Wenn ihre Hyphen aus dem Körper eines von ihnen getöteten Insekts hervorwachsen oder wenn das Opfer von einem Teppich aus unzähligen Sporen umgeben wird, sind sie sogar mit bloßem Auge zu erkennen.

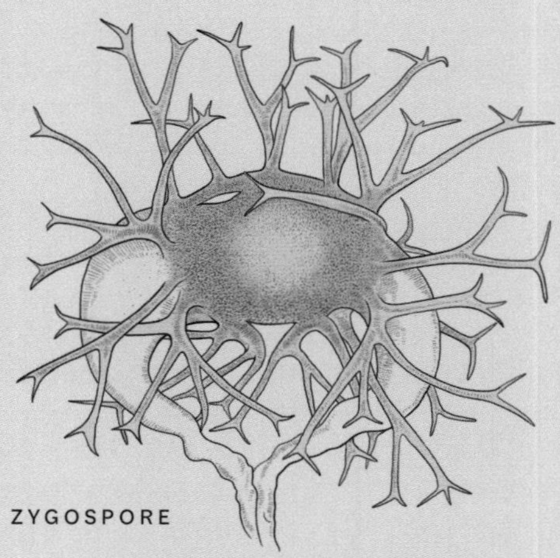

ZYGOSPORE

MUCOROMYCOTA

Die Mitglieder der Untergruppe Mucoromycotina ernähren sich von toten Pflanzen und Tieren. Man kann sie sehen, wenn ihre Hyphen aus dem Substrat wachsen oder wenn sie winzige Sporenbehälter bilden, wie Köpfchenschimmel auf Brot oder dem Kot von Tieren (S. 144–145). Die Glomeromycotina, eine andere Untergruppe, sind wichtige Partner von Pflanzenwurzeln (S. 60–61). Sie bilden keine Fruchtkörper aus, sondern setzen ihre Sporen im Boden frei.

Das Reich der Pilze wird in Gruppen unterteilt, genau wie man beispielsweise das Reich der Tiere in Säugetiere, Vögel, Reptilien, Amphibien usw. unterteilt. In den Gruppen sind verwandte Arten zusammengefasst, die je nach dem Grad der Verwandtschaft weiteren Untergruppen zugeordnet werden.

Die wichtigsten Großgruppen der Pilze werden hier beschrieben. Weitere Gruppen müssen in Zukunft noch weit besser erforscht werden.

ASCOMYCOTA

Die Schlauchpilze bilden die größte Gruppe der Pilze. Bisher wurden etwa 97 000 Arten wissenschaftlich beschrieben. Alle können auf ungeschlechtliche Weise zahlreiche Sporen bilden, ohne dass Hyphen miteinander verschmelzen. Einige bilden auf sexuelle Weise Sporen in schlauchförmigen Strukturen, die man Asci (Einzahl: Ascus) oder Schläuche nennt, daher der Name der Gruppe. Viele Schlauchpilze bilden winzige Fruchtkörper, die man nur mit Lupe oder Mikroskop erkennt, doch gibt es auch einige große und sehr große, die problemlos mit bloßem Auge zu sehen sind.

MICROSTOMA PROTRACTUM
(TULPENBECHERLING),
EIN SEHR SELTENER
ASCOMYCET DES FRÜHJAHRS

RHODOTUS PALMATUS
ORANGERÖTLICHER
ADERNSEITLING

BASIDIOMYCOTA
(Basidiomyceten, Ständerpilze)

Bisher wurden etwa 52 000 Ständerpilzarten wissenschaftlich beschrieben. Die meisten bilden einige Tage, Wochen oder Monate nach dem Verschmelzen von Hyphen große Fruchtkörper aus. Ständerpilze bilden ihre Sporen an Zellen, die man Sporenträger (Basidien, Einzahl: Basidie) nennt, daher der Name der Gruppe. Rost- und Brandpilze (S. 72–73), von denen einige verheerende Pflanzenkrankheiten hervorrufen, bilden keine großen Fruchtkörper aus, doch kann man die Zugehörigkeit zu den Ständerpilzen anhand ihrer Fortpflanzungsstrukturen erkennen.

Alle Pilzzellen haben denselben Grundbauplan, ganz gleich, ob es sich um einen einzelligen Hefepilz, eine Spore, die von einer Fortpflanzungsstruktur gebildet wird oder um die Zelle einer Hyphe handelt.

AUFBAU DER PILZZELLE

Ein wichtiges Merkmal einer Pilzzelle ist ihre Zellwand aus Chitin, die die Zellmembran umgibt. Im Inneren befinden sich von Membranen umschlossene Organellen, die bestimmte Aufgaben haben.

PILZZELLEN Die Zellen der Pilze sind eukaryotische Zellen wie Tier- und Pflanzenzellen. Eukaryotische Zellen sind komplizierter gebaut als Bakterienzellen und besitzen einen von einer Doppelmembran umschlossenen Kern, in dem sich genetisches Material befindet. Es gibt aber einige wichtige Unterschiede. Pilzzellen enthalten wie die Zellen der Tiere keine Chloroplasten. In diesen Organellen der Pflanzenzellen findet die Fotosynthese statt, bei der mithilfe der Energie des Sonnenlichts Nähr- und Baustoffe hergestellt werden. Pilze und Tiere können keine eigenen Nährstoffe herstellen, sondern müssen Nahrung finden und verdauen.

HYPHENZELLEN Hyphen wachsen an ihren Spitzen und können sich verzweigen. Sie bilden das Netzwerk aus, das man als Myzel bezeichnet (S. 36–37). Es ist der wichtigste Teil eines Fadenpilzes. Die Hyphen der Schlauch- und Ständerpilze (S. 14–15) bilden im rechten Winkel zur wachsenden Hyphe Querwände, die man Septen nennt. In jeder Septe befindet sich eine kleine Pore, durch die bestimmte Organellen von Zelle zu Zelle gelangen können. So ist eine Kommunikation zwischen benachbarten Zellen des Myzels möglich.

WAS IST CHITIN?

Chitin ist ein Vielfachzucker, der der Strukturbildung dient. Er kommt auch in den Außenskeletten von Insekten und Krebstieren vor und ist sehr robust. In den Zellwänden der Pilze sorgt u. a. das Chitin für die Stabilität der Hyphenbündel, die so in die Lage versetzt werden, aus dem Waldboden hervorzubrechen, einen Baumstamm zu durchdringen oder sogar Straßenasphalt aufzuhebeln.

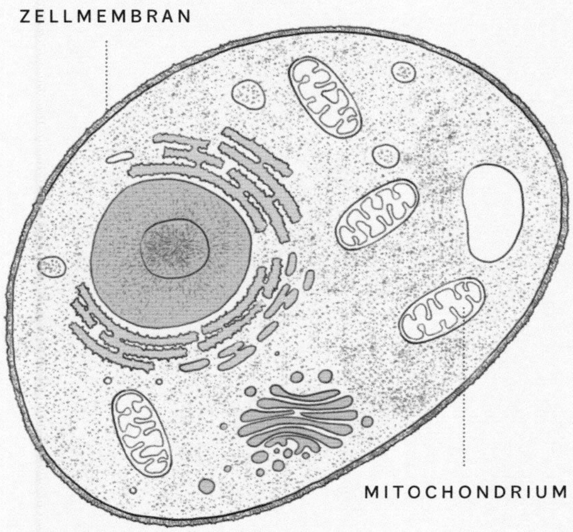

Tierzelle
Eine tierische Zelle besitzt keine Zellwand, sondern nur eine Zellmembran. In der Zelle befinden sich keine Chloroplasten, aber wie in allen eukaryotischen Zellen verschiedene andere Organellen.

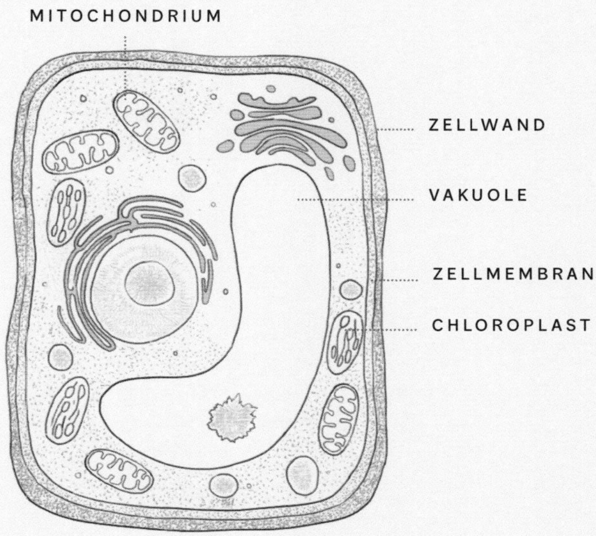

Pflanzenzelle
Die Wand einer Pflanzenzelle enthält Zellulose und im Inneren befinden sich membranumschlossene Organellen, die Chloroplasten. In ihnen ist der Farbstoff Chlorophyll eingelagert, der die Lichtenergie einfängt. Eine oder mehrere Vakuolen sorgen für Struktur und Stabilität und in ihnen werden Stoffe gespeichert oder entsorgt.

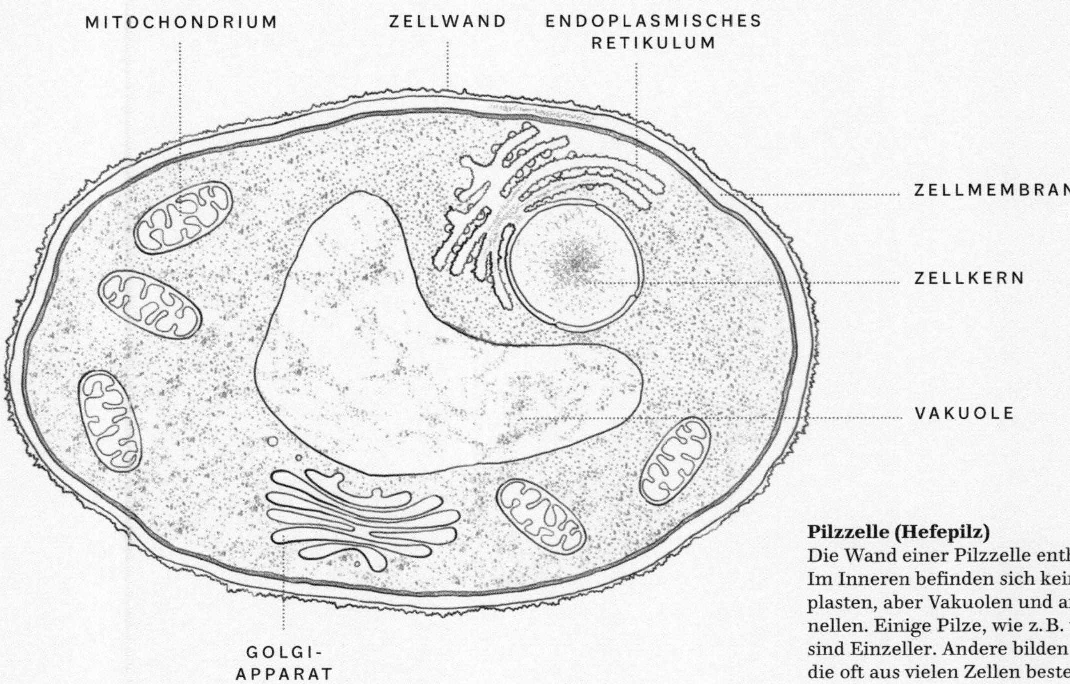

Pilzzelle (Hefepilz)
Die Wand einer Pilzzelle enthält Chitin. Im Inneren befinden sich keine Chloroplasten, aber Vakuolen und andere Organellen. Einige Pilze, wie z. B. viele Hefen, sind Einzeller. Andere bilden Hyphen aus, die oft aus vielen Zellen bestehen.

Pilze bilden in speziellen Strukturen unzählige Sporen, um neue Lebensräume zu besiedeln. Die Fortpflanzung der Pilze (also die Sporenbildung) geschieht auf zwei Weisen: ungeschlechtlich und sexuell.

FORTPFLANZUNG DER PILZE

Die Strukturen, in (oder an) denen die Sporen gebildet werden, entwickeln sich bei Fadenpilzen am Myzel (S. 36–37) oder aus Dauerstadien, wie etwa beim Mutterkornpilz (S. 258–259). Sie können winzig sein, wie bei Pilzarten, die nur unter dem Mikroskop zu sehen sind. Andere sieht man mit dem bloßen Auge, wie z. B. die Fruchtkörper der Hutpilze.

Ein Pilz kann auch Sporen bilden, ohne dass seine Hyphen mit denen eines passenden Pilzpartners verschmelzen. Diesen Vorgang bezeichnet man als ungeschlechtliche oder asexuelle Fortpflanzung. Oft werden dabei große Mengen an Sporen gebildet, die mit jenen des Produzenten genetisch identisch sind.

Die Fähigkeit von Pilzhyphen, mit einem artgleichen Partner zu verschmelzen, wird als sexuelle Fortpflanzung bezeichnet. Hierbei werden die Gene neu kombiniert. Sexuelle Fortpflanzung ist energieaufwendiger und es werden weniger Sporen gebildet. Jede Spore enthält eine einzigartige Mischung der Gene beider Partner.

Einige Pilzarten, wie der Schimmelpilz *Penicillium expansum*, ein Ascomycet, können sich nur ungeschlechtlich fortpflanzen, während andere sich meistens sexuell fortpflanzen, wie z. B. der Zucht-Champignon *Agaricus bisporus* (S. 222–223). Manche Arten pflanzen sich in ihren Lebenskreisläufen sowohl ungeschlechtlich als auch geschlechtlich fort. Ein Beispiel ist der Schlauchpilz *Pyrenopeziza brassicae*, der eine Blattfleckenkrankheit an Raps und anderen Kreuzblütlern verursacht.

WESHALB IST PILZ-SEX WICHTIG? Wenn ein Pilz in einer stabilen Umwelt wächst, die sich kaum verändert, ist es ideal, wenn seine zahlreichen Nachkommen dieselben Merkmale besitzen wie der Elternpilz. Dies passiert bei ungeschlechtlicher Fortpflanzung. Warum sollte man das Erfolgsrezept auch verändern? Wenn der Pilz aber in einer veränderlichen oder extremen Umgebung wächst und sich sowohl ungeschlechtlich wie auch sexuell fortpflanzen kann, ist es viel besser, Sporen mit verschiedenen Merkmalskombinationen zu bilden, von denen einige besonders gut angepasst sind. Dies erreicht er mit sexueller Fortpflanzung. Obwohl diese aufwendiger ist und eine Verschmelzung der Hyphen von zwei kompatiblen Pilzpartnern erfordert, weisen sexuell gebildete Sporen neue Merkmale auf, die dem Pilz eventuell Überlebensvorteile verschaffen.

Sexuelle Fortpflanzung bei *Mucor*
Bei *Mucor*-Arten (Köpfchenschimmel) gibt es zwei Geschlechter, die mit + und – bezeichnet werden, denn sie haben keine Merkmale, die sie als männlich oder weiblich ausweisen. Die Hyphen verschiedener Geschlechter (Paarungstypen) wachsen aufeinander zu. Die Befruchtung findet statt, indem zwei spezielle Strukturen, sogenannte Gametangien, miteinander verschmelzen.

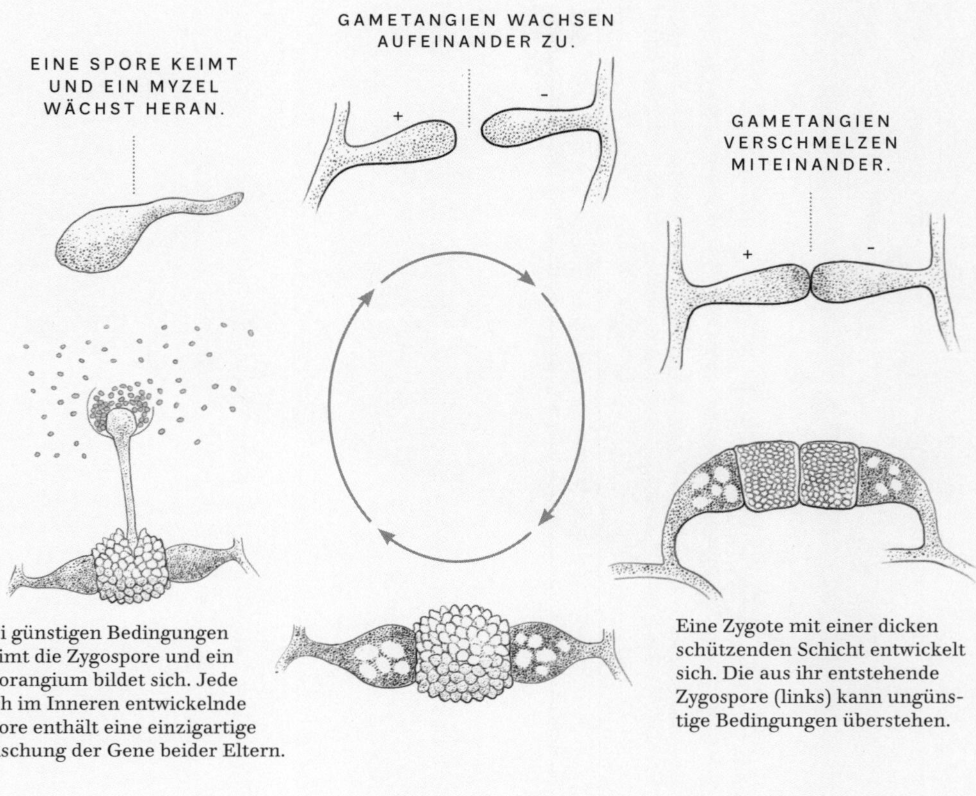

Bei günstigen Bedingungen keimt die Zygospore und ein Sporangium bildet sich. Jede sich im Inneren entwickelnde Spore enthält eine einzigartige Mischung der Gene beider Eltern.

Eine Zygote mit einer dicken schützenden Schicht entwickelt sich. Die aus ihr entstehende Zygospore (links) kann ungünstige Bedingungen überstehen.

Der »Blob« (*Physarum polycephalum*)
Diesen Schleimpilz, der im Pariser Zoo lebt, nennt man dort in Anlehnung an einen bekannten Horrorfilm scherzhaft den »Blob«. Sein strömendes Zytoplasma ähnelt einem sich ständig verändernden Flussdelta. Es ernährt sich von kleinen Molekülen und verschlingt auch größere Nahrungsstücke wie z. B. ganze Pilzfruchtkörper.

Sie glauben, Sie würden einen Pilz erkennen, wenn Sie ihn sehen? Bestimmt nicht immer. Oomyceten und Myxomyceten findet man oft in ähnlichen Lebensräumen wie Pilze und auch ihre Lebensweise ist ähnlich, aber diese Gruppen sind nicht näher miteinander verwandt.

SCHLEIMPILZE UND EIPILZE

OOMYCETEN Ein Bestandteil der Zellwände der im Wasser lebenden Eipilze ist wie bei Pflanzen Zellulose. Sie sind näher mit den Kieselalgen (S. 288) und den Braunalgen verwandt als mit den Pilzen, aber wie bei Pilzen wachsen die Hyphen an den Spitzen und verzweigen sich. Eipilze bilden außerdem Sporen, um sich zu vermehren. Manche sind Zersetzer (S. 38–39), andere Krankheitserreger (S. 289). Einige Eipilze der Gattung *Phytophtora* rufen verheerende Pflanzenkrankheiten hervor. *Phytophtora ramorum* z.B. lässt in Kalifornien in weiten Regionen Eichen und in England Lärchen zugrunde gehen.

MYXOMYCETEN Die Fruchtkörper einiger Schleimpilze sehen aus wie kleine Pilzfruchtkörper. Manche sind gestielt und andere erinnern an gelbes Erbrochenes. Myxomyceten haben einen komplizierten Lebenszyklus mit verschiedenen Stadien, darunter einzellige Amöben und aktiv schwimmende Zellen. Am bemerkenswertesten ist die Verwandlung zum Plasmodium, einer riesigen Amöbe mit vielen Zellkernen.

Einige Schleimpilze sind winzig, aber die gelbe, schleimige Masse von *Physarum polycephalum* kann so groß wie ein Essteller werden. Wenn mehrere Nahrungsquellen vorhanden sind, verbindet der Schleimpilz sie miteinander. In einem faszinierenden Experiment legten Forschende Nahrungsquellen aus, die wie die U-Bahn-Stationen von Tokio angeordnet waren. Das Plasmodium verband die Nahrungsquellen auf die gleiche Weise wie das Schienennetz von Tokio die Bahnstationen.

KARTOFFELKRANKHEIT
Phytophthora infestans verursacht bei Kartoffeln die Kraut- und Knollenfäule, bei der sich die Blätter schwarz färben und die Kartoffeln verfaulen. Diese Pflanzenkrankheit hatte großen Einfluss auf die Geschichte der Menschheit. In den späten 1840er-Jahren vernichtete sie in Irland den größten Teil der Kartoffelernte. Mehr als eine Million Menschen verhungerten und eine weitere Million Iren wanderte nach Nordamerika aus.

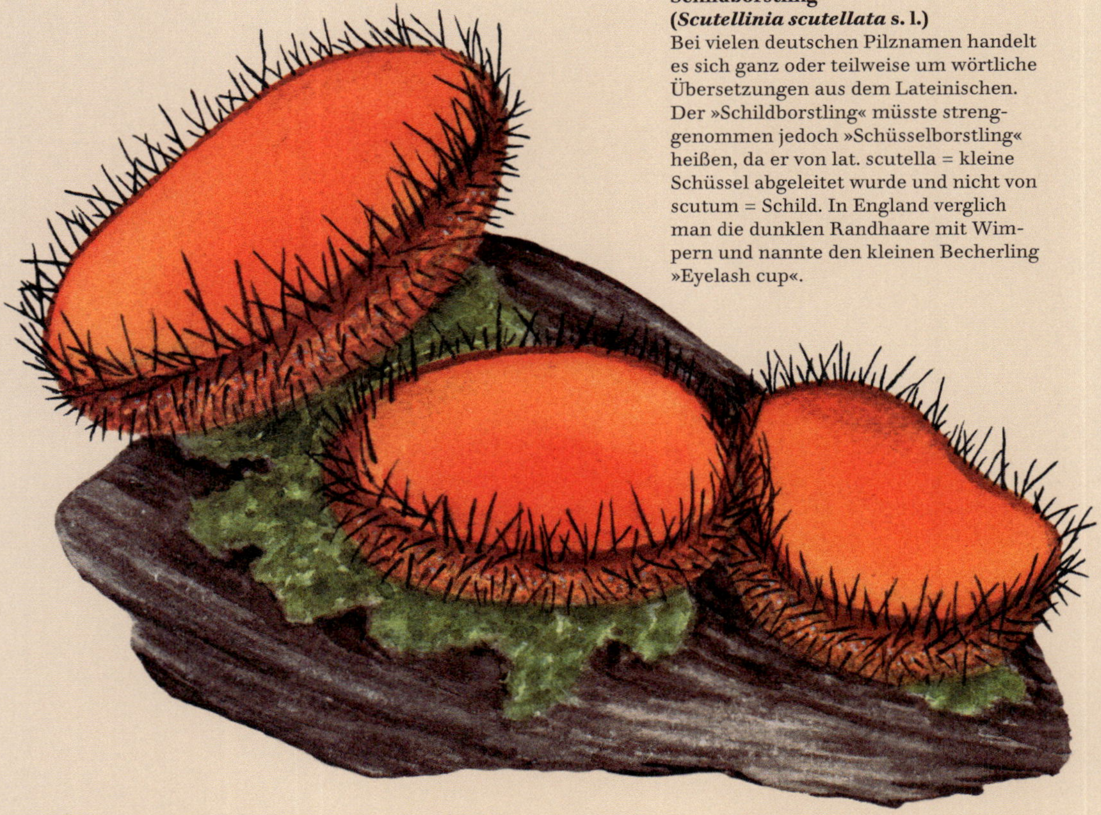

Schildborstling
(*Scutellinia scutellata* s. l.)
Bei vielen deutschen Pilznamen handelt es sich ganz oder teilweise um wörtliche Übersetzungen aus dem Lateinischen. Der »Schildborstling« müsste strenggenommen jedoch »Schüsselborstling« heißen, da er von lat. scutella = kleine Schüssel abgeleitet wurde und nicht von scutum = Schild. In England verglich man die dunklen Randhaare mit Wimpern und nannte den kleinen Becherling »Eyelash cup«.

WESHALB VERÄNDERN SICH NAMEN?

Wenn sich der wissenschaftliche Name ändert, bedeutet dies, dass sich unser Verständnis von der evolutionären Verwandtschaft der Arten verändert hat. Indem man die Genome sequenziert, kann man herausfinden, welche Pilzarten näher miteinander verwandt sind. Einige Arten, von denen man früher glaubte, sie wären nah verwandt, weil sie ähnlich aussehen, wurden inzwischen anderen Gattungen zugeordnet, sodass sich ihr Gattungsname geändert hat.

Shakespeare schrieb: »Was wir nennen Rose, das duftet grad so süß mit andrem Namen«. Aber Namen sind wichtig. Wenn wir den Namen eines Lebewesens kennen, verstehen wir es noch lange nicht, aber wir können weitere Informationen über die Art suchen und uns mit anderen Menschen über sie unterhalten.

WAS DER NAME SAGT

WISSENSCHAFTLICHE NAMEN Jedes bekannte Lebewesen hat einen wissenschaftlichen Namen, der sich meist aus dem Lateinischen oder Griechischen ableitet und aus zwei Teilen besteht. Man nennt dieses System binäre Nomenklatur. Moderne Menschen beispielsweise gehören zur Art *Homo sapiens*. Der erste Teil des Namens bezeichnet die Gattung, eine Gruppe sehr nah verwandter Lebewesen. Zur Gattung *Homo* gehören noch andere Arten wie *Homo neanderthalensis* und *Homo erectus*, die heute ausgestorben sind. Das zweite Wort bezeichnet die Art und beschreibt oft ein charakteristisches Merkmal. Manche Pilzarten sind auch nach Personen benannt.

DEUTSCHE NAMEN Viele Pilze, die mit bloßem Auge erkennbar sind, haben deutsche »Volksnamen«, die aber von Region zu Region unterschiedlich sind. Der beliebte Pfifferling heißt z.B. in Bayern Reherl und in Österreich meist Eierschwammerl. Noch verwirrender ist es, wenn verschiedene Pilzarten ähnliche oder identische deutsche Namen tragen: So haben z.B. die Stinkmorcheln (*Phallus*) mit den echten Morcheln (*Morchella*) nicht das Geringste zu tun. Für weniger volkstümliche Arten wie den Schlauchpilz *Daldinia concentrica* (S. 231) wurden oft merkwürdige Kopfgeburten (»Konzentrischer Holzkohlenpilz«, »Kohliger Kugelpilz«) konstruiert. International verbindlich sind ausschließlich die zweiteiligen wissenschaftlichen Namen, die in der Regel kursiv geschrieben werden. Im vorliegenden Buch nennen wir den deutschen Namen, sofern es einen gibt, und fügen den wissenschaftlichen in Klammern hinzu.

Je genauer wir hinsehen, desto mehr neue Pilzarten finden wir. Sie besiedeln fast jeden Lebensraum der Erde. Wie viele Pilzarten es tatsächlich auf unserem Planeten gibt, ist unbekannt – und so wird es wohl noch viele Jahre bleiben.

WIE VIELE PILZARTEN GIBT ES?

BEKANNTE BEKANNTE Die Mykologie oder die »Wissenschaft von den Pilzen« kam in England im 19. Jahrhundert in Mode. Erste Mykologen beschrieben ihre Pilzfunde wissenschaftlich. Die Arbeit dieser Pioniere war die Grundlage für spätere Schätzungen, wie viele Pilzarten es auf der Erde geben könnte. Erst im 20. Jahrhundert wurden jedoch Hochrechnungen veröffentlicht.

Zum Ende des 20. Jahrhunderts basierten die Schätzungen auf der Erfahrung, dass auf jede Pflanzenart etwa sechs Pilzarten kommen. Damals waren der Wissenschaft etwa 270 000 Pflanzenarten bekannt. Anfangs wurden viele Pilzarten zweimal aufgenommen – die geschlechtliche wie auch die ungeschlechtliche Form –, aber nicht alle Pflanzenteile, in denen Pilze leben, wie z.B. das Blatt- und Wurzelgewebe, wurden berücksichtigt. Mit dem damaligen Wissen schätzte man, dass es etwa 1,5 Mio. Pilzarten geben könnte.

BEKANNTE UNBEKANNTE Um 2000 fand die Wissenschaft heraus, dass Pilze nicht nur mit Pflanzen vergesellschaftet, sondern praktisch überall sind! Mit verbesserten Methoden der DNA-Sequenzierung konnten Forschende nun genetisches Material von Pilzen in Lebensräumen nachweisen, die nie zuvor untersucht worden waren – z. B. im Sediment der Tiefsee, in Gesteinen und im menschlichen Körper. Auch bei der näheren Erforschung bereits bekannter Pilzgemeinschaften stellte sich heraus, dass es weit mehr Pilzarten gibt, die man kultivieren und bestimmen kann. Nach neueren Schätzungen gibt es 3,5 bis 5 Mio. Arten.

UNBEKANNTE UNBEKANNTE In den letzten Jahren gab es Vermutungen, dass auf jeden Pilz, den man kultivieren kann, acht Arten kommen, die nicht kultivierbar sind. Diese »Dark Taxa« kann man nur anhand ihrer genetischen Signatur identifizieren. Sind diese Annahmen korrekt, so könnte es bis zu 12 Mio. Arten geben.

Wenn man davon ausgeht, dass 90 Prozent aller Pilze noch nicht entdeckt wurden, kennen wir nur die Spitze des Eisbergs. Je mehr Arten wir entdecken, desto mehr erfahren wir über Pilze. Aber schon heute wissen wir, dass sie eine bedeutende Rolle auf der Erde und in unserem Leben spielen.

Pilze und Pflanzen
Dass Pilze und Pflanzen miteinander verbunden sind, wurde schon früh beschrieben. Der Kiefern- oder Edel-Reizker (*Lactarius deliciosus*) wächst beispielsweise stets in der Nähe von Kiefern. Auf Blättern und Stängeln beobachtete man orange Pusteln, die von Rostpilzen (einer Gruppe der Basidiomyceten) hervorgerufen wurden. Porlinge wie die Schmetterlingstramete (*Trametes versicolor*) sah man an morschen Ästen und Baumstümpfen.

Wir wissen nicht, wann genau sich die Pilze entwickelten, aber wir wissen, dass es sie seit vielen Jahrmillionen gibt. Die Spuren, die sie hinterlassen haben, zeichnen ein bemerkenswertes Bild.

PILZE DER URZEIT

2,4 MRD. J.

Pilze versteinern selten und ihre feinen Hyphen kann man kaum von anderen versteinerten Mikroben unterscheiden, die fadenförmig wachsen. Deshalb lässt sich nur schwer sagen, wann genau sich die ersten Pilze entwickelten. Die ältesten Hinweise sind hyphenähnliche fossile Strukturen, die man in 2,4 Mrd. Jahre altem Gestein fand. Demnach wären die Pilze viel älter, als man früher vermutete (S. 13).

635 MIO. J.

Versteinerungen landlebender Pilze weisen darauf hin, dass die Pilze das Festland vor mindestens 635 Mio. Jahren besiedelten. Die frühe Besiedlung ist auch dadurch zu erklären, dass die robusten, feinen Hyphen auf der Suche nach Nahrung Hindernisse überwinden, in Gesteinsspalten eindringen und sogar Gestein aufbrechen können. Pilze besiedelten deshalb lange Zeit vor den ersten Pflanzen das Festland.

420 MIO. J.

Als sich erste Landpflanzen entwickelten, gab es bereits viele Pilzgruppen. Gut erhaltene Fossilien findet man im schottischen Rhynie Chert. Bei ihnen ist deutlich zu erkennen, dass bereits im Devon Pilze mit Pflanzenwurzeln Mykorrhizen ausbildeten (S. 60–61) und auch Pflanzenkrankheiten hervorriefen. Andere Fossilien lassen vermuten, dass vor den ersten Bäumen Pilzstrukturen wie *Prototaxites* die größten Landlebewesen waren.

DIE EVOLUTION DER PILZE: WAS FOSSILIEN UNS VERRATEN.

PROTOTAXITES ÜBERRAGTE DIE ANDEREN LEBEWESEN (VOR 420 MIO. J.)

251 MIO. J.

Zum Ende des Perms herrschten an Land Nadelbäume vor. Zu den Fossilien aus dieser Periode gehört der erste eindeutig erkennbare Weißfäuleerreger. Als das Perm mit dem größten Massenaussterben der Erdgeschichte endete, sind im Fossilbeleg besonders viele Pilze zu erkennen. Dies zeigt, dass Pilze das Massenaussterben nicht nur überlebt, sondern offenbar davon profitiert haben.

120 MIO. J.

Fruchtkörper von Hutpilzen sind als Versteinerungen erhalten. Das älteste Exemplar ist ein 120 Mio. Jahre alter Lamellenpilz namens *Gondwanagaricites magnificus*, der in einer Kalksteinformation sehr gut erhalten ist.

52 MIO. J.

Aus dem Eozän sind Fossilien von Hut- und anderen Pilzen sowie von Mykorrhiza-Verbindungen bekannt. Sogar ein parasitischer Pilz, der aus einer Ameise wächst, ist in Bernstein erhalten. Solche Fossilien dokumentieren das Leben vor Jahrmillionen im Detail.

Pilze bilden seit Jahrmillionen Lebensgemeinschaften mit Pflanzen und Algen. Ohne die Pilze hätten die Pflanzen niemals das Land besiedeln können und auch die Menschen hätten sich wahrscheinlich nie entwickelt.

URZEITLICHE LEBENSGEMEIN-SCHAFTEN

Pilze bilden Lebensgemeinschaften mit Pflanzen, die man als Mykorrhizen bezeichnet (S. 60–61), und Flechten tun sich mit Pilzen und Grünalgen oder Cyanobakterien zusammen (S. 70–71). Bei beiden Partnerschaften sind ein oder mehrere Pilze (die Mykobionten) und ein oder mehrere Lebewesen, die Fotosynthese betreiben (die Fotobionten), beteiligt. Fossilien belegen, dass es diese Partnerschaften bereits im Devon vor 420 Mio. Jahren gab.

Zuvor lebten die meisten Organismen im Wasser. Alle Gruppen, die versuchten, das Land zu besiedeln, mussten sich vor intensiver Sonnenstrahlung und extremen Temperaturen schützen, um nicht auszutrocknen. In den Böden gab es noch kaum Nährstoffe, und es war zehnmal mehr Kohlendioxid in der Atmosphäre als heute. Um erfolgreich an Land leben zu können, brauchten die Pflanzen und Algen neue Anpassungen. Hier kommen nun die Pilze ins Spiel.

PARTNERSCHAFTEN Zwei Pilzgruppen, die Glomeromycotina und die Mucoromycotina (S. 14–15), bildeten Partnerschaften mit ursprünglichen Pflanzen. Die damals noch wurzellosen Pflanzen profitierten von der Verbindung mit Pilzhyphen (S. 16), die sich im Boden und sogar im Gestein ausbreiteten. Die Hyphen hatten eine große Oberfläche, über die sie die knappen Nährstoffe und Wasser aufnehmen konnten. Im Gegenzug lieferten die Pflanzen den Pilzen Zucker, die sie bei der Fotosynthese herstellten. Die Lebensgemeinschaft war so erfolgreich, dass noch heute fast jede Pflanze der Erde sie eingeht.

Als erste Pflanzen echte Wurzeln und Sprosse entwickelten, entwickelten sich auch die Lebensgemeinschaften mit Pilzen weiter. Die Pilze gingen enge Verbindungen mit den Wurzeln ein, sodass sich die Partnerschaften verbesserten. Mit den Bäumen entwickelte sich eine neue Form, die Ektomykorrhiza. Beide Mykorrhiza-Typen gibt es noch heute (S. 60–63). Je mehr Pflanzen wuchsen, desto mehr Sauerstoff reicherte sich in der Atmosphäre an. Dies führte zur Entwicklung der Tiere und schließlich der Menschen.

ERSTE FLECHTEN Ungefähr zur gleichen Zeit gingen auch Grünalgen (Chlorophyta) und einige Cyanobakterien Partnerschaften mit Schlauchpilzen ein (S. 15). Daraus entwickelten sich die Flechten (S. 70–71), die unter den rauen Bedingungen der urzeitlichen Erde überleben konnten. Der Körper einer Flechte besteht aus Pilzhyphen, die winzige Algen umschlingen. So schützt der Pilz die Algen oder Cyanobakterien vor Austrocknung und UV-Strahlung, und beide Partner teilen lebenswichtige Ressourcen, ähnlich wie bei einer Mykorrhiza. Noch heute kommen Flechten in extremen Lebensräumen vor.

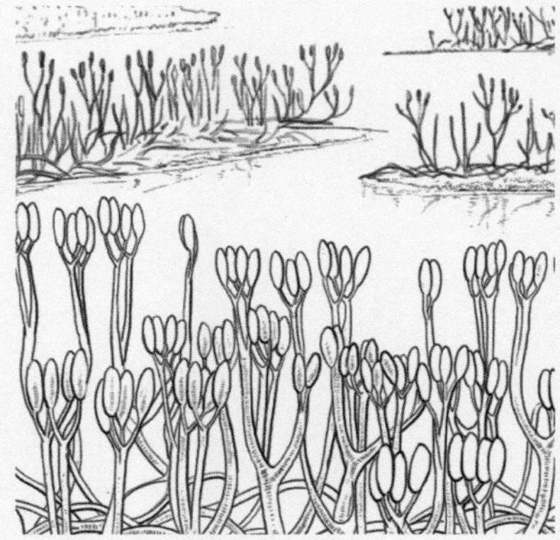

Frühe Pflanze
Aglaophyton major war eine wurzellose Pflanze, die im Devon vor etwa 410 Mio. Jahren wuchs. Sie war eine der ersten uns bekannten Landpflanzen, die Mykorrhizen mit Pilzen ausbildete. Die Pilzhyphen versorgten sie mit Wasser und Nährstoffen, die sie aus den urzeitlichen Böden aufnahmen.

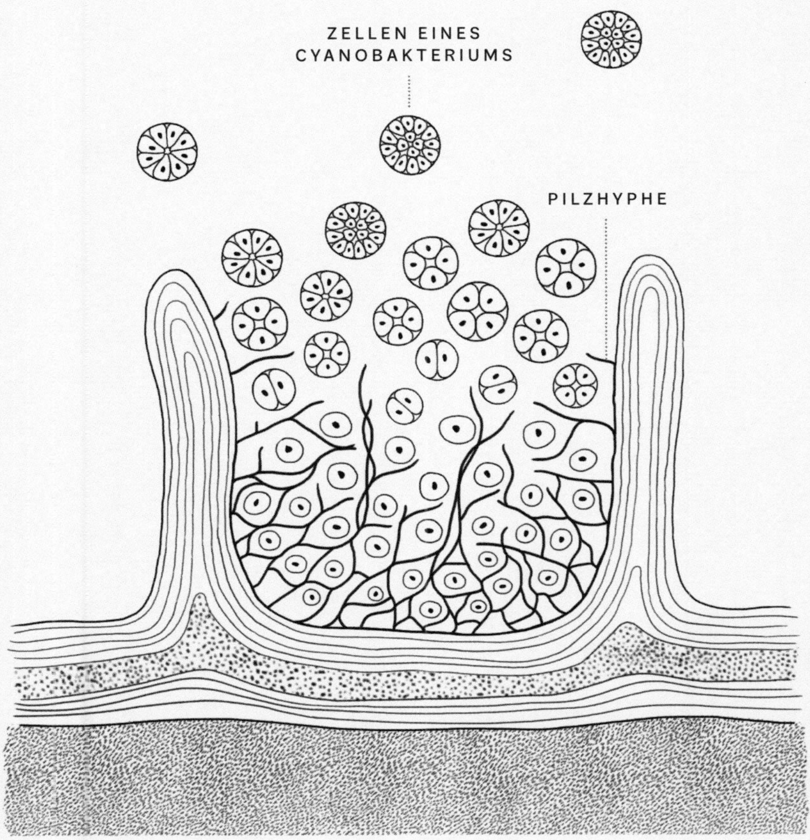

Eine ursprüngliche Flechte
Winfrenatia reticulata ist die älteste versteinerte Flechte, die wir kennen. Sie lebte vor etwa 410 Mio. Jahren im Devon und ist im schottischen Rhynie Chert erhalten. Sie bestand aus einer Schicht Pilzhyphen (dem Thallus) mit Bechern an der Oberfläche. In den Bechern umwachsen Pilzhyphen die Cyanobakterien wie ein Netz.

Pilze kommen in der ***arktischen Tundra*** *und in* ***Wüsten*** *vor, wo nur wenige Pflanzen wachsen. Auch in der* ***Antarktis*** *gibt es viele Pilze – die meisten von ihnen als* ***Flechten****.*

Wo es Nahrung und Feuchtigkeit gibt, findet man mit Sicherheit auch einen Pilz. Pilze sind überall, von der Arktis bis in die Tropen, im Wasser und an Land, in der Luft, in Pflanzen und Tieren und sogar im Weltall.

WO LEBEN PILZE?

In jedem Lebensraum der Erde kann man Pilze finden. Im Freien kommen jedoch viel mehr Arten vor als im Haus.

DRAUSSEN Im Garten leben Pilze im Boden, im Kompost und im Holzhaufen, wo sie abgestorbene Pflanzenteile, tote Tiere und Kot zersetzen (S. 144–145). Andere Pilzarten sind Krankheitserreger, darunter die Roste, Mehltaue und Blattfleckenkrankheiten (S. 72–77) an Zier- und Nutzpflanzen. Viele Pilze fallen kaum auf: Endophyten (S. 68–69) leben in Pflanzenzellen, während Mykorrhizapilze (S. 60–61) Lebensgemeinschaften mit den Wurzeln von Bäumen und anderen Pflanzen eingehen. Einige Arten leben dort, wo man sie nicht erwarten würde, wie in Höhlen, in denen sie sich von toten Tieren und Pflanzen ernähren (S. 158–159). Sie wachsen auch auf Felsen und beschädigen manchmal Gebäude und Denkmäler. In Flüssen, Bächen und Ozeanen kommen Pilze vor (S. 150–153), und sie leben sogar in und auf unseren Körpern (S. 92–93).

IM HAUS Pilzsporen haften an unserer Kleidung, den Schuhsohlen und im Fell von Haustieren. Auf den meisten Oberflächen im Haus findet man Pilze (S. 32–33).

In fast allen Häusern kann man Pilze entdecken. Die meisten sind Zersetzer, die als Wiederverwerter von Nährstoffen eine wichtige Rolle spielen. Im Haus sieht man sie allerdings nicht so gern.

PILZE IM HAUS

In vielen Küchen wachsen Pilze. Unappetitliche Flecken aus ungeschlechtlich gebildeten Sporen (S. 54–55) stammen von Arten, die sich von Obst und Gemüse, Käse, Brot oder Marmelade ernähren. *Penicillium-* und *Botrytis*-Arten lassen Früchte verschimmeln, während *Mucor*-Arten häufig auf Brot und *Aspergillus*-Arten auf Marmelade wachsen. Einige Hefepilze der Gattungen *Exophiala*, *Rhodotorula* und *Candida* können sogar unter den alkalischen, heißen Bedingungen wachsen, die in Geschirrspülmaschinen herrschen.

Cladosporium, *Alternaria* und *Stachybotrys chartarum* wachsen dort, wo Naturfasern enthalten sind, wie in und auf Teppichen, Tapeten und Büchern. Auch in Badezimmern und an anderen feuchten Orten entdeckt man manchmal dunkle Schimmelpilze. Nach Überschwemmungen bereiten sie große Probleme. Weil sie Giftstoffe bilden und sich ihre Sporen in der Luft verbreiten, sollte man sie entfernen. Einige Arten, wie der Braune Kellerschwamm (*Coniophora puteana*), breiten sich in feuchten Gebäuden aus. Sie sind Braunfäuleerreger (S. 120–121), die das Holz schwächen.

ECHTER HAUSSCHWAMM Dieser Pilz (*Serpula lacrymans* var. *lacrymans*) breitet sich aus, wo es feucht ist. Er bereitet erhebliche Probleme, weil er Wasser durch seine Myzelstränge leitet (S. 118–119), sodass er im trockenen Mauerwerk viele Meter zurücklegen kann. Er ernährt sich von Holz und ist ein Braunfäuleerreger.

Der Echte Hausschwamm braucht wie alle Pilze ***Wasser.*** *Er bildet ein* ***ausgedehntes Myzel*** *und braune, flache Fruchtkörper mit weißen Rändern aus. Seine* ***Sporen*** *sind rostbraun.*

Gestreifter Teuerling (*Cyathus striatus*)

LEBENSWEISE

KAPITEL II

EIN PILZ IST VIEL MEHR als das, was von ihm sichtbar ist. Unter jedem Fruchtkörper breitet sich das Myzel aus, ein kleines oder ausgedehntes Netzwerk, das im Erdboden oder in lebenden oder toten Tieren und Pflanzen wächst. In diesem Kapitel lernen wir den Lebenszyklus der Pilze kennen, die Bedeutung von Myzel und Sporen, und erfahren, wie sie ihre Fruchtkörper bilden.

Das Myzel ist der wichtigste Teil der meisten Pilze. Es besteht aus einem Netz sehr feiner, fadenförmiger Hyphen.

WACHSTUM UND NETZWERKE

Die Hyphen, die das Myzel bilden, sind winzig und ihr Durchmesser beträgt oft nur ein Vierzigstel eines menschlichen Haars. Viele Hyphen haben nur wenige Mikrometer (µm) Durchmesser – wenige Tausendstel eines Millimeters – und manche sogar nur 0,5 µm. Sie wachsen normalerweise voneinander weg, sodass sie weit verteilt sind. Bei einigen Ständerpilzen jedoch wachsen die Hyphen aufeinander zu und bilden Myzelstränge und Rhizomorphen (S. 118–119) aus, die einen bis mehrere Millimeter Durchmesser haben und mit bloßem Auge sichtbar sind. Sie bilden Netzwerke, die abgestorbene Holzstücke miteinander verbinden, von denen sie sich ernähren. Andere verbinden sich mit Pflanzen und Bäumen, mit denen sie Lebensgemeinschaften eingehen (S. 60–63). Eines der größten Lebewesen der Erde ist ein Pilz (siehe links).

REKORDPILZ

In Nordamerika sind die Rhizomorphennetze einiger Hallimasche (*Armillaria*) riesig. Der momentane Rekordhalter breitet sich im US-Staat Oregon auf einer Fläche von 9,5 km² aus, wiegt etwa 400 000 kg und ist mindestens 2500 Jahre alt.

UNAUFFÄLLIG, ABER KRAFTVOLL Myzelien können mit physischer Kraft und mithilfe ihrer Enzyme in Feststoffe eindringen. Sie durchwachsen kleinste Nischen und überbrücken Hohlräume. Über ihre große Oberfläche (siehe rechts) können sie viele Nährstoffe aufnehmen, sie außerhalb ihres Körpers verdauen (S. 38–39). Darüber hinaus sind die Myzelien ideale Partner von Pflanzenwurzeln (S. 60–61). Ähnlich wie sich eine Pflanze aus einem Samen entwickelt, entwickelt sich ein Pilzmyzel aus einer Spore.

Keimen und Verzweigung
Wenn eine Spore keimt, entsprießt ihr eine Hyphe. Sie wächst an der Spitze und beginnt sich mehrfach zu verzweigen, anfangs zufällig und später regelmäßiger. Die Hyphen am äußeren Myzelrand sind sehr gleichmäßig verzweigt. Die einiger Krankheitserreger wachsen gezielt in eine Richtung, um eine Lücke im körpereigenen Abwehrsystem des Wirts aufzuspüren oder es zu durchbrechen.

Effiziente Ausbreitung
Wenn das Myzel wächst, entfernen sich die Hyphen voneinander und die Abstände zwischen den Hyphenspitzen werden größer, was aber durch seitliche Verzweigungen mehr oder weniger ausgeglichen wird. Auf diese Weise kann das Myzel dem von ihm befallenen Bereich effizient Nährstoffe entziehen.

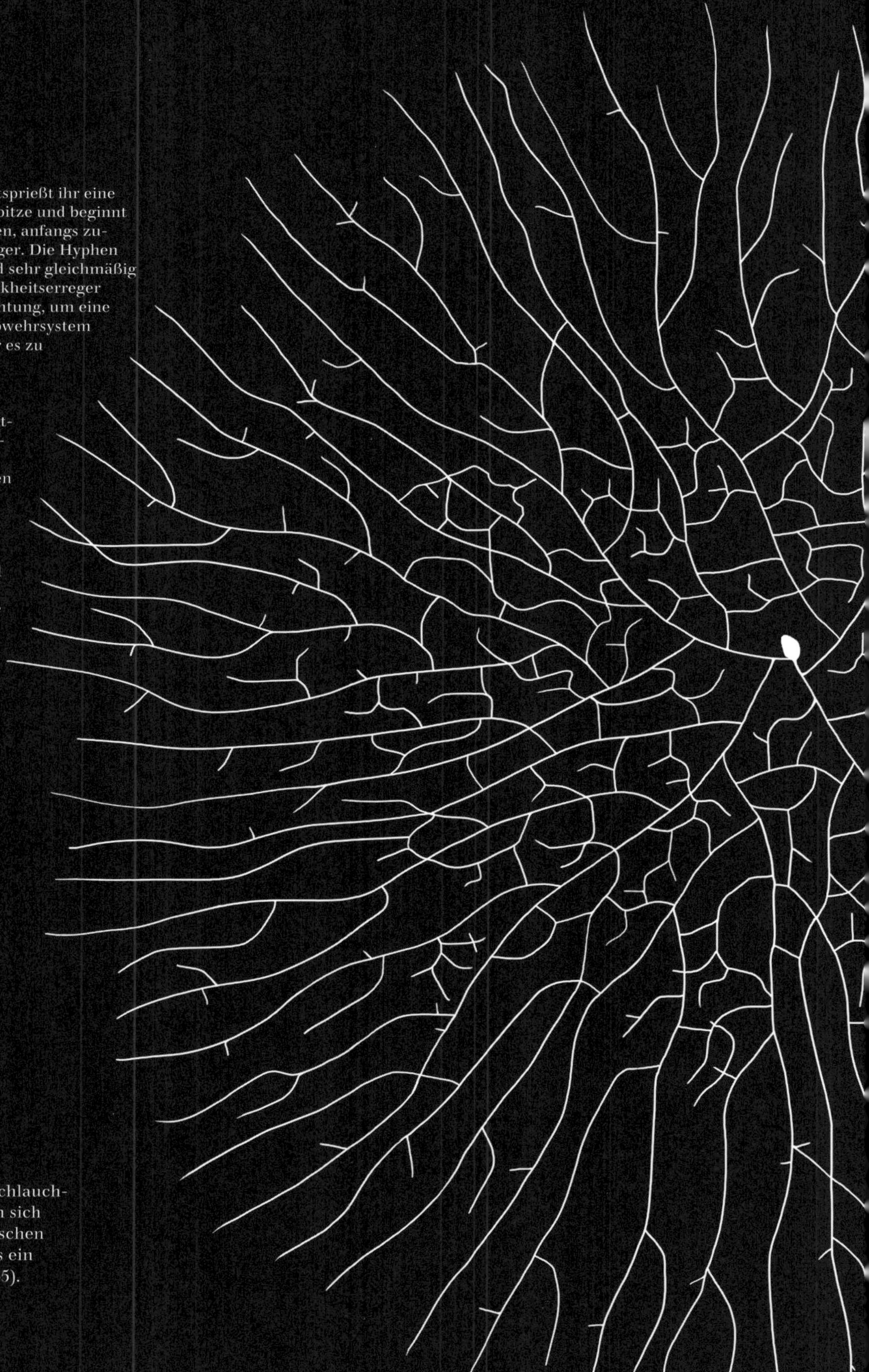

NETZWERKE

Bei den Myzelien der Schlauch- und Ständerpilze bilden sich Querverbindungen zwischen den Hyphen aus, sodass ein Netzwerk entsteht (S. 45).

Zersetzer
Die meisten Zersetzer, wie der Mäuseschwanz-Rübling (*Baeospora myosura*), wachsen in ihrer Nahrungsquelle und verbreiten sich nur über ihre Sporen. Einige Arten bilden aber auf der Suche nach Nahrung neues Myzel aus.

Insektenkiller
Hier wachsen die Fruchtkörper von *Ophiocordyceps amazonica* aus einer Heuschrecke hervor. Der Pilz hat das Tier getötet und ernährt sich von ihm.

Flechten
Flechten wie diese Wolfsflechte (*Letharia vulpina*) sind Pilze, die sich mit fotosynthetisch aktiven Organismen wie Grünalgen zusammengetan haben. Die Algen stellen Kohlenhydrate her, die sich die Partner teilen. Der Pilz versorgt die Algen mit Wasser und Nährstoffen und bietet ihnen einen geschützten Lebensraum.

In ihrer Ernährungsweise ähneln Pilze uns Menschen mehr als den Pflanzen. Sie können nicht mithilfe der Sonnenenergie eigene Nährstoffe herstellen, sondern müssen sich bereits vorhandene Nahrung suchen.

ERNÄHRUNG

Pilze ernähren sich auf zweierlei Art: Entweder findet das Myzel eine Nahrungsquelle und verdaut sie oder ein Partner beliefert den Pilz (S. 60–61). Menschen essen etwas und verdauen es im Darm, wo Enzyme die Nahrung in kleine Moleküle zerlegen, die der Körper verwerten kann. Pilze verdauen ihre Nahrung außerhalb ihres Körpers, indem sie Verdauungsenzyme abgeben. Die feinen Hyphen, deren Oberfläche sehr groß ist, nehmen die Nahrungsmoleküle auf. Weil an den Hyphenspitzen Enzyme freigesetzt werden und die Hyphen osmotischen Druck erzeugen können, dringen sie auch in feste Nahrung wie Holz ein.

Im Reich der Pilze kommen viele verschiedene Verdauungsenzyme vor. Sie können alle Substanzen zersetzen, die von Pflanzen und Tieren erzeugt werden. Natürlich besitzt nicht jeder Pilz sämtliche Enzyme, daher gibt es viele Möglichkeiten, wie Pilze verschiedene Substanzen verdauen und nutzen.

NAHRUNG SUCHEN Pilze nehmen ihre Nahrung v.a. auf drei Weisen auf: Sie zersetzen abgestorbene Lebewesen, töten Lebewesen aktiv oder leben mit einem Wirt. Zersetzer (saprotrophe Pilze) ernähren sich von abgestorbenen Pflanzenteilen, toten Tieren und Mikroben – entweder von dem gesamten toten Organismus oder von Teilen von ihm, wie Blättern, Ästen, Wurzelzellen im Boden, Kot, Hautzellen, Haaren oder Fell. Nekrotrophe Pilze töten Gewebe oder das ganze Lebewesen ab (S. 72–81, 88–91) und verzehren es vor oder nach seinem Tod.

Pilze, die sich von lebenden Wirten ernähren (biotrophe Pilze), können für uns schädlich oder nützlich sein. Parasitische Arten nehmen Nährstoffe aus einer Pflanze (S. 72–73), einem Tier oder einem anderen Pilz auf, sodass das Wachstum oder die Fortpflanzungsfähigkeit des Wirts eingeschränkt wird. Andere Pilze bilden Lebensgemeinschaften aus, wie Mykorrhizen mit Pflanzenwurzeln (S. 60–61) oder Flechten, die aus einem oder mehreren Pilzpartnern und Algen oder Cyanobakterien bestehen (S. 70–71).

Wie alle Lebewesen nehmen auch Pilze ihre Umgebung wahr. Sie reagieren auf Licht, Schall, chemische Stoffe und die Temperatur.

SINNE DES MYZELS

Menschen haben fünf Sinne, mit denen sie ihre Umgebung wahrnehmen und auf sie reagieren können. Pilze verfügen über entsprechende Sinne – und darüber hinaus noch weitere. Viele Arten reagieren mit Wachstum. Töpfchenpilze (S. 14) können chemischen Stoffen wie z. B. Nährstoffen entgegen- und vor anderen (z. B. Giften) davonschwimmen. Hyphen nehmen andere Hyphen wahr, die in ihrer Nähe wachsen, vermutlich über chemische Stoffe in der Luft oder in einem Wasserfilm.

»SEHEN« Pilze können nicht sehen wie Tiere und viele verbringen den größten Teil ihres Lebens im Dunkeln. Aber sie besitzen verschiedene Lichtrezeptoren, sodass ihre Fruchtkörper dem Licht entgegenwachsen können. Das verschafft ihnen Vorteile, denn ihre Sporen verbreiten sich besser, wenn sie über dem Erdboden abgegeben werden. Das Sonnenlicht steuert darüber hinaus bei einigen Arten die Fruchtkörperbildung (S. 53).

»TASTEN« Für einige Pilze ist der Tastsinn sehr wichtig. Keimen die Sporen von Pilzarten, die bei Pflanzen Rost hervorrufen (S. 72–72), müssen die Hyphen in die Pflanze gelangen. Oft dringen sie in Spaltöffnungen (winzige Stomata, meist auf der Blattunterseite) ein. Bei Gerste z. B. sind die Blattzellen länglich und bilden Reihen. Zwischen den schmalen Zellenden befinden sich Spaltöffnungen. Die Oberflächen der Blattzellen sind außerdem so gewölbt, dass zwischen den Zellreihen Vertiefungen verlaufen. Die Hyphen wachsen im rechten Winkel zu diesen Furchen, die sie ertasten. So haben sie die besten Chancen, eine Spaltöffnung zu finden, in die sie eindringen können.

»HÖREN« Pilze können nicht hören wie wir, aber sie reagieren auf Geräusche. Obwohl dieses Forschungsgebiet noch neu ist, hat man bereits verschiedene Schallquellen im Boden gefunden. Vor nicht allzu langer Zeit fand man z. B. heraus, dass die Wurzeln mancher Pflanzen Wasservibrationen im Boden »hören«. Über dem Erdboden reagiert der Schlauchpilz *Venturia inaequalis*, der Apfelschorf hervorruft, auf Schwingungen, die Regentropfen verursachen, wenn sie auf Blätter fallen.

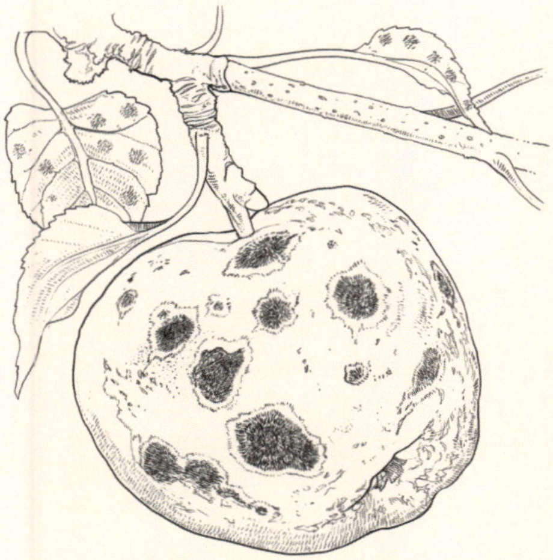

»Hören«: Apfelschorf (*Venturia inaequalis*)
Der Pilz überwintert in der Laubstreu am Boden unter den Apfelbäumen. Im Frühjahr bilden sich kleine flaschenförmige Fruchtkörper, die die Vibrationen auf die Blattoberfläche fallender Regentropfen wahrnehmen und daraufhin ihre Sporen ausstoßen. So kann sich der Pilz über die jungen Blätter, Blüten und Früchte ausbreiten.

»Tasten«: Zwergrost an Gerste (*Puccinia hordei*)
Dieser Pilz nimmt Oberflächenveränderungen auf Gerstenblättern wahr und bildet Infektionsstrukturen aus, wenn er auf Spaltöffnungen trifft, durch die er in die Pflanze eindringen kann.

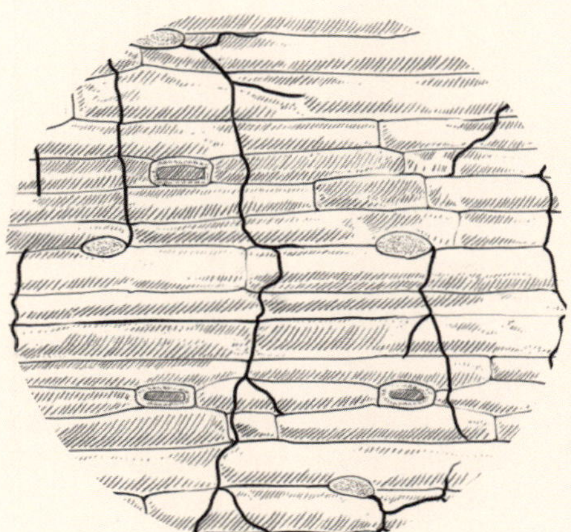

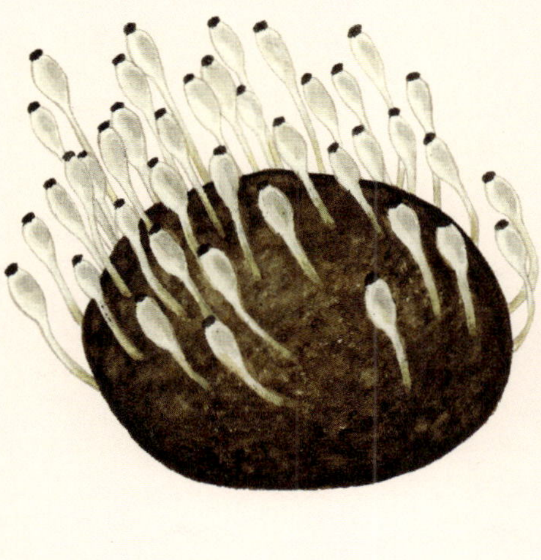

»Sehen«: Pillenwerfer (*Pilobolus*)
Der Pillenwerfer (S. 145) nimmt mit einer linsenähnlichen Struktur Licht wahr, wächst auf die Lichtquelle zu und schießt seine Sporenpakete in deren Richtung ab.

Früher glaubte man, dass nur Tiere auf andere Lebewesen oder Nahrung reagieren können. Heute wissen wir, dass auch Organismen ohne Gehirn oder Nervensystem es können – z. B. die Pilze.

VERHALTEN UND GEDÄCHTNIS

Pilze nehmen ihre Umwelt wahr, reagieren auf sie (S. 40–41) und haben sogar eine Art Gedächtnis. Einiges passiert auf mikroskopischer Ebene, aber Forschende konnten mit einfachen Experimenten zeigen, dass holzzersetzende Ständerpilze, die Myzelstränge bilden (S. 118–119), gezielt in der Erde nach Nahrung suchen.

VERHALTEN Das Myzel des Grünblättrigen Schwefelkopfs (*Hypholoma fasciculare*) wächst auf der Suche nach Nahrung aus dem Holz und bildet zunächst eine Art kreisförmige Struktur. Hat es eine neue Nahrungsquelle gefunden, informiert er durch sein Netz die anderen Bereiche des Myzels. Die Suche in anderen Richtungen wird nun eingestellt und die Myzelbereiche, die nicht erfolgreich waren, leiten wahrscheinlich einen Teil ihrer Ressourcen zum erfolgreichen Myzel. Hyphen bilden einen dicken Strang, der die alte Nahrungsquelle mit der neuen verbindet. Allmählich verschwindet das ursprügliche Myzel. Wenn der Pilz die neue Nahrung vollständig durchdrungen hat, wächst er auf der gegenüberliegenden Seite heraus und setzt seine Suche fort. Diese Muster ähneln auf verblüffende Weise den Wegen, die Termiten bei ihrer Nahrungssuche zurücklegen.

Wie übermitteln Pilze ihre Botschaften? Wir wissen es noch nicht, aber wie Tiere könnten sie sie mit chemischen Stoffen und elektrischen Signalen senden. Man konnte tatsächlich elektrische Impulse in Myzelien und Fruchtkörpern messen.

GEDÄCHTNIS Pilze, die Myzelstränge bilden, können sich auch erinnern, in welcher Richtung sich die neue Nahrung befand. In einem Experiment besiedelte das Myzel von *Phanerochaete velutina* eine neue hölzerne Nahrungsquelle. Das ursprüngliche Holzstück trennte man nun vom Myzel ab und setzte es auf ein neues Stück Erdboden. Wieder wuchs Myzel aus dem Holzstück heraus, um neue Nahrung zu suchen, aber es wuchs auf der Seite viel stärker, die zuvor mit dem neu aufgespürten Holzstück verbunden gewesen war.

WIE MANCHE PILZE NAHRUNG SUCHEN

Neue Ressourcen suchen
Das Myzel einiger Zersetzer wächst aus dem Holz, von dem es sich ernährt, heraus, um neue Nahrungsquellen zu suchen.

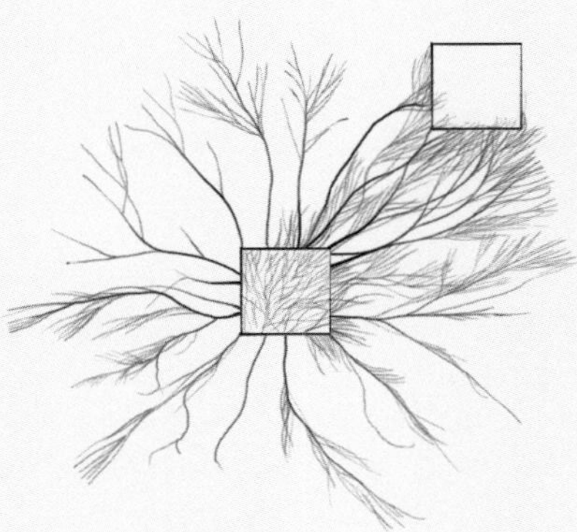

Auf neue Nahrung reagieren
Hat der Pilz eine neue Nahrungsquelle gefunden, informiert er andere Teile des Myzels. Diese reagieren und wachsen verstärkt in Richtung der Nahrungsquelle. In anderen Bereichen verschwindet das Myzel. Die Myzelstruktur wird also vollständig umgebaut.

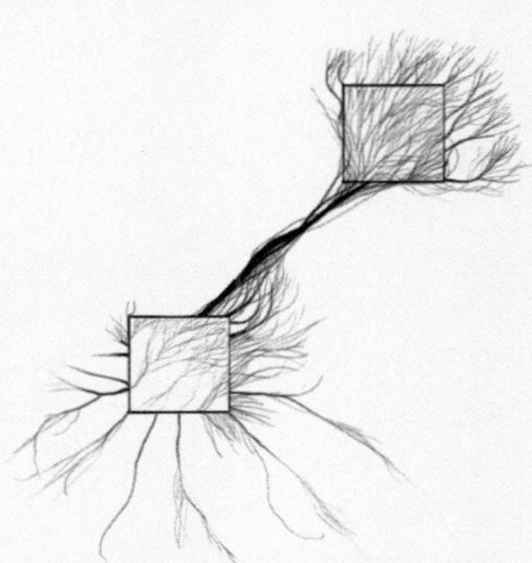

Verbindende »Pipelines«
Ein dicker Hyphenstrang bildet sich und verbindet die ursprüngliche mit der neuen Nahrungsquelle. Am Waldboden können sich auf diese Weise große Netzwerke aus Myzelsträngen bilden (S. 118–119). Nährstoffe und Wasser gelangen durch die Stränge in beide Richtungen dorthin, wo sie gebraucht werden.

Hutpilze setzen Tausende von Sporen frei. In jeder Spore ist die Hälfte des genetischen Materials enthalten, das normalerweise nötig ist, um einen neuen Fruchtkörper zu bilden. Aber Fruchtkörper sind nur die Spitze des Eisbergs, denn der wichtigste Teil des Pilzes wächst im Verborgenen.

UNTER DER OBERFLÄCHE

Wenn sich eine Spore von einer Basidie löst, einer meist keulenförmigen Struktur, die z.B. auf den Lamellen (S. 174–175) an der Unterseite eines Pilzhuts sitzt, wird sie vom Wind zu einem neuen Ort verweht. Trifft sie dort auf geeignete Bedingungen, keimt sie, bildet Hyphen (feine Pilzfäden) und schließlich ein Myzel (ein Netzwerk aus Hyphen, S. 36–37). Begegnet der Pilz einem kompatiblen Partner, verschmelzen die Hyphen miteinander und teilen ihre Zellinhalte. Je ein Zellkern von jedem Partner befindet sich in den Zellen des wachsenden Myzels, weil sogenannte Schnallenbildung stattfindet. Solche Myzelien leben oft viele Jahre lang.

Das Myzel breitet sich im Boden, in Holz, abgestorbenen Pflanzenteilen oder toten Tieren aus, um Nährstoffe aufzunehmen. Wenn die Nahrung begrenzt ist oder die Temperatur, die Lichtverhältnisse und andere Umweltbedingungen sich verändern, beginnt das Myzel mit der Fruchtkörperbildung. Zunächst entwickelt sich aus Hyphen ein stecknadelkopfgroßer Initialfruchtkörper, das Primordium. Er wächst heran und schließlich bildet sich ein Hut mit Lamellen, auf deren Oberfläche sich viele Basidien entwickeln. In jeder Basidie verschmelzen die beiden Zellkerne – einer von jedem Partner – und teilen sich wieder, sodass sich in den meisten Fällen je vier Sporen bilden. Ist der Fruchtkörper reif, werden die Sporen freigesetzt. Währenddessen wächst das Elternmyzel weiter und es bilden sich neue Fruchtkörper.

PILZE IM SUBSTRAT

Reifer Fruchtkörper
Primordien entwickeln sich zu kleinen Fruchtkörpern, die reifen und Sporen bilden.

Sporen werden freigesetzt
Wenn Sporen auf einem geeigneten Substrat landen, keimen sie und bilden Hyphen, die sich im Substrat verzweigen.

Hyphen verschmelzen
Wenn sich kompatible Hyphen unterschiedlichen Geschlechts treffen, verschmelzen sie und bilden ein Dikaryon (Zellen, die zwei Zellkerne enthalten).

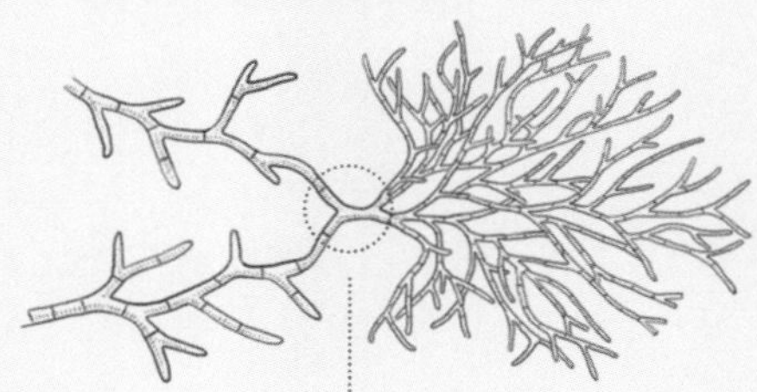

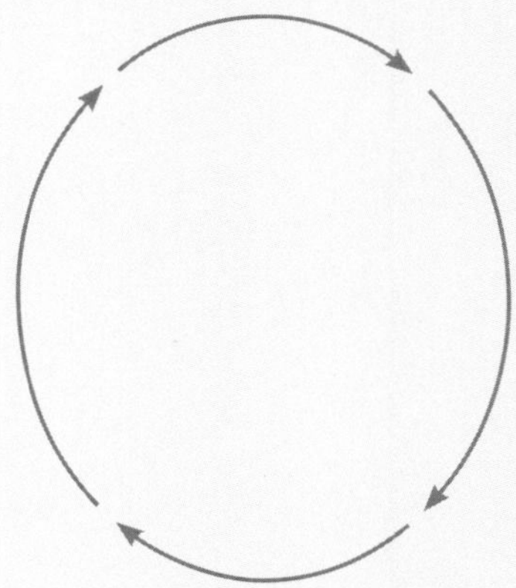

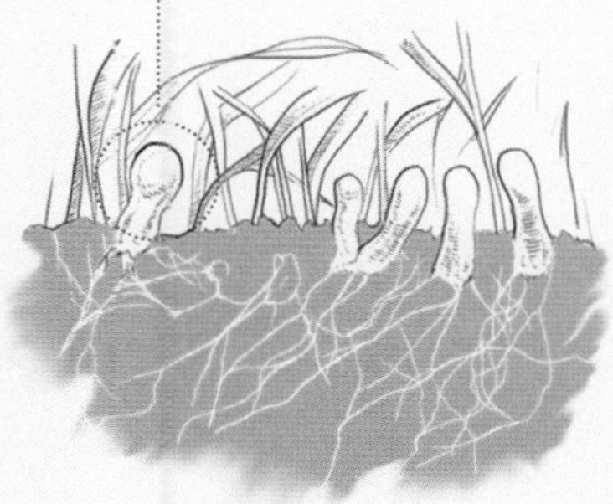

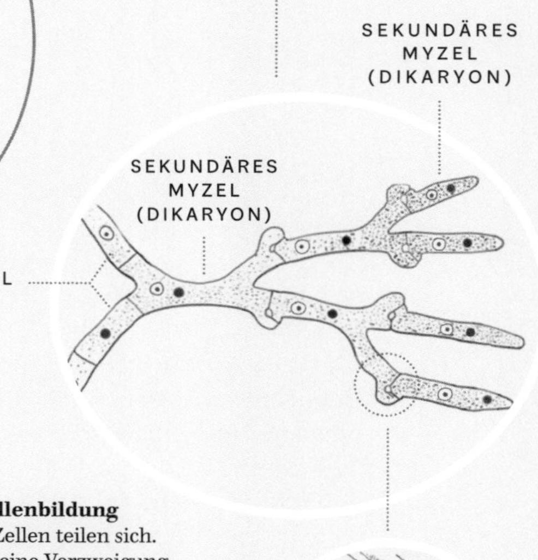

Primordien entwickeln sich
Wenn die Umweltbedingungen es erfordern, bilden sich Knoten aus Hyphen, die man als Primordien bezeichnet. Sie brechen aus dem Erdboden oder einem anderen Substrat hervor.

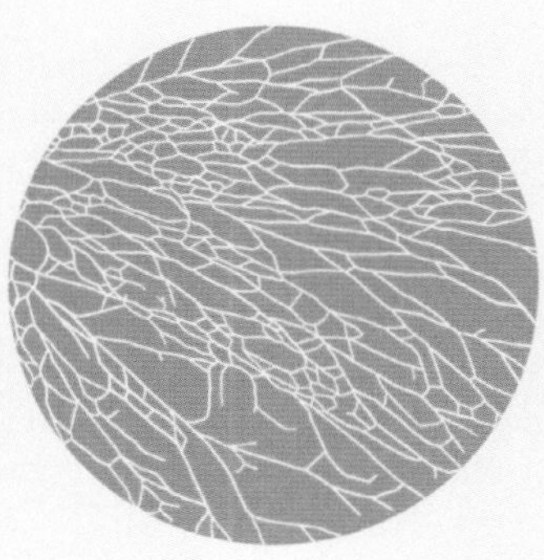

Das Myzel breitet sich aus
Myzelien wachsen oft lange Zeit im Boden oder in einem anderen Substrat, von dem sie sich ernähren.

Schnallenbildung
Beide Zellen teilen sich. Eine kleine Verzweigung wendet sich nach hinten und verwächst mit der Wand. Ein Kern wandert durch diese Überbrückung (»Schnalle«) nach hinten, während ein Kern von der gegenüberliegenden Seite über die Schnallenverbindung in die andere Zelle vordringt. Auf diese Weise wird dafür gesorgt, dass beide Zellen von beiden Eltern je einen Kern enthalten.

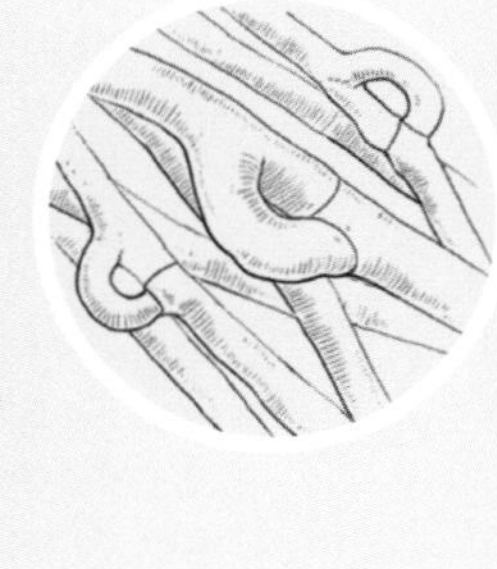

Es gibt mehr als 52 000 Ständerpilzarten. Einige bilden große Fruchtkörper, von denen jene mit Stiel und Hut die bekanntesten sind. Andere sind mikroskopisch kleine Krankheitserreger, die Pflanzen oder Tiere infizieren.

HUTPILZE UND ANDERE STÄNDERPILZE

Die Rolle eines Fruchtkörpers ist es, Sporen zu bilden und freizusetzen. Bei den Ständerpilzen werden die Sporen an speziellen Zellen (sogenannten Basidien, daher der wissenschaftliche Name Basidiomyzeten, S. 176–177) gebildet. Sie sitzen an den Lamellen, Röhrenwänden oder Zähnen des Fruchtkörpers oder einfach auf der Oberfläche eines krustenförmigen Pilzfruchtkörpers.

Die bekanntesten Basidiomyzeten sind Arten, die Fruchtkörper mit Stiel und Hut ausbilden. Aber es gibt auch eine ganze Reihe anderer Fruchtkörpertypen, darunter krusten-, hufförmige oder gallertige Gebilde. Sie können viele Farben haben, von weißlich über hellbraun bis hin zu rot und leuchtend violett (S. 180–209).

Fruchtkörper kann man ihrem Aussehen nach verschiedenen Gruppen zuordnen. Es handelt sich dabei aber um keine biologische Einteilung, denn ähnlich aussehende Fruchtkörper sind nicht immer nah miteinander verwandt, während nahe Verwandte bisweilen sehr unterschiedlich aussehen können.

Leberreischling
(*Fistulina hepatica*)
Die Poren befinden sich bei diesem bis zu einem halben Meter breiten Pilz auf der Unterseite. Vom Aussehen und von der Konsistenz her erinnert er an rohes Fleisch, sogar im Schnitt. Zudem sondert er rote, blutähnliche Tröpfchen ab. Meist wächst er an den Stämmen von Eichen und Edelkastanien.

Igel-Stachelbart (*Hericium erinaceus*)
Bei diesem in Europa sehr seltenen Pilz werden die Sporen nicht an Lamellen, sondern an 1 bis 5 cm langen, nach unten gerichteten Stacheln gebildet.

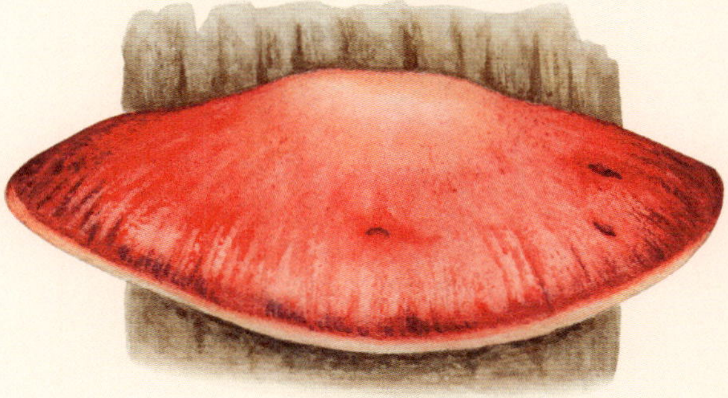

Violette Korallenkeule (*Clavaria zollingeri*)
Der violette, korallenartige Fruchtkörper ist 3 bis 10 cm hoch. Man findet den seltenen Pilz in extensiv bewirtschafteten Wiesen (S. 140–141). Weil ihre Lebensräume schwinden, ist die Art heute in ihrer Existenz bedroht und steht inzwischen in vielen Ländern auf den Roten Listen der gefährdeten Pilzarten.

Rötlicher Gallerttrichter
(*Guepinia helvelloides*)
Die Fruchtkörper dieses Pilzes sind variabel geformt und 4 bis 10 cm hoch. Die gummibärchenartige Konsistenz und die lachsrosa bis orangegelbe Färbung sind auffällig. Basidien bilden sich vor allem an der Unterseite der Fruchtkörper.

Speise-Morchel
(*Morchella esculenta*)
Es gibt mehr als 80 Morchelarten. Sie sind die Schlauchpilze mit den größten Fruchtkörpern und können über 20 cm hoch werden. Man findet sie im Frühjahr in Wäldern, Parks und Gärten, wo sie Mykorrhizen mit Baumwurzeln ausbilden (S. 60–61) oder Zersetzer sind (S. 38–39). Einige Arten wachsen sogar auf verbrannten Böden wie ehemaligen Waldbrandflächen. Verwechslungen mit giftigen Lorcheln aus der Gattung *Gyromitra*, vor denen immer wieder gewarnt wird, sind beim genauen Vergleich der Merkmale kaum möglich.

Orangebecherling
(*Aleuria aurantia*)
Die jungen Fruchtkörper sind becherförmig. Größere Exemplare (bis 10 cm Durchmesser) verformen sich später oft und reißen an den Rändern auf. Die Schläuche bilden sich auf der Becherinnenseite. Der Orangebecherling ist eine saprobe Art (»Zersetzer«) und erscheint im Spätsommer und Herbst gerne an gestörten Stellen wie Forststraßenböschungen oder in ehemaligen Kiesgruben.

Geweihförmige Holzkeule
(*Xylaria hypoxylon*)
Dieser Pilz, dessen Fruchtkörper man an Ästen und Stümpfen von Laubbäumen findet, leitet den Zersetzungsprozess des Holzes ein. Die anfangs überwiegend weißen Fruchtkörper bilden ungeschlechtliche Sporen (Konidien, S. 18–19, S. 54–55). Im Herbst und Winter färben sie sich schwarz und bilden Perithezien aus. Das sind kleine, +- rundliche, in die Oberfläche eingebettete Kammern, in denen sich die Schläuche mit den sexuell entstehenden Ascosporen entwickeln.

Die Schlauchpilze oder Ascomyzeten bilden die größte Pilzgruppe. Bisher wurden mehr als 97 000 Arten beschrieben, doch gibt es noch sehr, sehr viele, die bisher noch gar nicht bekannt sind. Nur relativ wenige Schlauchpilzarten bilden Fruchtkörper, die mit bloßem Auge sichtbar sind.

FLASCHEN, BECHER UND TRÜFFELN

Manche Schlauchpilze sind auffällig gefärbt, viele jedoch unscheinbar braun oder schwarz. Einige sind fleischig und manche haben Stiele, während andere in harte krustenförmige oder runde Strukturen (»Stromata«) mit glatter oder warziger Oberfläche eingebettet sind.

In der Art und Weise ihrer Sporenbildung unterscheiden Schlauchpilze sich von anderen Pilzgruppen. Nach dem Verschmelzen der Hyphen werden die Sporen in Schläuchen (Asci, deshalb der Name Ascomyzeten, siehe auch S. 15) gebildet. Die Fruchtkörper, in denen diese Prozesse ablaufen, sind becher-, flaschen-, krusten- oder korallenförmig oder knollenartig wie die Trüffeln.

Flaschenförmige Fruchtkörper, in denen sich die Schläuche mit Sporen befinden, haben oben eine Öffnung, das Ostiolum. Oft sind sie in Pflanzengewebe eingebettet und so winzig, dass man sie mit bloßem Auge nicht sehen kann. Andere sind in größere Pilzstrukturen (Stromata) eingebettet, die viele Formen haben können.

Eine große Gruppe sind die Becherlinge im weiteren Sinne. Manche erinnern eher an Schüsseln und andere an Teller. Einige sind markant gestielt und ähneln Hutpilzen. Trüffeln dagegen sind unterirdisch wachsende rundliche, helle oder dunkle, manchmal an Kartoffeln erinnernde Knollen mit einer krustenartigen Hülle (Peridie). Die Schläuche werden im gesamten Fruchtkörper gebildet.

Alle Fruchtkörper mit Stiel und Hut bilden sich ähnlich, aber nach etwas unterschiedlichen Mustern. Zunächst müssen kompatible Hyphen miteinander verschmelzen.

BILDUNG DER FRUCHT-KÖRPER

Bei den meisten Lebewesen gibt es zwei Geschlechter: männlich und weiblich. Bei Fruchtkörper bildenden Pilzen sind es deren Hunderte! Sichtbare Merkmale gibt es keine, denn die Geschlechtsunterschiede bei den Pilzen sind chemischer Natur. Zur Fruchtkörperbildung müssen sich zwei kompatible Myzelien unterschiedlichen Geschlechts vereinen (S. 18–19). Ihre Hyphen verschmelzen miteinander. Ist die Nährstoffversorgung gewährleistet und stimmen die Umweltbedingungen, reicht ein einziger solcher Akt aus, um die Fruchtkörperbildung in Gang zu setzen (S. 44–45).

Fruchtkörper mit Hut und Stiel bilden sich nach drei grundlegenden Mustern, je nachdem, wie die Lamellen des jungen Fruchtkörpers geschützt sind. Die Beispiele rechts zeigen den *Agaricus*-Typ (Champignons) und den *Amanita*-Typ (Wulstlinge und Knollenblätterpilze). Bei den Schleierlingen (*Cortinarius*) sind die jungen Lamellen mit einer spinnwebartigen Cortina bedeckt (S. 171).

***Agaricus*-Typ**
Wenn sich der junge Fruchtkörper aus dem Boden schiebt, sind Hutrand und Stiel mit einer dünnen Hülle, dem Velum, verbunden, das die Lamellen bedeckt und damit schützt. Schirmt der Hut bei der Reife auf, zerreißt das Velum und bleibt in Teilen als Ring am Stiel zurück. Aus den jetzt freiliegenden Lamellen können die Sporen ausfallen.

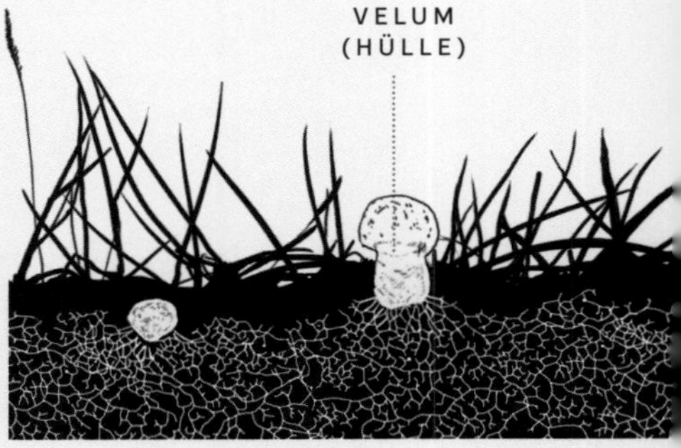

***Amanita* -Typ**
Der junge Fruchtkörper eines Wulstlings oder Knollenblätterpilzes ist doppelt geschützt: Ein Velum (Teilhülle oder Velum partiale) bedeckt die Lamellen und ein zweites (Gesamthülle oder Velum universale) umgibt den gesamten Fruchtkörper. Beim Aufschirmen des Hutes bleibt, wie beim *Agaricus*-Typ, ein Ring am Stiel zurück. Dazu bilden Reste der Gesamthülle am Stielgrund eine Volva oder Scheide, und die Hutoberfläche ist mit kleinen Hüllresten in Form von Pusteln oder Fetzen gesprenkelt.

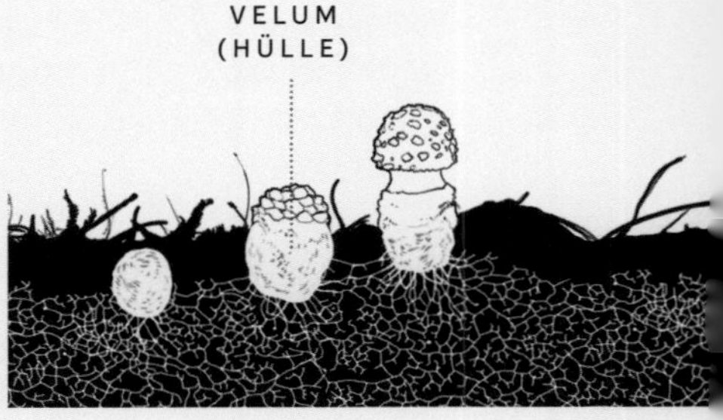

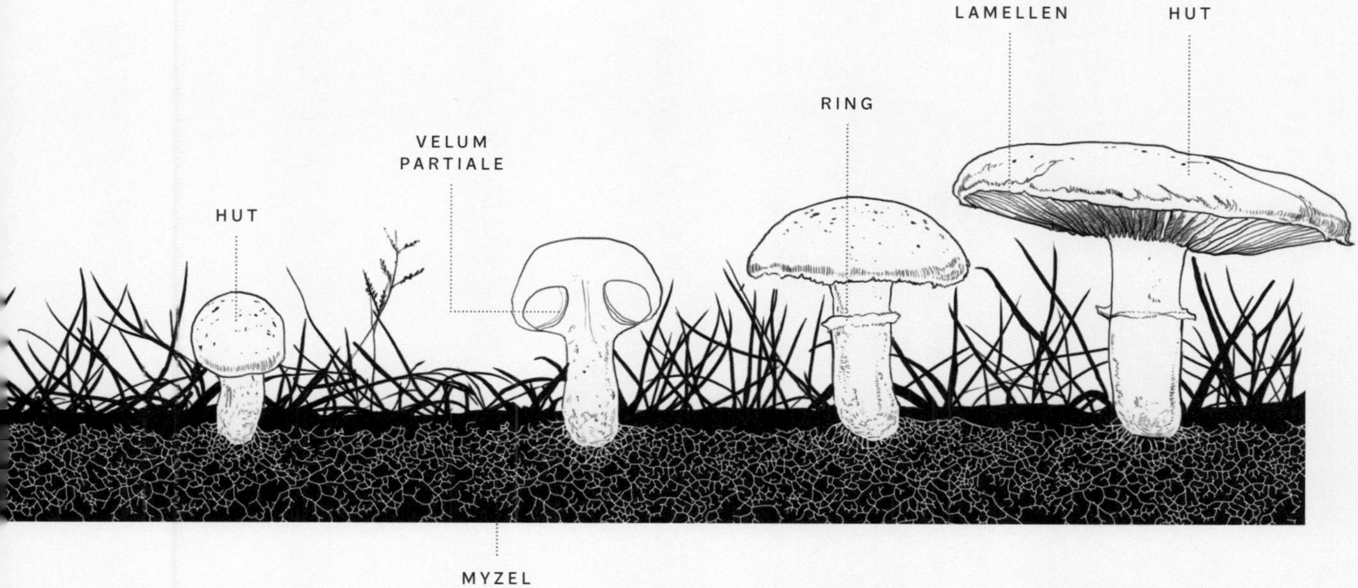
LAMELLEN
HUT
RING
VELUM PARTIALE
HUT
MYZEL

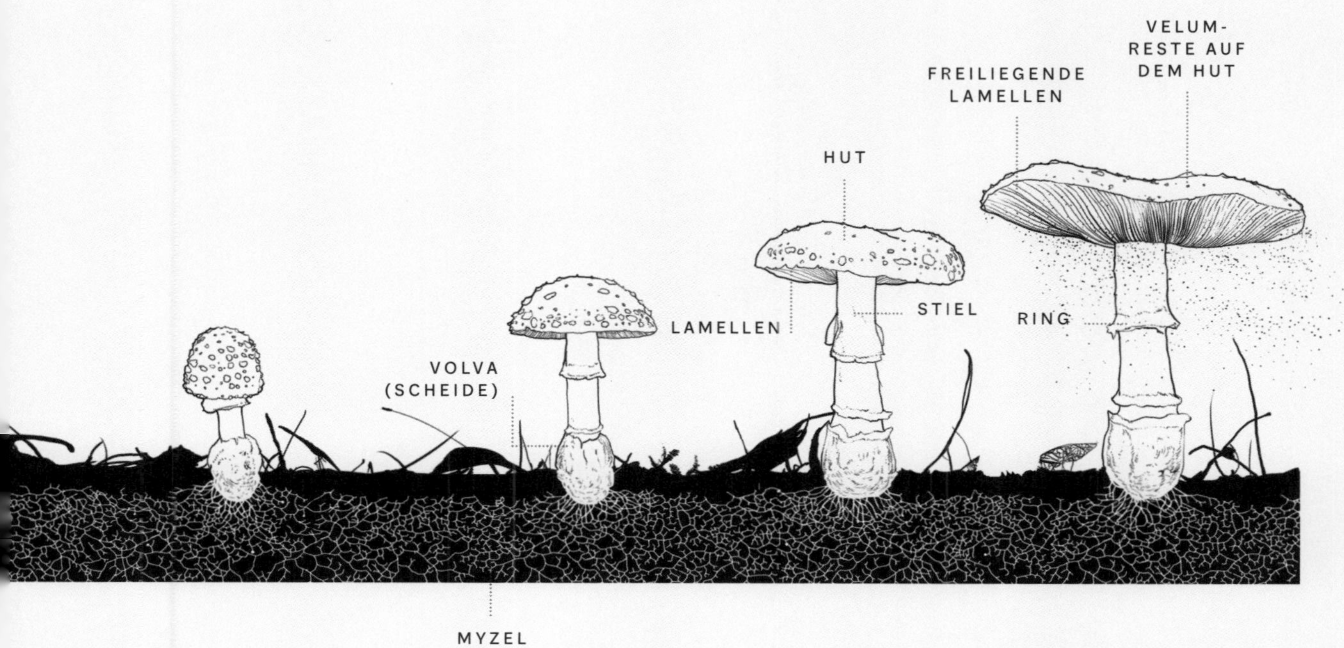
VELUM-RESTE AUF DEM HUT
FREILIEGENDE LAMELLEN
HUT
STIEL
LAMELLEN
RING
VOLVA (SCHEIDE)
MYZEL

Rotrandiger Baumschwamm (*Fomitopsis pinicola*) am umgestürzten Stamm einer Buche
Der Braunfäuleerreger ist in Europa an Laub- und Nadelbäumen weit verbreitet und häufig. Der Fruchtkörper im Vordergrund entwickelte sich, nachdem der Baumstamm umgestürzt war. Die Röhren und deren Ausgänge, die Poren, sind nach unten gerichtet. Der Fruchtkörper dahinter ist bereits gewachsen, als der Baum noch stand.

SCHWERKRAFT

Lamellen oder Röhren eines Fruchtkörpers sind nach unten gerichtet, damit die Sporen unbehindert in die umgebenden Luftströmungen entlassen werden können. Verändert sich die Lage, krümmt sich bei Hutpilzen der Stiel nach oben, sodass der Hut wieder in die alte Position gelangt. Mehrjährige Porlinge wie *Fomitopsis pinicola* bilden neue Fruchtkörper aus, doch können bereits vorhandene Exemplare auch im 90-Grad-Winkel weiterwachsen. Man spricht von »Geotropismus« – einer Reaktion auf die Schwerkraft.

Wenn Pilze über ausreichend Energie und Nährstoffe verfügen, können sie Fruchtkörper bilden. Dies geschieht aber nur bei geeigneten Umweltbedingungen.

DIE UMWELT BEEINFLUSST DIE FRUCHTKÖRPER-BILDUNG

Das Licht, die Temperatur und das Vorhandensein von Kohlendioxid sowie ausreichend Wasser beeinflussen, wo und wie ein Pilz Fruchtkörper ausbildet. Jede Art braucht spezielle Bedingungen. Der genaue Einfluss der Umweltfaktoren auf die Fruchtkörperbildung wurde nur bei einigen wirtschaftlich bedeutenden Pilzen und solchen Arten untersucht, die im Labor rasch Fruchtkörper bilden.

LICHT UND TEMPERATUR Licht fördert bei einigen Arten die Fruchtkörperbildung und hemmt sie bei anderen. Die Lichtmenge kann auch beeinflussen, ob überhaupt Fruchtkörper gebildet werden und, wenn ja, wie sie aussehen. Beim Samtfußrübling *(Flammulina velutipes)* wirkt Licht stimulierend: Je länger die Lichteinwirkung, desto mehr Fruchtkörper bildet er. Die ideale Temperatur für die Fruchtkörperbildung ist meistens um mehrere Grad niedriger als die ideale Temperatur für das Wachstum des Myzels.

KOHLENDIOXID Die Kohlendioxidmenge in der Umgebung des Myzels beeinflusst, wie sich die Fruchtkörper entwickeln. In Champignon-Kulturen (*Agaricus bisporus*, S. 222–223) kann der Kohlendioxidgehalt im Substrat auf über 20 Prozent ansteigen. Das ist problematisch, denn bereits bei über 1,5 Prozent wachsen lange Stiele, die kleine Hüte tragen. Solche Champignons sind unverkäuflich. Beim Samtfußrübling reduziert seltsamerweise ein höherer Kohlendioxidgehalt das Längenwachstum des Stiels.

Sporen entsprechen den Samen der Blütenpflanzen. Die einzelne Spore ist mit bloßem Auge nicht sichtbar. Über diese winzigen Pakete aus Nährstoffen und genetischem Material verbreitet sich der Pilz. Sporen erreichen ihr Ziel auf vielfältige Weise.

PILZSPOREN

Alle Sporen sind winzig, doch wenn wir einen Sporenabdruck anfertigen (S. 172–173), können wir zumindest ihre Farbe erkennen. Die Sporen verschiedener Pilzarten sind unterschiedlich groß, und auch in Form, Farbe und Ornamentierung unterscheiden sie sich. Auch ihre Lebensdauer variiert. Ein wesentlicher Unterschied ist, wie sie gebildet werden. Einige bilden sich nur nach dem Verschmelzen von Hyphen und haben Merkmale von beiden Eltern (S. 44–45). Andere bilden sich an Hyphen, ohne dass eine Verschmelzung stattgefunden hat.

UNGESCHLECHTLICH (ASEXUELL) GEBILDETE SPOREN Die meisten ungeschlechtlich gebildeten Sporen haben dünne Wände, in die allerdings oft Melanine eingelagert sind, die vor schädlicher Sonnenstrahlung schützen. Chlamydosporen dagegen haben sehr dicke Wände und können unter schwierigen Bedingungen überleben. Obwohl auch diese Sporen mikroskopisch klein sind, kann man sie manchmal sehen: Die hübsch verzweigten blaugrünen Sporenträger des Schlauchpilzes *Penicillium* z.B. in Blauschimmelkäse. *Mucoromycotina*-Arten dagegen bilden in rundlichen Kapseln (Sporangien) an den Spitzen von nach oben wachsenden Hyphen sogenannte Sporangiosporen. Bei *Rhizopus stolonifer*, einem Brotschimmel, erkennt man die Sporangien als schwarze Köpfchen auf langen Hyphen.

SEXUELL GEBILDETE SPOREN Die Sporen von Pilzen der verschiedenen Gruppen (S. 14–15) bilden sich nach der Verschmelzung der Hyphen. Das kann sofort geschehen oder erst nach Monaten oder sogar Jahren. Einige Sporen sind an das Überleben bei ungünstigen Umweltbedingungen angepasst und andere an die möglichst schnelle Ausbreitung des Pilzes. *Mucoromycotina*-Pilze (S. 14–15) bilden gleich nach der Verschmelzung der Hyphen Sporen. Es sind Dauersporen mit dicken, oft dunklen warzigen Wänden, die lange Phasen ohne Nahrung überstehen können. Die Elternhyphen erinnern an Hirschgeweihe und bieten zusätzlichen Schutz.

Ascosporen: Die sexuell gebildeten Sporen der Ascomyzeten werden meist in schlauchförmigen Fortpflanzungsstrukturen gebildet, daher der deutsche Name »Schlauchpilze«. Sie entstehen oft in becher-, teller- oder flaschenförmigen Fruchtkörpern (S. 48–49).

Basidiosporen: Die sexuell gebildeten Sporen der Basidiomyzeten oder Ständerpilze werden an keulenförmigen Sporenträgern, sogenannten Basidien, gebildet. Sie befinden sich im Hymenium, der »Fruchtschicht«, also je nach Art und Gruppe, z. B. an Lamellen, Röhren oder Stacheln. (S. 176–177).

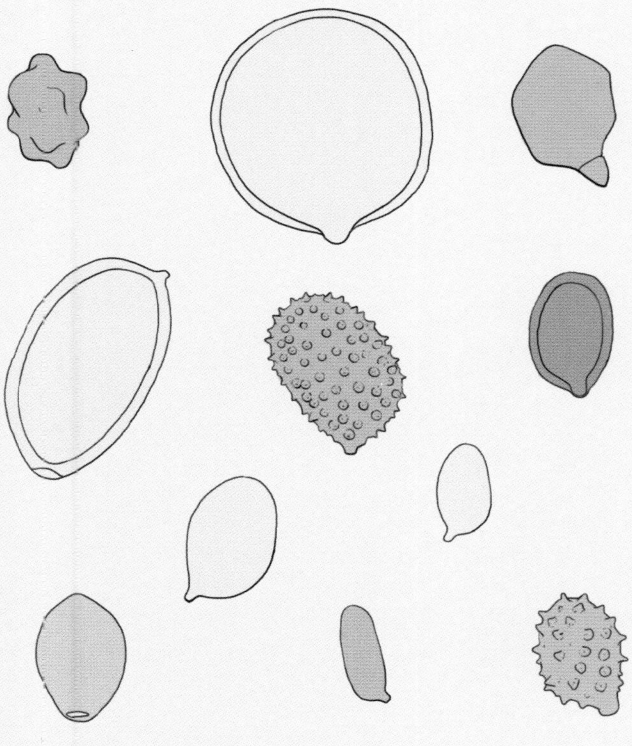

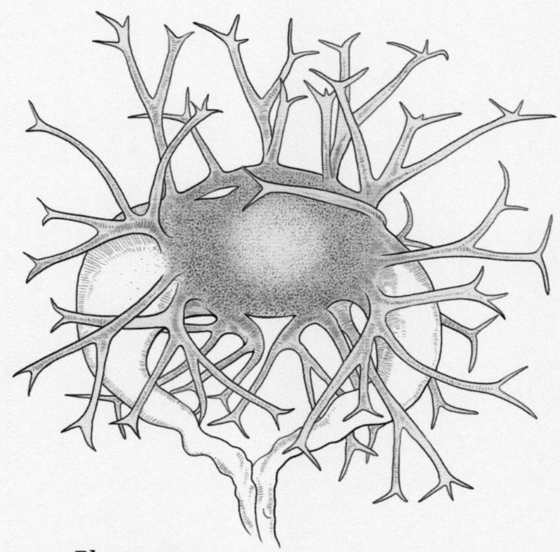

Phycomyces
Die geschlechtlich gebildeten Sporen dieser *Mucoromycotina*-Art nennt man Zygosporen. Sie werden direkt am Myzel gebildet und man kann sie mit bloßem Auge als schwarze Punkte erkennen. Dicke Wände und geweihförmige, aus den Elternhyphen hervorsprießende Fortsätze bieten Schutz.

Basidiosporen
Die Sporen an den Fruchtkörpern der Ständerpilze sind winzig und haben meist 5 bis 20 Tausendstel Millimeter Durchmesser. Form und Farbe variieren von Gattung zu Gattung und Art zu Art und manche haben warzige Oberflächen oder enthalten Stärke.

Die meisten Sporen sind bei ihrer Verbreitung auf Luft- oder Wasserströmungen angewiesen, und unzählige landen nur wenige Meter von dem Fruchtkörper entfernt, der sie gebildet hat. Einige begeben sich aber auf aufregende Fernreisen ...

SPOREN AUF REISEN

Nur einige Sporentypen, wie die der Töpfchenpilze (S. 14–15), können aktiv schwimmen. Für die meisten anderen ist die Chance gering, an einem geeigneten Ort mit guten Wachstumsbedingungen zu landen. Um ihre Chancen zu vergrößern, produzieren Pilze jedoch Millionen von Sporen. Ein einziger Wiesen-Champignon (*Agaricus campestris*) bringt etwa 2,7 Milliarden Sporen hervor, was die Erfolgsaussichten natürlich enorm erhöht. Jedes Jahr verbreiten sich über 50 Millionen Tonnen Pilzsporen in der Atmosphäre, und über Regenwäldern schweben gewaltige Sporenwolken. Man vermutet, dass sie auch zur Bildung von Regenwolken beitragen.

Gelegentlich tragen Luftströmungen die Sporen weite Strecken. Der Kaffeerost (*Hemileia vastatrix*) etwa breitete sich mit dem Wind von Afrika nach Brasilien aus. Sporen können sich auch mithilfe von Regentropfen verbreiten oder aktiv vom Pilz abgeschossen werden. Als blinder Passagier mit einem Tier mitzureisen, ist für die Spore natürlich noch bequemer.

Regentropfen
Fallen Regentropfen in den topfartigen Fruchtkörper des Gestreiften Teuerlings (*Cyathus striatus*), katapultieren sie die eiförmigen Sporenbehälter (Peridiolen) in die Luft, die dabei eine Geschwindigkeit von 5 Metern in der Sekunde erreichen. An jeder Peridiole sitzt ein klebriger nabelschnurartiger Hyphenstrang, mit dem sie sich an Gräsern, Blättern oder kleinen Zweigen anheften können.

Berührung
Boviste, Stäublinge und Erdsterne wie dieser Halskrausen-Erdstern (*Geastrum triplex*) bilden ihre Sporen in rundlichen Sporensäcken. Durch den Druck auftreffender Regentropfen oder herabfallender Zweige wird eine Sporenwolke herausgeschleudert. Das Gleiche geschieht, wenn vorbeistreifende Tiere auf die Fruchtkörper treten.

Per Anhalter
Sporen landen auf der Körperoberfläche, im Maul oder Darm von Tieren, wie Säugetieren, Insekten oder Schnecken. Die Tropische Schleierdame (*Phallus indusiatus*) bildet einen übel riechenden Schleim, der Insekten anlockt. Sie fressen den Schleim und transportieren die darin enthaltenen Sporen unbeabsichtigt zu neuen Orten. Auch Pilze, die Partnerschaften zum gegenseitigen Nutzen mit Insekten eingehen, werden von diesen in neue Lebensräume transportiert (S. 82–83).

Täubling (*Russula* spec.), ein Lamellenpilz

INTERAKTIONEN

KAPITEL III

EIN PILZ BLEIBT selten allein. Pilze treffen auf andere Pilze, Pflanzen, Tiere, Menschen und Mikroben. Manchmal ergeben sich Lebensgemeinschaften, manchmal rufen die Pilze Krankheiten hervor. Pilze sorgen dafür, dass Bäume besser wachsen, verwandeln Ameisen in Zombies, kämpfen miteinander ... Wie auch immer: Sie müssen sich mit der Welt, in der sie leben, arrangieren.

Die Wurzeln der meisten Pflanzen bilden mit Pilzen Lebensgemeinschaften, die man Mykorrhizen nennt. Das griechische Wort »mykes« bedeutet »Pilz« und »rhiza« bedeutet »Wurzel«.

LEBENSGEMEIN-SCHAFTEN

Mykorrhizen sind die ursprünglichsten Symbiosen und bereits vor etwa 450 Mio. Jahren entstanden. Für die meisten Pilzarten, die sich auf eine Mykorrhiza einlassen, ist sie die einzig mögliche Lebensweise. Beide Partner profitieren: Die Pflanze liefert dem Pilz Zucker, die sie bei der Fotosynthese herstellt, und der Pilz versorgt die Pflanze im Gegenzug mit Wasser und Mineralstoffen. Einige Mykorrhizapilze helfen der Pflanze, ungünstige Bedingungen wie z. B. Kontakte mit giftigen Chemikalien zu überleben, und das Myzel verhindert, dass bestimmte Krankheitserreger in die Pflanzenwurzeln eindringen.

VIELFÄLTIGE PARTNERSCHAFTEN Es gibt viele verschiedene Mykorrhiza-Typen. Am häufigsten sind arbuskuläre Mykorrhizen: Pilzhyphen wachsen im Boden und dringen in junge Feinwurzeln ein. Sie rollen sich in den Pflanzenzellen ein oder verzweigen sich zu baumähnlichen Gebilden. Hier findet der Austausch von Wasser, Nährstoffen und Zuckern statt.

Viele Baumarten in den gemäßigten Breiten, nördlichen Breiten und tropischen Tieflandregenwäldern bilden Ektomykorrhizen aus. Dabei umkleidet das Myzel die feinen Wurzelenden wie ein Strumpf und breitet sich in den Boden der Umgebung aus. Der Pilz wächst in die Wurzelrinde, dringt aber nicht in die Zellen ein. Er bildet vielmehr ein Hyphennetz um die Wurzelzellen, wo es dann zu dem erwähnten Austausch kommt.

Ericaceen wie Heidekräuter und Rhododendren bilden einen eigenen Mykorrhiza-Typ aus: Die Pilzhyphen wachsen in die äußeren Zellen der feinen Wurzelhaare und nehmen bis zu 80 Prozent des Volumens dieser Pflanzenzellen ein. Es handelt sich trotzdem um eine Lebensgemeinschaft zum gegenseitigen Vorteil.

*Bei **90 Prozent** aller Pflanzen bilden die Wurzeln Mykorrhizen aus. Es handelt sich vermutlich um die **häufigsten** und vitalsten Lebensgemeinschaften zwischen Partnern aus **verschiedenen Reichen**.*

In jedem Wald verbindet ein unterirdisches Netzwerk die Bäume und verrottende Pflanzenteile miteinander. Information und Ressourcen fließen durch dieses Netzwerk. Und wie entsteht es? Durch Pilze natürlich.

WOOD WIDE WEB

Die Myzelien von Mykorrhizapilzen (S. 60–61) und holzzersetzenden Pilzen, die Rhizomorphen bilden (S. 118–119), entfernen sich von ihrer Energiequelle, um neue Nahrungsvorräte zu erschließen. Sie schaffen ausgedehnte, sich ständig verändernde Netzwerke.

MYKORRHIZAPILZE Mykorrhizapilze bekommen ihre kohlenhydratreiche Nahrung direkt von den Partnerbäumen, aber sie suchen auch in größerer Entfernung nach Mineralstoffen und Wasser (S. 60–61). Jeder Baum steht mit verschiedenen Mykorrhizapilzen in Verbindung, und ein Pilz kann mit den Wurzeln mehrerer, bisweilen unterschiedlicher Baumarten Mykorrhizen ausbilden. So kommt es über die Pilze auch zu Verbindungen zwischen den Bäumen und damit zu einem »Wood Wide Web« (»waldweiten Netz«). Nährstoffe, Zucker, Wasser und chemische Botschaften fließen durch die Netzwerke der Pilzhyphen. Unklar ist noch, wie stark der Austausch zwischen den beteiligten Waldbäumen tatsächlich ist. Es besteht jedoch kein Zweifel, dass Mykorrhizapilze für die Gesundheit der Bäume von entscheidender Bedeutung sind.

HOLZZERSETZENDE PILZE Anders als Mykorrhizapilze müssen Zersetzer immer neues Holz finden, von dem sie sich ernähren können, denn sie verspeisen buchstäblich ihren Lebensraum. Einige Arten wachsen auf der Suche nach neuer Nahrung aus dem Holz heraus. Das Myzel, das die Nahrungsquellen miteinander verbindet, bildet dicke Stränge, während andere Myzelteile verschwinden (S. 42–43). Schließlich sind viele Holzreste miteinander verbunden. Hallimasche (*Armillaria*-Arten) verbinden mit ihren dunklen Rhizomorphen auf ähnliche Weise tote und absterbende Bäume – eine andere Form des Wood Wide Webs.

Das Netzwerk bietet Schutz
Das Netzwerk liefert der Pflanze nicht nur Wasser und Mineralstoffe, sondern schützt sie auch vor bestimmten Krankheitserregern, die in die Wurzeln einzudringen versuchen. Ein Myzelgeflecht (S. 60–61) um eine Wurzelspitze ist nicht nur eine physikalische Barriere, sondern bildet auch chemische Abwehrstoffe gegen bestimmte Mikroben.

***Monotropa*-Parasitismus**

Monotropa uniflora, eine gespenstisch weiße, überwiegend tropisch verbreitete Pflanze, verlässt sich auf die Zufuhr von Kohlehydraten, Wasser und Mineralstoffen durch im Boden lebende Pilze, ohne ihnen etwas zurückzugeben. Sie profitiert von der Mykorrhiza-Partnerschaft zwischen Pilz und Baum und gelangt so an Zuckerverbindungen – ein doppelter Parasitismus. Der nah verwandte, auch bei uns vorkommende Fichtenspargel (*Monotropa hypopithys*) ernährt sich auf die gleiche Weise. Er nutzt die Mykorrhiza eines Pilzes mit einem Baum aus und parasitiert beide Partner.

Verschiedene Pilze haben eine parasitische Lebensweise, aber sie sind nicht die einzigen Lebewesen, die ihren Partnern Nährstoffe stehlen. Einige Pflanzen haben Vorteile, weil ihre Wurzeln mit Pilzmyzelien verbunden sind.

PFLANZEN, DIE TRICKSEN

DER FICHTENSPARGEL und eine verwandte Art aus den Tropen, die ihrer bleichen, blattgrünfreien Farbe wegen als »Ghost plant« (Gespensterpflanze) bezeichnet wird, gehören der Gattung *Monotropa* an, die keine Fotosynthese betreibt. Statt die Energie des Sonnenlichts zur Herstellung von Zuckern zu nutzen, nehmen *Monotropa*-Arten diese über unterirdische Pilze auf. Die fleischigen Wurzelballen der Pflanzen reichen nicht tief in den Boden. Pilze umkleiden die Wurzeln mit einer Hyphenschicht, ähnlich wie bei einer Ektomykorrhiza (S. 60–61). Gleichzeitig bilden sie Mykorrhizen mit Bäumen aus und geben die Zucker, die sie von den Bäumen bekommen, zusammen mit Wasser und Mineralstoffen an *Monotropa* weiter. *Monotropa* parasitiert also nicht nur am Pilz, sondern auch am Baum und nutzt den Pilz sozusagen als Pipeline zur Nährstoffversorgung.

ORCHIDEEN Es gibt etwa 28 000 Orchideenarten. Alle bilden winzige Samen, in denen kaum Nährstoffe gespeichert sind. Bei der Keimung senden sie chemische Signale aus, um Pilze anzulocken, denn sie müssen rasch einen Pilzpartner finden. Bei allen wechselseitigen Mykorrhizen (S. 60–61) versorgt der Pilz die Pflanze mit Mineralstoffen und Wasser. Bei Partnerschaften mit Orchideen jedoch liefert der Pilz der Pflanze auch Zucker, die er aus anderen Quellen bezieht. Einige der beteiligten Pilze sind Holzzersetzer, wie *Trametes*- und *Marasmius*-Arten, während andere, wie *Rhizoctonia*, Pflanzenkrankheiten hervorrufen.

Die meisten ausgewachsenen Orchideen haben grüne Blätter und können durch Fotosynthese Zucker herstellen, die sie dann mit ihrem Pilzpartner teilen. Aber etwa 200 Orchideenarten, darunter die Vogel-Nestwurz (*Neottia nidus-avis*), betreiben keine Fotosynthese. Dies bedeutet, dass sie ihrem Pilzpartner nichts zurückgeben, sondern parasitisch leben.

Kuckuckseier
Sie sehen zwar nicht genauso aus wie Termiteneier, aber die glatte Oberfläche und die chemischen Stoffe der Kugeln, die *Athelia termitophila* bildet, täuschen die Termiten. Schließlich wachsen Hyphen aus den Pilzkugeln und verdauen die echten Termiteneier.

Orchidee der Gattung *Dracula*
Diese Orchideenblüte riecht wie ein Pilz und das mittlere Blütenblatt (die Lippe) sieht sogar aus wie ein Pilz, der auf dem Kopf steht. Die optische Mimikry und der pilzartige Geruch locken Insekten an, die ihre Eier in ihr ablegen und dabei die Blüte bestäuben.

Puccinia monoica
Wenn dieser Rostpilz eine Gänsekresse infiziert, bringt er die Pflanze dazu, gelbe blütenähnliche Strukturen zu bilden. In ihnen befinden sich Fortpflanzungsstrukturen des Pilzes. Sie ähneln Hahnenfußblüten, die oft in der Nähe wachsen. Der Pilz lockt auf diese Weise Insekten an, die seine Sporen verbreiten.

In der Natur gibt es viele Lebewesen, die andere austricksen oder nachahmen. Bei Pilzen ist es nicht anders: Einige Pflanzen ahmen Pilze nach, und manche Pilze ahmen Pflanzen oder sogar Tiere nach.

NACHAHMEN

PILZ ODER BLÜTE? In feuchten Nebelwäldern in Zentral- und Südamerika öffnen sich violett gefleckte Blüten an Baumstämmen. Die Blütenmitte sieht wie ein kleiner Hutpilz aus und die Blüten riechen sogar wie Pilze, aber es sind Orchideen der Gattung *Dracula*. Sie locken bestäubende Insekten an, die nach Pilzfruchtkörpern suchen, um ihre Eier an ihnen abzulegen.

Auch Pilze täuschen und tricksen. Einige parasitische Pilzarten verändern das Aussehen der Pflanze, um sich besser ausbreiten zu können. *Fusarium xyrophilum* etwa parasitiert an Gräsern der Familie Xyridaceae, die in Guyana vorkommen. Der Pilz verhindert, dass die Gräser Blüten entwickeln. Stattdessen formieren sich die Pilzhyphen zu gelben Strukturen, die wie die echten Blüten aussehen, aber Sporen bilden. Eine ähnliche Strategie verfolgt *Puccinia monoica* (siehe links).

KUCKUCKSEIER *Termitomyces*-Arten, auch Termitenpilze genannt, bilden mit einigen Termitengruppen (S. 82–83) Lebensgemeinschaften. Andere Pilze nutzen jedoch die Vorteile und geben den Termiten nichts zurück, und in einigen Fällen schädigen sie die Insekten sogar. *Athelia termitophila* bildet kugelige Strukturen, die von ahnungslosen Termiten der Gattungen *Reticulitermes* und *Coptotermes* in die Kammern der Eier und Larven getragen werden. Hier herrschen konstante, konkurrenzfreie Bedingungen und Termiten kümmern sich um die vermeintlichen Eier. Die Strategie erinnert an jene der Kuckucke, die ihre Eier in die Nester anderer Vögel legen.

Man sieht es den meisten Pflanzen nicht an, aber in allen Pflanzen leben winzige Endophyten, bei denen es sich meist um Bakterien oder Pilze handelt. Diese verborgenen Lebewesen haben einen großen Einfluss.

VERBORGENE ENDOPHYTEN

Einige endophytisch lebende Pilze sind Zersetzer oder Krankheitserreger, die auf die Gelegenheit warten, an Nahrung zu kommen. Manche sind für die Pflanze nützlich, weil sie z.B. Krankheitserreger abwehren oder Gifte bilden, die Insekten abschrecken (siehe rechts). Die meisten verbreiten sich über Sporen und gelangen durch natürliche Öffnungen oder Wunden in die Pflanze. Andere verbreiten sich über die Samen ihres Wirts.

HILFREICH Sogenannte »Dunkle septierte Endophyten« sind dunkel und ihre Zellen sind mit Septen unterteilt (S. 16). Man hat Vertreter dieser Pilzgruppe in den Wurzeln von etwa 600 Pflanzenarten gefunden, von denen die meisten in extremen Umgebungen wie in der Arktis oder in mit Schwermetallen belasteten Böden wachsen. Wahrscheinlich tragen sie dazu bei, dass die Pflanzen den Stress ertragen. Vielleicht versorgen sie sie mit Nährstoffen, denn einige bilden Netzwerke in den Wurzeln, ähnlich wie Mykorrhizapilze (S. 60–61).

Einige Schlauch- und Ständerpilze leben als Endophyten in den Wurzeln, Stängeln und Blättern vieler krautiger Pflanzen, vor allem in extremen Umgebungen. Die mikroskopisch kleine Art *Fusarium culmorum* z.B. ermöglicht es dem Amerikanischen Dünengras (*Leymus mollis*), in salzhaltigen Böden zu wachsen.

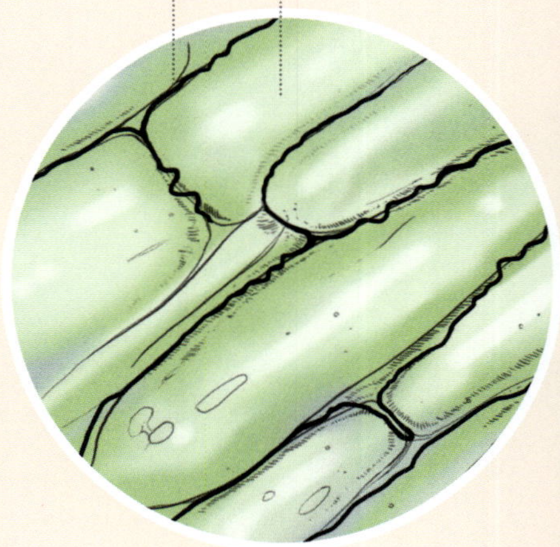

***Epichloë* unter dem Mikroskop**
Die winzigen Hyphen von *Epichloë* leben in Gräsern. Die Hyphen wachsen zwischen den Zellen und dringen nicht in sie ein. Anders als die meisten Endophyten verbreitet sich *Epichloë* im Regelfall, indem es auf oder in den Grassamen wächst. Wenn der Samen keimt, ist der Pilz schon da. Er bildet Mutterkornalkaloide (S. 258–259) und andere Gifte.

Sporen bildende Strukturen von *Epichloë festucae* an Halmen des Rotschwingels (*Festuca rubra*)
Die Hyphen von *Epichloë festucae* umwachsen manchmal den Blütenstand und bilden ein Hyphengeflecht mit Fruchtkörpern (Stroma), das die Weiterentwicklung des Grases verhindert. Fliegen werden von chemischen Stoffen angelockt, die der Pilz bildet, und bringen kompatible Pilzsporen mit. Nach der sexuellen Verschmelzung der Hyphen bildet sich das gelbliche Stroma, in dem sich in winzigen flaschenförmigen Kammern (Perithezien) Schläuche und Sporen entwickeln (S. 48–49).

Schlafgras (*Achnatherum robustum*)
Das Schlafgras, das im Westen der USA vorkommt, enthält Endophyten, die LSD-ähnliche Stoffe bilden (S. 258–259). Wenn Pferde dieses Gras fressen, schlafen sie oft tagelang. Auch im asiatischen Gras *Achnatherum inebrians* und im südafrikanischen Gras *Melica decumbens* leben Endophyten mit ähnlicher Wirkung.

Flechten sehen ähnlich aus wie Pflanzen, aber sie sind Pilze, die sich mit Algen oder Cyanobakterien zusammengetan haben. Das Ergebnis ist ein völlig neuartiges Lebewesen. Viele Flechten wachsen an Orten mit extremen Umweltbedingungen.

A. Am auffälligsten sind Strauchflechten. Sie sitzen nur an einer Stelle am Substrat fest und bestehen aus kleinen Röhren, die Büschel bilden. Oft sehen sie zerzaust aus oder hängen von Ästen herab. *Ramalina menziesii* ist die Staatsflechte von Kalifornien.

FLECHTEN

B. Am häufigsten sieht man Krustenflechten. Sie bilden Beläge, die sich oft kaum vom Untergrund ablösen lassen. Sie bestehen aus einer Schicht Algenzellen, die mit einer deutlichen Schicht aus Pilzgewebe bedeckt sind. Krustenflechten wachsen langsam, doch gibt es in der Arktis Exemplare, die vermutlich über 1000 Jahre alt sind.

Etwa 20 000 Flechtenarten sind bekannt. Bei den meisten ist der Pilzpartner ein Schlauchpilz, bei einigen ein Ständerpilz. Sie sind leicht zu unterscheiden: Ist der Partner ein Ständerpilz, bildet die Flechte hutpilzähnliche Fruchtkörper aus.

Der Pilz schützt seine Partner und versorgt sie mit Wasser und Nährstoffen, die er aus der Umgebung aufnimmt. Im Gegenzug liefern die Algen oder Cyanobakterien dem Pilz Kohlenhydrate, die sie mit der Energie des Sonnenlichts herstellen. Auf den ersten Blick scheinen beide Beteiligten zu profitieren. Aber weil der Pilz die Nährstoffe – und somit das Wachstum – seiner Partner kontrolliert, kann man vielleicht eher von einer Geiselnahme sprechen.

UNTER DRUCK Die meisten Flechten wachsen sehr langsam, oft weniger als einen Millimeter im Jahr. Weil sie aber ein beachtliches Alter erreichen können, werden manche Arten recht groß. Einige Flechten sind Hunderte oder sogar Tausende Jahre alt. Sie wachsen oft an extremen Orten wie auf blankem Fels oder Baumrinde, wo allein weder der Pilz noch die Alge überleben könnte.

Flechten spielen an Extremstandorten eine wichtige Rolle. Teloschistes capensis wächst in Wüsten. Die ungewöhnlich schnellwüchsige Rentierflechte (*Cladonia stellaris*) bildet in der Tundra und in Wäldern der Subarktis auf großen Flächen bis 15 cm hohe Teppiche. Sie ist die wichtigste Winternahrung der Rentiere, die sie selbst, wenn sie von einer metertiefen Schneedecke bedeckt sind, wittern können.

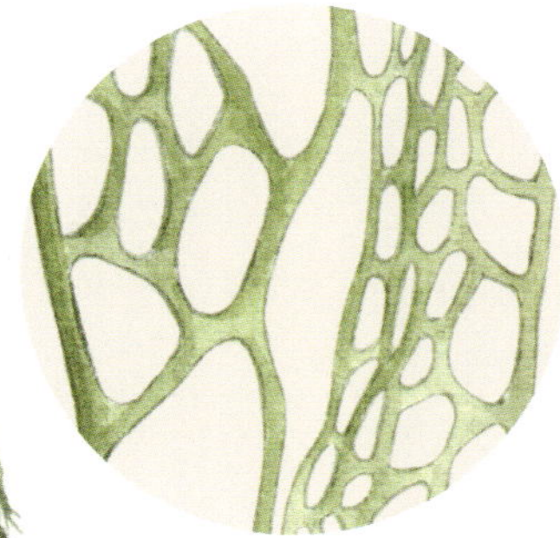

A.

C. Laubflechten wachsen in feuchtem Klima an vielen Bäumen und umgestürzten Stämmen. Ihr Aufbau ähnelt einem Sandwich. Die obere Schicht besteht aus dicht verwobenen Hyphen. In der Mitte befindet sich ein lockereres Hyphengeflecht. Die Algenzellen sind direkt unter der oberen Schicht eingelagert. Mit einer weiteren dicht verflochtenen Hyphenschicht haftet die Flechte am Substrat.

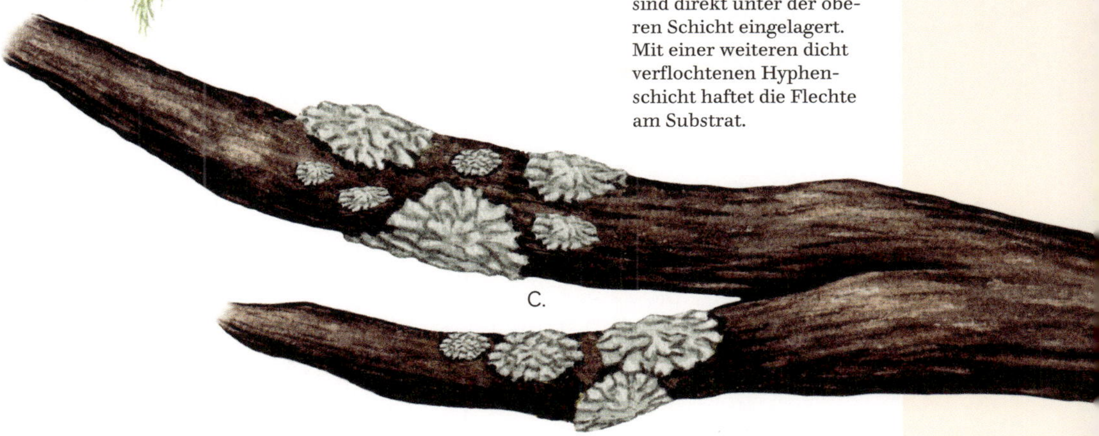

C.

B.

Wenn Pilze Nutzpflanzen angreifen, können sie die Nahrungsmittelproduktion gefährden. Jedes Jahr macht Pilzbefall viele Millionen Tonnen Ernteerträge unbrauchbar.

PILZKRANKHEITEN DER NUTZ-PFLANZEN

Die meisten Pflanzen überstehen Pilzangriffe. Physikalische Barrieren wie eine Rinde verhindern, dass der Pilz in die Pflanze eindringt und sie infiziert. Schlägt dies fehl, nimmt die Pflanze den Eindringling meist wahr und setzt chemische Stoffe frei, die ihn aufhalten. Dies genügt oft, um ernsthafte Schäden zu verhindern. Ist die Pflanze aber anfällig, können die Folgen verheerend sein.

ROSTPILZE Rostpilzbefall gehört zu den zerstörerischsten Pilzkrankheiten der Pflanzen. Die zu den Basidiomyzeten (Ständerpilzen) gehörenden Roste sind nach den orangefarbenen Flecken benannt, die sie hervorrufen. Sie haben einen faszinierenden Lebenszyklus. Getreideschwarzrost (*Puccinia graminis*) infiziert in der Wachstumsperiode Weizen und überdauert den Winter in abgestorbenen Pflanzenteilen. Im zeitigen Frühjahr keimt der Pilz und seine Sporen verbreiten sich zum Zwischenwirt, der Berberitze (*Berberis vulgaris*). Hier setzt der Rostpilz seinen Lebenszyklus fort, bis sein Hauptwirt wieder zur Verfügung steht.

MAISBEULENBRAND Der Basidiomyzet *Ustilago maydis* infiziert Mais und führt zur Bildung schwarzer, tumorähnlicher Gallen an den Pflanzen. Diese Wucherungen aus Pflanzengewebe, Pilzhyphen und blauschwarzen Sporen sind essbar und die wichtigste Zutat der mexikanischen Delikatesse Huitlacoche.

GRAUSCHIMMELFÄULE Wenn weiche Früchte wie Erdbeeren von graubraunem Schimmel überzogen sind, ist meist der Schlauchpilz *Botrytis cinerea* die Ursache. Er befällt auch verschiedenes Obst und Gemüse, wie Gurken und Tomaten, in unterschiedlichen Verarbeitungsstadien. Aber Grauschimmel ist manchmal auch von Nutzen. Unter bestimmten Umständen sorgt der Pilz für die Edelfäule von Weintrauben, aus denen man süße Dessertweine keltert.

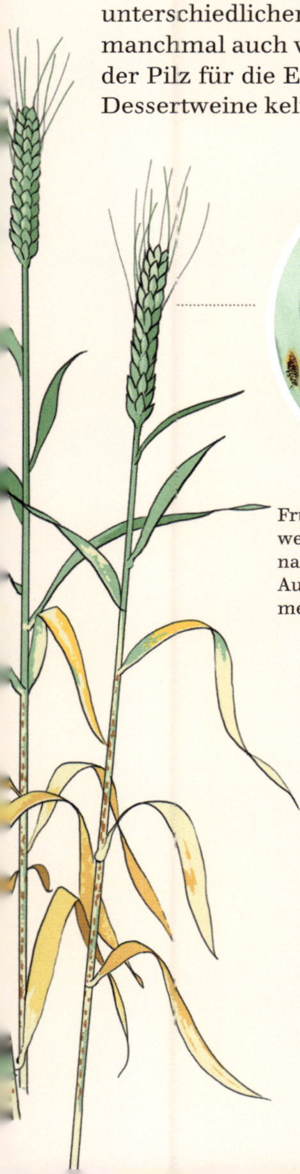

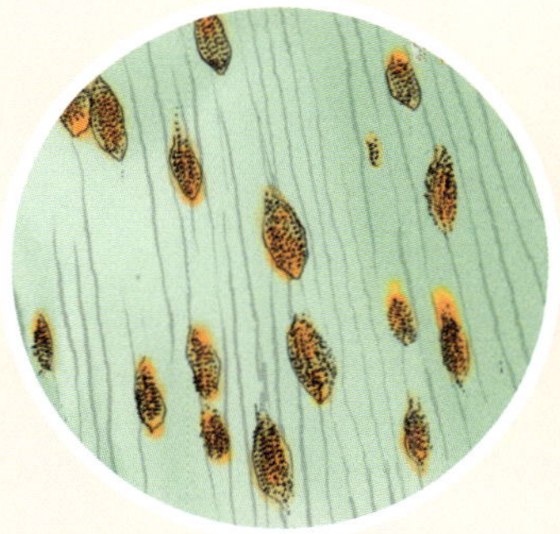

Frühe Symptome von Rostbefall werden innerhalb von zwei Wochen nach der Pilzinfektion erkennbar: Auf der Blattoberfläche erscheinen mehlige orangerote Pusteln.

In den ovalen Pusteln bildet der Rost Hunderte von orangeroten Sporen, die in die Umgebung entlassen werden.

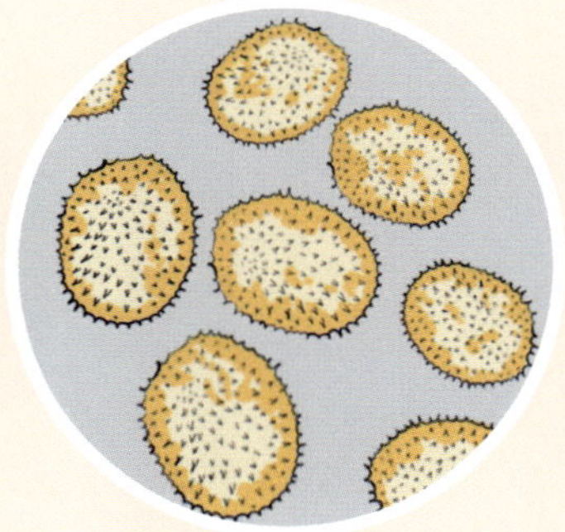

Diese warzigen Sporen sind nur einer von fünf verschiedenen Sporentypen, der Getreideschwarzrost *Puccinia graminis* während seines Lebenszyklus auf Weizen und Berberitze bildet.

Eine verheerende Pilzkrankheit bedroht unsere Bananen. Wenn die Wissenschaft kein Mittel dagegen findet, könnten sämtliche Bananen aus unseren Obstkörben verschwinden.

RETTUNG DER BANANEN

Die ersten Bananenpflanzen wurden vor mehr als 6000 Jahren in Indonesien kultiviert. In jüngerer Zeit wurde vor allem die Sorte Gros Michel angebaut, aber gegen Ende der 1950er-Jahre gab es sie nicht mehr. Schuld daran war eine Pilzerkrankung namens Panamakrankheit, verursacht von *Fusarium oxysporum*. Der Pilz verstopft die Wasserleitgefäße der Pflanze, sodass kein Wasser mehr in die Blätter gelangt. Die Pflanze verwelkt und stirbt schließlich ab.

Als Ersatz führte man die resistentere Sorte Cavendish ein, die mit Schösslingen vermehrt wird. Heute sind 99 Prozent der Bananen, die in die ganze Welt exportiert werden, Cavendish-Bananen. Doch inzwischen hat sich eine neue Variante von *Fusarium oxysporum*, die aggressiver als die erste ist, in den Plantagen ausgebreitet und bedroht nun die Sorte Cavendish.

Herkömmliche Fungizide scheinen gegen diese Variante von *Fusarium oxysporum* wirkungslos zu sein. Außerdem kann der Pilz im Boden jahrzehntelang ohne Bananenstauden überdauern. Resistente Sorten zu züchten, ist schwierig, da alle Bananenpflanzen mit der Sorte Cavendish verwandt sind. Um die beliebte Frucht zu retten, arbeiten Forschende auch mit Methoden der Genom-Editierung. Man hofft, das Genom der Bananenstaude so verändern zu können, dass sie resistent gegen den Pilz wird. Bis dahin bleibt das Schicksal der beliebten Frucht ungewiss.

GESCHICHTE DES BANENENANBAUS

Bauern vermehrten lange Zeit Stauden, die schmackhafte Früchte mit wenigen Samen bildeten. Dadurch wurden die Pflanzen jedoch steril und konnten sich nicht mehr natürlich fortpflanzen. Heute vermehrt man die Stauden mit Schösslingen, sodass die neuen Pflanzen Klone der Elternpflanze sind. Weil sich die Stauden nicht mehr sexuell fortpflanzen, können sich keine Merkmale herausbilden, die sie gegen Schadpilzbefall resistent machen. Die heutigen Bananenstauden sind deshalb sehr anfällig.

WIE *FUSARIUM OXYSPORUM* BANANENPFLANZEN INFIZIERT.

1.

Der Pilz kann dickwandige Sporen (sogenannte Chlamydosporen) bilden, die viele Jahre im Boden überleben.

2.

Die Sporen keimen als Reaktion auf Umweltsignale, wie z. B. Nährstoffe, die während des Wachstums von den Wurzeln der Bananenstaude freigesetzt werden.

3.

Pilzhyphen dringen in dünne Wurzeln ein und wachsen zwischen den Xylemzellen (Wasserleitgewebe). Zu diesem Zeitpunkt gibt es nur wenige sichtbare Anzeichen für eine Pilzinfektion.

SPROSSQUERSCHNITT EINER BANENENSTAUDE MIT KRANKHEITSSYMPTOMEN

4.

Der Pilz verhindert den Wassertransport, sodass die Pflanze verwelkt. Die unteren Blätter färben sich gelb.

5.

Schließlich erreicht der Pilz die Blätter, erscheint an der Oberfläche und setzt seine Sporen frei.

6.

Die Krankheit breitet sich über Wurzelkontakte und abgefallene infizierte Blätter aus, über die Sporen in den Boden gelangen.

Fast jede Pflanze im Garten ist mit einem Pilz vergesellschaftet. Viele Arten sind hilfreiche Mykorrhizapilze, während andere Pilze Pflanzenabfälle zersetzen. Aber weil Pilze mehr als 70 Prozent aller Pflanzenkrankheiten verursachen, sind sie bei Gärtnern nicht immer beliebt.

ALBTRAUM DER GÄRTNER

HALLIMASCH Es gibt mehrere Hallimasch-Arten (*Armillaria*), die honig- bis dunkelbraune Fruchtkörper bilden. Die roh giftigen, bei starker Dunkelheit bisweilen leuchtenden Pilze greifen lebende Bäume und Sträucher an und ernähren sich vom abgestorbenen Holz.

Ein Hallimasch verbreitet sich mit schwarzen oder braunen netzartigen Myzelstrukturen (sogenannten Rhizomorphen, S. 118–119) von einer befallenen Pflanze zur nächsten. Die Rhizomorphen können weite Strecken zurücklegen. Bei Gärtnern sind sie äußerst unbeliebt, denn man kann sie nur unter Kontrolle bringen, wenn man die infizierte Pflanzenwurzel, alle Rhizomorphen und das gesamte befallene Material ausgräbt und beseitigt. Anschließend muss man für den betroffenen Standort Pflanzen auswählen, die einigermaßen resistent gegen den Pilz sind.

MEHLTAU Mehltau wird von mehreren Pilzarten verursacht. Es bildet sich ein weißer, staubiger Belag auf den Blättern, Stängeln und manchmal auch den Blüten. Weil die Pflanze deshalb in ihrer Fotosyntheseleistung beeinträchtigt ist, sind die Erträge geringer. Das Wirtsspektrum ist bei Mehltau eng. Mehltau auf Acanthusgewächsen wird z.B. von anderen Pilzarten verursacht als Mehltau an Gurken. Zum Leidwesen der Gärtner gibt es viele verschiedene Mehltauarten, die unterschiedliche Pflanzen befallen.

A. Die Sprühfleckenkrankheit ist in den USA und in Europa weit verbreitet. In England wurde sie wegen des zunehmenden internationalen Reiseverkehrs um 1990 problematisch. Die Krankheit, die vom Pilz *Blumeriella jaapii* verursacht wird, erkennt man an violetten Flecken auf den Kirschbaumblättern, die sich bald gelb färben und oft vorzeitig abfallen.

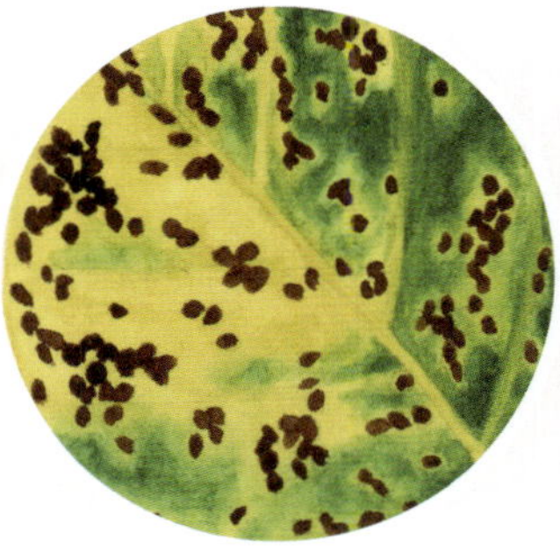

C. Jeder Rosengärtner wird es mit dem Sternrußtau zu tun bekommen, der von dem Pilz *Diplocarpon rosae* verursacht wird. Er bildet schwarze oder violette Flecken auf der Oberseite der Blätter, die anschließend zu früh abfallen. Ahorn-Runzelschorf, hervorgerufen von *Rhytisma acerinum*, ist ebenfalls häufig und befällt meist Ahorn (S. 122–123). Die schwarzen Flecken sind unansehnlich, schaden der Pflanze aber kaum.

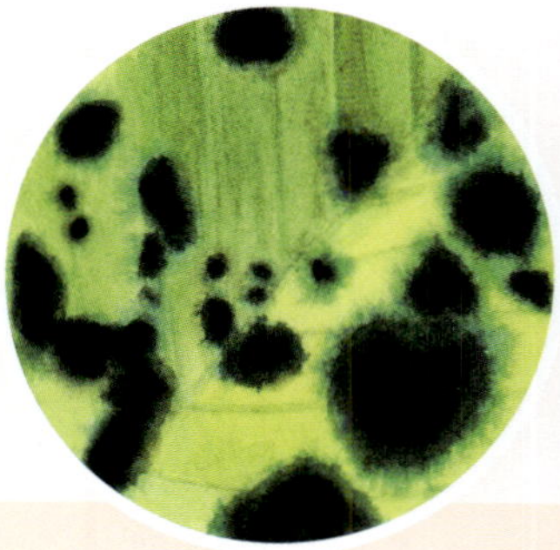

B. Kirsch-, Apfel-, Birn- und Pflaumenbäume sind anfällig für verschiedene Pilze, besonders *Rhizopus stolonifer*, *Penicillium expansum* und *Monilinia*-Arten. *Monilia*-Fruchtfäule kommt in Gärten und Obsthainen im Frühherbst häufig vor. Wenn der Pilz durch eine Verletzung der Schale in die Frucht gelangt ist, breitet er sich rasch im Fruchtfleisch aus. Das Obst färbt sich braun und verfault.

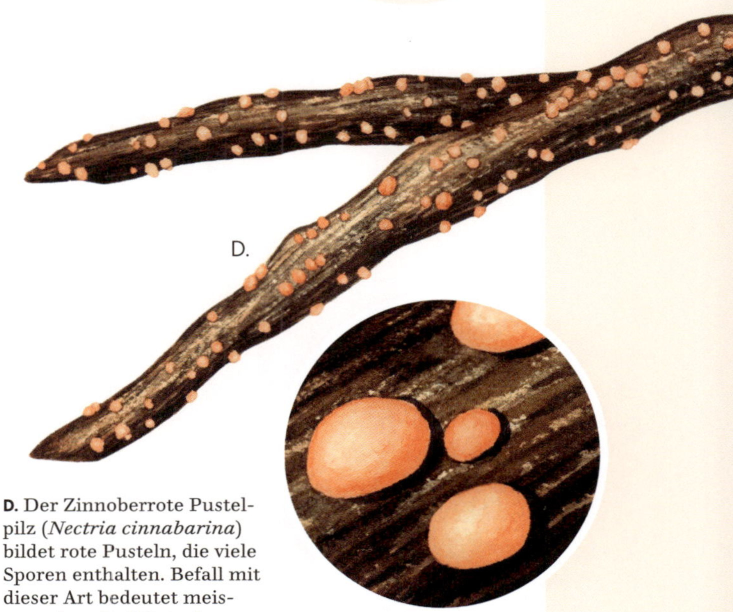

D. Der Zinnoberrote Pustelpilz (*Nectria cinnabarina*) bildet rote Pusteln, die viele Sporen enthalten. Befall mit dieser Art bedeutet meistens, dass die Wirtspflanze bereits geschwächt war.

In vielen Teilen der Welt wird die Landschaft von Bäumen geprägt. Im Lauf der Jahrhunderte haben Menschen immer wieder in dieses Landschaftsbild eingegriffen. Auch Pilze trugen dazu bei, weil sie unzählige Bäume absterben ließen.

PILZE VERÄNDERN LANDSCHAFTEN

Durch den internationalen Handel mit Samen, lebenden Pflanzen und Holz wurden ohne Absicht auch viele Pilze in Regionen eingeschleppt, in denen es sie zuvor nicht gab. Einige von ihnen richteten verheerende Schäden an.

ULMENSTERBEN In Europa und Nordamerika wuchsen in vielen Regionen mächtige Ulmen, bis das Ulmensterben sie vernichtete. Die erste Epidemie, verursacht von *Ophiostoma ulmi*, ließ in Europa von 1910 bis 1940 bis zu 40 Prozent der Ulmen absterben. Eine zweite, noch schlimmere Welle, verursacht von *Ophiostoma novo-ulmi*, begann um 1940. Dieser Pilz bildet Giftstoffe und verstopft das Wasserleitungssystem des Baums, sodass dieser schließlich abstirbt. Millionen Ulmen auf der Nordhalbkugel fielen ihm zum Opfer.

KASTANIENRINDENKREBS Diese Krankheit entdeckte man 1904 erstmals an Bäumen im Zoo der Bronx in New York. Wahrscheinlich war der verantwortliche Pilz 30 Jahre zuvor mit importierten Bäumen nach Nordamerika gelangt. *Cryphonectria parasitica* dringt über Wunden in die Rinde ein und tötet Gewebe ab. Eingesunkene Geschwüre breiten sich um den Stamm aus. Die Amerikanische Kastanie war an der Ostküste die vorherrschende Baumart, aber um 1950 waren fast alle Bäume abgestorben, sodass sich ganze Ökosysteme veränderten.

A. Der Pilz, der das Ulmensterben verursacht, verbreitet sich über Sporen, die an den Körpern von Borkenkäfern haften. Die Käfer fressen in gesunden Bäumen und schleppen die Pilzsporen ein. Hyphen dringen in das Wasserleitsystem des Baums ein, sodass die Blätter verwelken.

B. Käferweibchen fressen unter der Rinde toter und absterbender Bäume. Ihre Fraßgänge kann man sehen, wenn man die Rinde entfernt. In ihnen legen sie ihre Eier ab. Wenn die Larven schlüpfen, nagen sie im rechten Winkel zum Gang ihrer Mutter neue Gänge.

C. Wenn sich die Larven in erwachsene Käfer verwandelt haben, bohren sie sich ihren Weg ins Freie und fliegen hinaus, um sich zu paaren. Sie tragen nun Pilzsporen am Körper. Ihre Schlupflöcher kann man in der Rinde deutlich sehen.

Zahlreiche zuvor unbekannte Pilzkrankheiten haben in den vergangenen Jahrzehnten viele Pflanzen und Tiere infiziert. Ein aktuelles Beispiel ist das Eschentriebsterben.

PILZKRANKHEITEN AUF DEM VORMARSCH

Pilzerkrankungen von Nutzpflanzen und anderen Pflanzenarten (S. 72–77) sind heutzutage recht gut bekannt, aber inzwischen bedrohen Pilzkrankheiten vor allem wegen des Klimawandels und anderer Eingriffe in die Natur viele weitere Arten. Fledermaus- und Froscharten (S. 90–91), Bienen und Unechte Karettschildkröten sind gefährdet. Auch Korallen (S. 152–153) und bestimmte Blütenpflanzen, wie Myrten, sind betroffen.

ESCHENTRIEBSTERBEN Zum ersten Mal wurde das Eschentriebsterben Anfang der 1990er-Jahre in Polen beobachtet. Es kann sämtliche Bäume in weiten Regionen zum Absterben bringen. Die verheerende Krankheit wird vom Schlauchpilz *Hymenoscyphus fraxineus* verursacht, der in Ostasien heimisch ist, dort aber seine Wirtsbäume, die Mandschurische und die Chinesische Esche, kaum schädigt. Der Pilz breitet sich über die Infektion junger Bäume in Baumschulen aus, wird aber auch durch geschlechtlich gebildete Ascosporen (S. 54–55) über den Wind verbreitet. Inzwischen betrifft das Eschentriebsterben weite Teile des europäischen Kontinents sowie England und Nordirland. Bei alten Bäumen schreitet die Krankheit langsamer voran. Da einige Bäume resistent sind, besteht die Hoffnung, dass nicht alle Eschen verschwinden werden.

LEBENSZYKLUS DES ESCHENTRIEBSTERBENS

Sporen dringen ins Blatt ein
Die Ascosporen werden vom Wind verbreitet und heften sich an gesunde Blätter in den Baumkronen. Hier keimen sie und durchdringen rasch die Blattoberfläche. Pilzhyphen wachsen im Innern des Blattes und bilden im Spätsommer braune, abgestorbene Flecke.

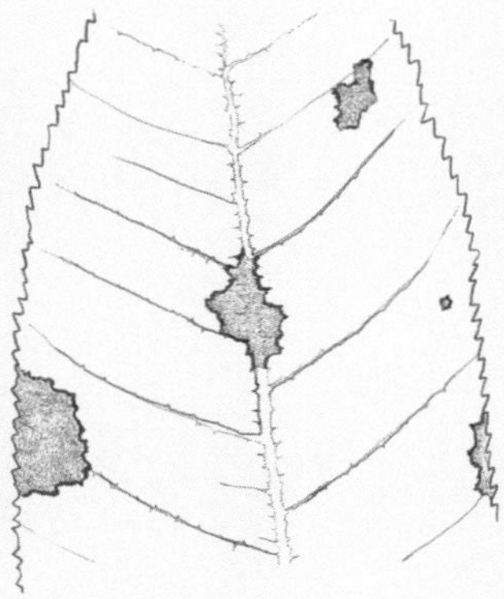

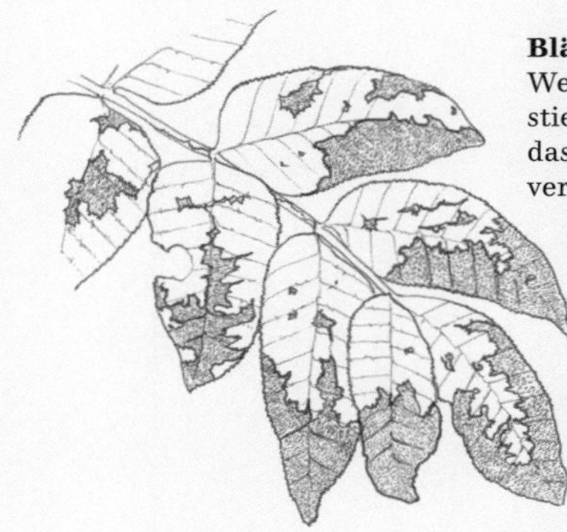

Blätter sterben ab
Wenn der Pilz in den Blattstiel eindringt, zerstört er das Gewebe, sodass das Blatt verwelkt und abstirbt.

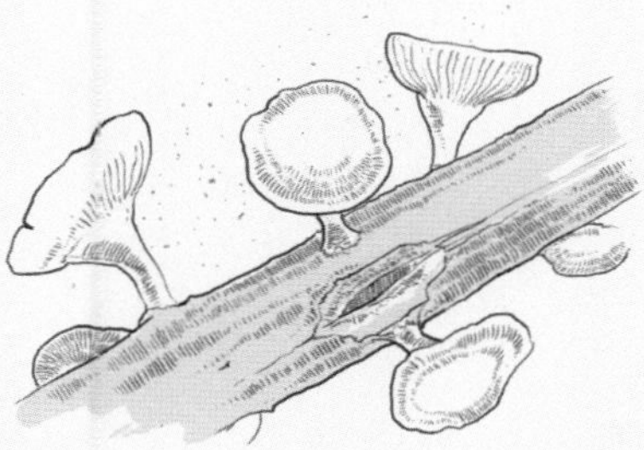

Reife Fruchtkörper
Im Sommer erscheinen becherförmige Fruchtkörper. Sie öffnen sich im Lauf des Vormittags und setzen ihre Ascosporen frei. Der Morgentau sorgt vermutlich dafür, dass sie nicht austrocknen.

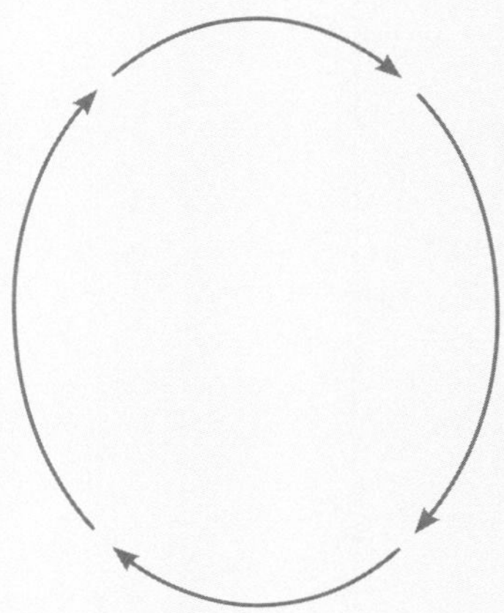

Der Pilz breitet sich aus
Die Blätter fallen meist bereits ab, bevor der Pilz den Stamm erreicht. Wenn er jedoch vom Blattstiel auf Zweige, Äste und Stamm übergeht, wird das Wasserleitgewebe geschädigt und ganze Triebe können absterben. Dies kann man im Sommer sehen.

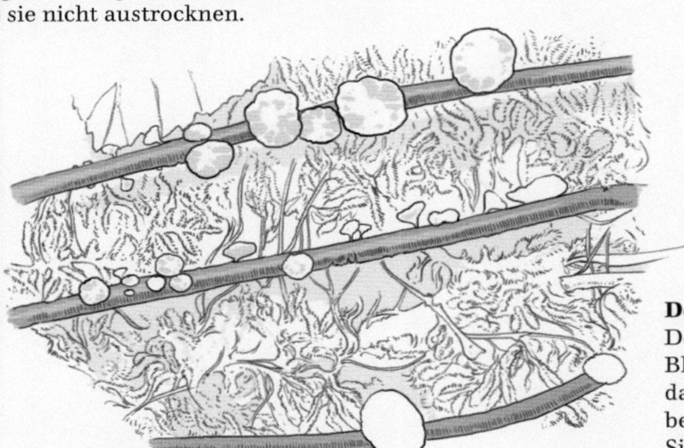

Der Pilz überdauert im Blattstiel
Der Pilz überdauert in den Stielen herabgefallener Blätter die Wintermonate. Solch ein Blattstiel ist dann von einer robusten schwarzen Schicht umgeben, die verhindert, dass andere Pilze eindringen. Sie sorgt außerdem für eine Art Schutzraum, bis die Bedingungen wieder die Bildung neuer Fruchtkörper erlauben.

Holz und Blätter sind für Insekten schwer verdaulich. Deshalb haben sich Wechselbeziehungen mit Pilzen ausgebildet, die beiden Seiten Vorteile bieten.

PILZE UND WIRBELLOSE TIERE

Manche Insekten versorgen Pilze mit Nahrung, andere bringen Pilze zur Nahrung. Der Pilz verdaut dann das Pflanzenmaterial, sodass Nährstoffe in einer von wirbellosen Tieren verwertbaren Form freigesetzt werden.

INSEKTEN ALS BAUERN Vor etwa 50 Mio. Jahren entwickelten sich Blattschneiderameisen in Südamerika zu den ersten Bauern der Erde, indem sie anfingen, in ihren Nestern Pilze zu kultivieren. Vielleicht war es auch umgekehrt und die Pilze waren die ersten Sklavenhalter. Die Ameisen brachten den Pilzen Nahrung, hielten ihnen Krankheitserreger vom Leib und sorgten dafür, dass sie in einer ziemlich stabilen, günstigen Umgebung wachsen konnten.

PER ANHALTER Mehrere Tausend Käferarten fressen Gänge in die Rinde von Bäumen oder in das darunter liegende Holz. Viele Borkenkäferarten übertragen dabei die Sporen von Pilzen wie *Ophiostoma* und *Ceratocystis*. Unter Umständen handelt es sich dabei um eine Win-win-Situation: Der Pilz wird zu einer Nahrungsquelle transportiert und nachher vom Käfer verzehrt. Bei anderen Pilz- und Käferarten ist dagegen der Baum der Verlierer, denn er wird von den beiden umgebracht.

Ambrosiakäfer transportieren ihren Pilzpartner in speziellen Körpertaschen zu einer Nahrungsquelle: einem toten, absterbenden oder gesunden Baum. Sie fressen sich tief ins Holz. Die Weibchen hinterlassen typische Würstchen aus Bohrmehl und schaffen Gänge, in die sie ihre Eier legen und in denen die Larven schlüpfen. *Ambrosiella* und andere Pilzpartner wachsen in den Gängen und liefern den Käfern und ihren Larven nährstoffreicheres Futter.

Holzwespen der Gattung *Sirex*
Ähnlich wie Ambrosiakäfer transportieren Holzwespenweibchen Sporen des Pilzes *Amylostereum* in speziellen Drüsen am Hinterleib. Bei der Eiablage gelangen auch die Sporen unter die Rinde des Baums.

Amyloidschichtpilze
Amylostereum-Arten weichen das Holz auf und verbessern auf diese Weise seine Qualität als Nahrunsquelle. Holzwespenlarven können sich von diesem Holz ernähren und schaffen Fraßgänge.

Termitomyces reticulatus
Ähnlich wie Blattschneiderameisen bilden Termiten der Gattung *Macrotermes* und Pilze der Gattung *Termitomyces* Lebensgemeinschaften, von denen beide Partner profitieren. Arbeiter der Termiten bringen Pflanzenmaterial zu speziellen Pilzgärten in den unterirdischen Nestern. Die Pilze verdauen die Pflanzenteile und produzieren nährstoffreiche Pilzkugeln, die dann von den Termiten gefressen werden.

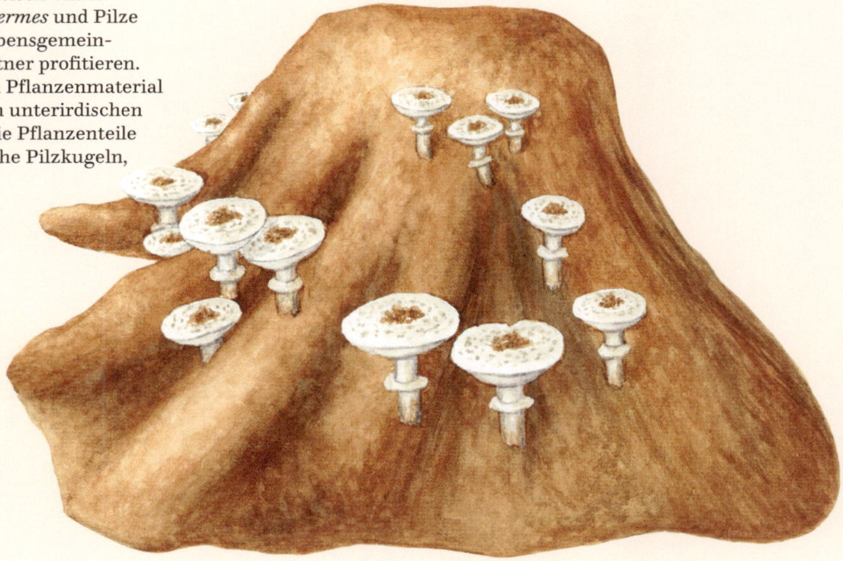

Pilze bilden Lebensgemeinschaften mit anderen Lebewesen, wie z. B. Pflanzen. Die Partner unterstützen sich bei der Ernährung, der Verbreitung, der Suche nach Lebensraum oder in einer Kombination dieser Faktoren. Auch mit Vögeln und Säugetieren leben Pilze in speziellen Partnerschaften.

BEZIEHUNGEN ZU VÖGELN UND SÄUGETIEREN

Mit ihren vielfältigen Enzymen, die komplexe chemische Stoffe aufbrechen können, und ihrer Fähigkeit, schwer verfügbare Nährstoffe anzureichern, sind Pilze für viele Tiere hervorragende Nahrungsquellen. Aber erst einmal müssen die Pilze die komplexen Nährstoffe finden oder zu ihnen gebracht werden. Partnerschaften zwischen Tieren und Pilzen sind daher oft aus einander ergänzenden Bedürfnissen entstanden. (S. 82–83). Ein weiterer wichtiger Faktor ist die Bereitstellung eines sicheren und stabilen Lebensraums.

VÖGEL Mehr als 50 Vogelarten fressen Pilze und verbreiten deren Sporen über beträchtliche Entfernungen. Australische Königssittiche beispielsweise verdauen die orangegelben Fruchtkörper des büschelig an Ästen der Südbuche (*Nothofagus*) sitzenden Schlauchpilzes *Cyttaria septentrionalis*, die eher an Früchte einer Blütenpflanze erinnern.

Mindestens 30 Vogelarten bilden Lebensgemeinschaften mit Pilzen, die ihnen beim Bau von Nisthöhlen helfen. Der gefährdete nordamerikanische Kokardenspecht hämmert z. B. seine Nisthöhlen bevorzugt in Sumpf-Kiefern. Die Vögel bevorzugen alte Bäume, deren Kernholz weicher ist (S. 130), weil es von Pilzen wie dem Kiefern-Feuerschwamm (*Porodaedalea pini*) befallen ist. Forschende vermuten, dass die Vögel die Bäume sogar selbst mit den Pilzen infizieren.

SÄUGETIERE, DIE PFLANZEN FRESSEN Viele Säugetiere, die Pflanzen fressen, können die Enzyme, die zur Zersetzung des pflanzlichen Materials notwendig sind, nicht selbst bilden. In ihren Körpern leben deshalb Mikroorganismen, unter ihnen auch Pilze, die Energie und Nährstoffe aus der Pflanzennahrung aufnehmen. Dies funktioniert für beide Beteiligten: Die Pilze bekommen Nahrung geliefert und ihr Lebensraum ist relativ stabil.

Bei Wiederkäuern, zu denen u. a. Wisente, Rinder und Schafe gehören, leben im Pansen Pilze, Bakterien und andere Mikroben. Mit 39–40,5 °C ist die Temperatur im Pansen höher als die allgemeine Körpertemperatur der Tiere und es gibt kaum Sauerstoff, sondern vor allem Kohlendioxid und Methan. In einer solchen Umgebung können die meisten Pilze nicht leben – aber für einige ist sie ideal, v. a. für bestimmte *Neocallimastigomycota*-Arten, deren Rhizoide in das aufgenommene Pflanzenmaterial eindringen und bei dessen Verdauung helfen.

Kiefern-Feuerschwamm (*Porodaedalea pini*)
Holzzersetzende Pilze höhlen das Holz aus und machen es weicher, was Tieren beim Bruthöhlenbau entgegenkommt. Hier hämmert ein Kokardenspecht ein Loch in eine Sumpf-Kiefer, die mit dem Kiefern-Feuerschwamm *Porodaedalea pini* infiziert ist.

Pilze als Nahrung
Pilzfruchtkörper sind für verschiedene Tiere wichtige Nahrungsquellen. Viele Fliegen-, Käfer- und Schneckenarten oder ihre Larven ernähren sich von ihnen. Einige wirbellose Tiere können gefahrlos Pilze verzehren, die für Menschen hochgiftig sind.

Pilze sind nährstoffreich und deshalb eine gute Nahrungsquelle für viele Insekten. Aber umgekehrt sind auch wirbellose Tiere für einige Pilze geeignete Nahrung.

FRESSEN UND GEFRESSEN WERDEN

Im Boden lebende Wirbellose und einige Säugetiere ernähren sich von Pilzfruchtkörpern. Asseln, Tausendfüßer, Springschwänze und Fliegenlarven verzehren Myzel, das im Boden wächst, oder nehmen es unbeabsichtigt mit morschem Holz und Laub auf. Nematoden (Fadenwürmer) und einige Fliegenlarven ernähren sich von Myzel, Stielen, Hüten und Lamellen. Umgekehrt töten und verzehren Entomophthorales (»Fliegentöterpilzartige«) und Vertreter diverser Schlauchpilzgruppen Insekten (S. 88–89).

PILZFALLEN Etwa 300 Pilzarten bilden raffinierte Fallen, mit denen sie im Boden lebende Nematoden fangen. Die einfachsten Fallen sind verdickte Hyphen, die mit einer klebrigen Substanz bedeckt sind. Berührt ein Nematode solch eine Falle, gibt es kein Entkommen: Auch wenn er sich befreien kann, haftet der Fangknoten noch an ihm. Eine Hyphe wächst in seinen Körper und verdaut ihn. Andere Pilze bilden eine klebrige Schlinge oder ein klebriges Netz. Eine besonders raffinierte Falle ist eine Schlinge aus drei Pilzzellen, die sofort anschwellen, wenn ein Nematode hindurchkriecht. Manche Pilze bilden Sporen, die am Fadenwurm festkleben oder Haken tragen, was zur Folge hat, dass sie in seinem Schlund stecken bleiben. In allen Fällen dringen Hyphen in den Nematodenkörper ein und verzehren ihn.

FRUCHTKÖRPER ALS NAHRUNG Wirbellose Tiere sind oft auf bestimmte Teile der Fruchtkörper spezialisiert. Einige fressen sich in kompakteres Gewebe hinein, während andere sich von Lamellen oder Röhren ernähren. Zwergkäfer aus der Unterfamilie der *Nanosellinae* sind so winzig, dass sie in die Röhren von Porlingen krabbeln können, während bestimmte Kurzflügelkäfer mit ihren Mundwerkzeugen Sporen abstreifen. Langhornmücken weben Netze unter Baumpilzen, um die herausfallenden Sporen aufzufangen.

Pilze, die bei Insekten Krankheiten hervorrufen (entomopathogene Arten) sind zur Verbreitung ihrer Sporen oft von ihren Wirten abhängig. Dabei verfolgen sie makabre Strategien. Manche manipulieren sogar das Verhalten ihres Wirts oder mumifizieren ihn.

MUMIEN UND ZOMBIES

Nach Schätzungen ernähren sich mehr als 1,5 Mio. Pilzarten weltweit von Insekten. Einige von ihnen setzt man deshalb zur biologischen Schädlingsbekämpfung ein (S. 278–279).

Viele Insekten, die mit entomopathogenen Pilzen infiziert sind, wie z. B. mit *Entomophaga grylli* infizierte Heuschrecken, klettern in ihren letzten Lebensstunden an Pflanzen empor und beißen sich an ihnen fest. Nun befindet sich das Insekt in der optimalen Höhe für die Verbreitung der Pilzsporen.

EIN PILZ MACHT AMEISEN ZU ZOMBIES Tropische Holzameisen können sich mit dem Schlauchpilz *Ophiocordyceps unilateralis* infizieren. Sie leben in der Kronenregion und kommen nur manchmal auf den Waldboden herab. Dort laufen sie auf bestehenden Ameisenstraßen, auf denen das Risiko hoch ist, mit Pilzsporen infiziert zu werden. Der Pilz verwandelt die Ameisen zu seinem eigenen Vorteil in Zombies. Auf diese Weise kann er sich fortpflanzen und seine Sporen verbreiten.

LEBENSZYKLUS VON OPHIOCORDYCEPS UNILATERALIS

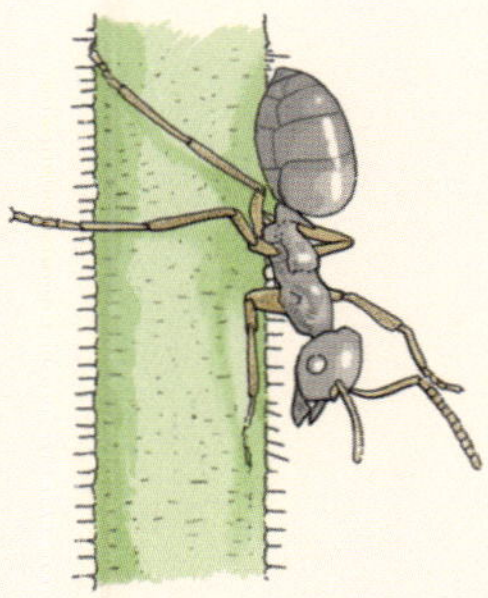

Der Pilz manipuliert die Ameise
Die Ameise krabbelt zurück in die Baumkronen und lebt dort noch bis zu vier Tage lang. Der Pilz bewirkt nun eine Verhaltensänderung. Die Ameise kommt wieder vom Baum herab und läuft an einer niedrigen Pflanze empor bis in die Zone, in der der Pilz optimal wachsen kann, etwa 25 cm über dem Waldboden.

Die Ameise beißt sich fest
Innerhalb der Pilzzone beißt sich die Ameise kurz vor ihrem Tod an der Unterseite eines Blattes fest. Nun ist sie gelähmt und verhungert.

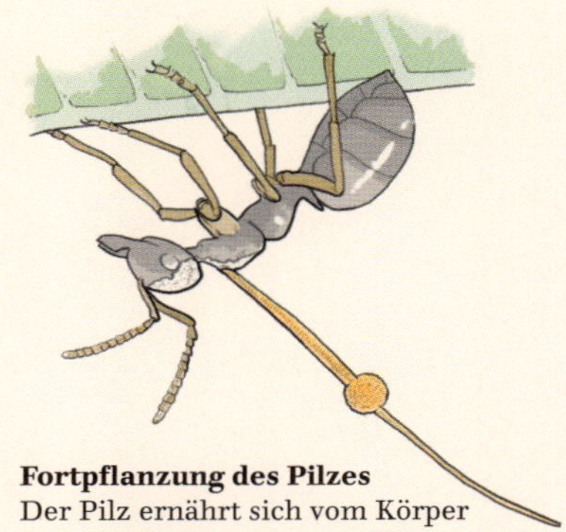

Fortpflanzung des Pilzes
Der Pilz ernährt sich vom Körper der Ameise. Eine keulenartige Strukur erscheint hinter dem Kopf der mumifizierten Ameisenleiche. In winzigen, in das rundliche Stroma eingesenkten Kammern (Perithezien) bilden sich Sporen.

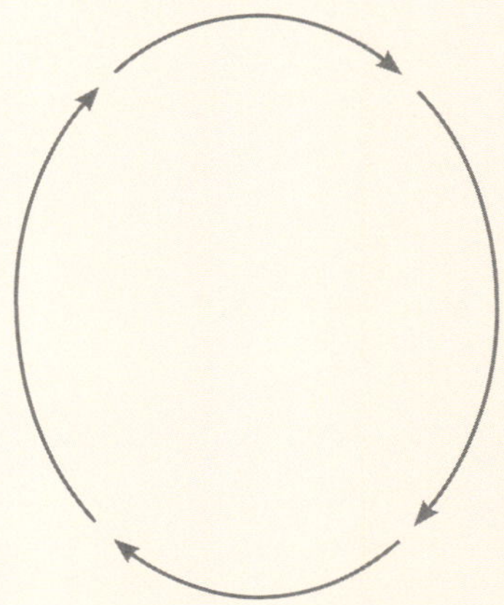

Sporen infizieren eine Ameise
Eine Ameise verlässt die Kronenregion und läuft über den Waldboden. Sie durchquert die »Todeszone«. Die Sporen bleiben an ihrem Körper haften und Hyphen durchdringen ihr Außenskelett. Im Körper der Ameise verwandelt sich der Pilz von einer filamentösen Form in einen Hefepilz und vermehrt sich zwischen den Organen der Ameise.

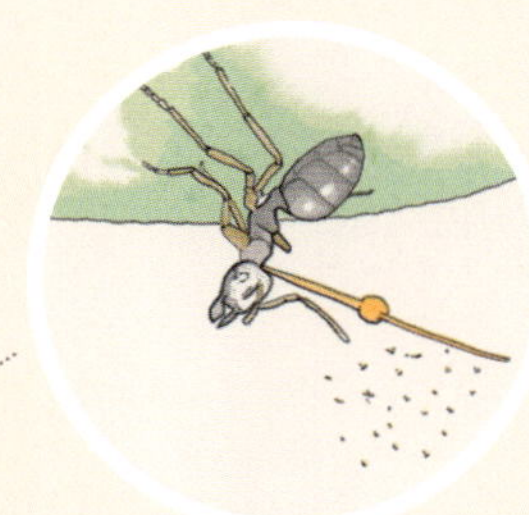

Sporen werden freigesetzt
Tausende Sporen werden abgegeben und bilden auf dem Waldboden eine »Todeszone«. Vorbeilaufende Holzameisen werden hier infiziert.

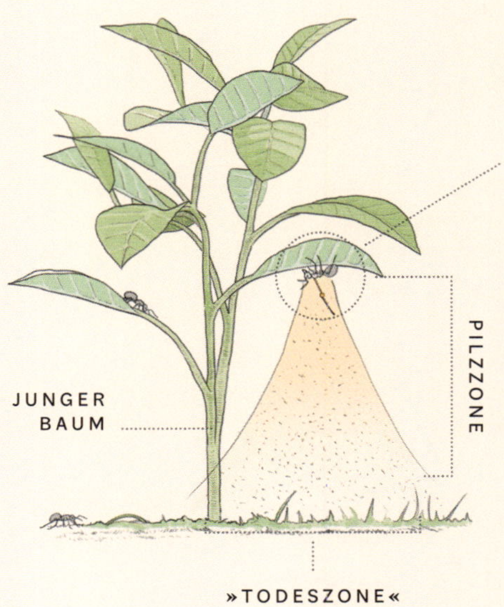

Wenn Pilze Krankheiten hervorrufen, können die Auswirkungen verheerend sein. Es kann sogar passieren, dass Tierarten aussterben. Zwei infektiöse Pilze verursachen weit verbreitete Krankheiten: die Chytridiomykose der Amphibien und die Weißnasenkrankheit der Fledermäuse.

AMPHIBIEN UND SÄUGETIERE STERBEN

CHYTRIDIOMYKOSE DER AMPHIBIEN 1987 starb in Costa Rica die Goldkröte aus. Der Schuldige? Ein Töpfchenpilz (S. 14–15) namens *Batrachochytrium dendrobatidis*.

Die Sporen der Töpfchenpilze (Chytridiomycota) schwimmen im Wasser, und bei dieser Art heften sie sich an die Haut von Amphibien. Amphibien nehmen über ihre Haut Sauerstoff und Wasser auf. Der Pilz verhindert dies, was letztendlich tödlich ist.

Mehr als 200 Amphibienarten sind heute wegen des Pilzes seltener geworden und außer der Goldkröte sind mindestens zwei weitere Arten ausgestorben: ein australischer Magenbrüterfrosch und die Froschart *Taudactylus acutirostris*. Die Krankheit hat sich rasch ausgebreitet und ist heute ein weltweites Problem.

Eine ähnliche Krankheit, hervorgerufen vom verwandten Töpfchenpilz *Batrachochytrium salamandrivorans*, hat in jüngerer Zeit die Feuersalamander in Belgien, den Niederlanden und Teilen Westdeutschlands dezimiert. Die bis zu 21cm langen Salamander sind die größte und bekannteste europäische Salamanderart und können über 40 Jahre alt werden. Man vermutet, dass der Pilz aus anderen Teilen der Welt eingeschleppt wurde.

WEISSNASENKRANKHEIT Fledermäuse überwintern oft in Höhlen, in denen die Temperaturen während des ganzen Jahres 2 °C bis 14 °C betragen. In diesen Lebensräumen kommt heute oft der kälteliebende Schlauchpilz *Pseudogymnoascus destructans* vor, der bei 5 bis 10 °C optimal gedeiht, mehr als 15 °C aber selten überlebt. Die Bedingungen in Höhlen sind für ihn also optimal.

Der Pilz verursacht die Weißnasenkrankheit, die verheerende Auswirkungen auf die Fledermauspopulationen im östlichen Nordamerika hat und inzwischen im Norden Europas angekommen ist. Die Krankheit ist nach dem weißen Myzel benannt, das um die Nase infizierter Fledermäuse sichtbar wird, aber auch ihre Ohren und Flughäute durchzieht. Das Hautgewebe wird zerstört und die Fledermaus verbraucht ihre Fettreserven, sodass sie den Winterschlaf nicht überlebt. Von der Weißnasenkrankheit sind viele Fledermausarten betroffen. Die einst häufige Kleine Braune Fledermaus ist in einigen Regionen wegen der Erkrankung vom Aussterben bedroht ist.

Der Pilz, der ***Amphibien töten*** *kann, als Bd bekannt, hat sich durch den* ***Handel*** *mit Amphibien weltweit ausgebreitet.*

Pilze am und im menschlichen Körper
An jeder Körperstelle kommen Pilze vor. Die Artenspektren auf der rechten und linken Körperseite sind meistens sehr ähnlich, ihre jeweilige Zusammensetzung variiert aber von Mensch zu Mensch.

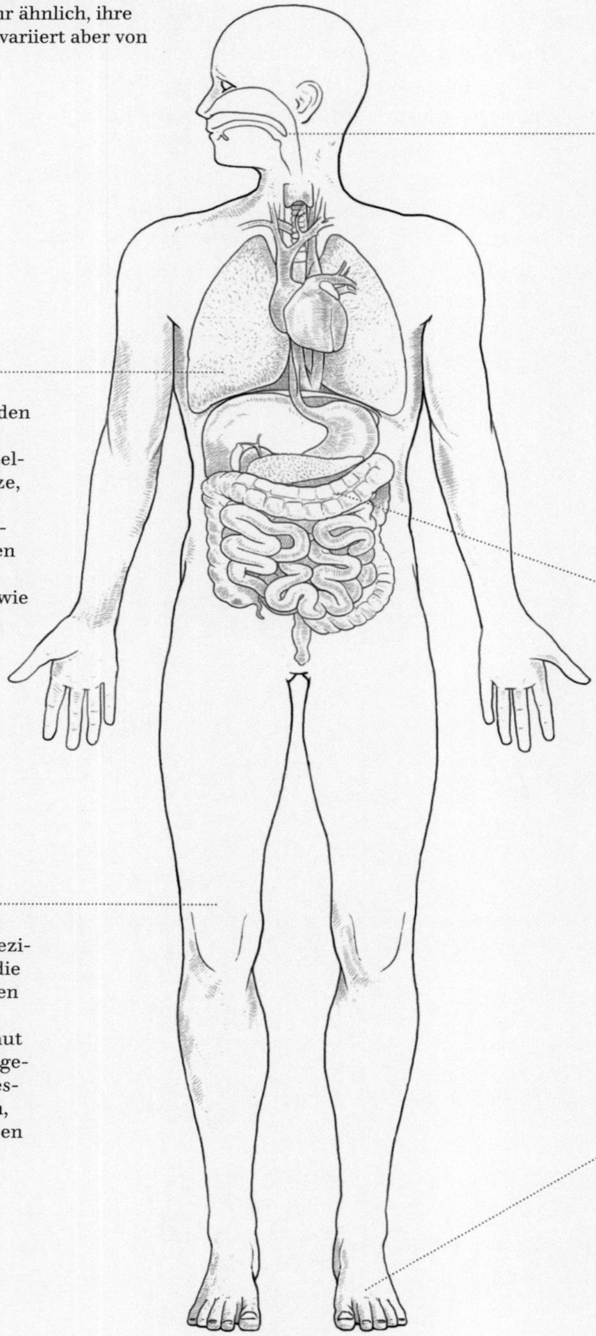

ATEMWEGE

Im Schnitt atmen wir durch Nase und Mund täglich zwei Millionen Sporen ein. Die meisten stammen von häufigen Mikropilzen wie *Aspergillus*- und *Penicillium*-Arten, die durch die Luft verbreitet werden. Andere stammen von Krankheitserregern an Pflanzen wie *Cladosporium*- und *Alternaria*-Arten.

LUNGE

Bei gesunden Menschen werden Pilzsporen, die in die Lunge gelangen, rasch von Immunzellen des Körpers beseitigt. Pilze, die man häufig in Lungengewebe findet, sind Schlauchpilz-Hefen wie *Candida*-Arten und Ständerpilz-Hefen wie *Cryptococcus neoformans* sowie Mikropilze, die sich über die Luft verbreiten.

DARM

Mehr als die Hälfte der Pilzarten, die auf unserer Haut, im Mund und in den Lungen vorkommen, findet man auch im Darm. Dies lässt darauf schließen, dass es etablierte Übertragungswege zwischen diesen Körperregionen gibt.

HAUT

Einige Pilzarten sind Hautspezialisten, wie *Candida*-Arten, die nicht lange ohne menschlichen Wirt überleben. *Malassezia*-Arten, die v. a. auf der Kopfhaut vorkommen, können keine eigenen Lipide bilden und sind deshalb auf die Fette angewiesen, die von unseren Schweißdrüsen produziert werden.

FÜSSE

An den Füßen kommen die meisten Pilze vor. Über 60 verschiedene Arten leben zwischen den Zehen.

Vielfältige mikroskopisch kleine Pilze leben in und auf Menschen und niemand ist frei von Pilzen. Jeder Körper beherbergt seine eigene, individuelle Pilzgemeinschaft, die man als Mykobiom bezeichnet.

DAS MYKOBIOM DES MENSCHEN

Die meisten haben bereits vom Mikrobiom gehört, das aus den Mikroorganismen (Bakterien, Pilzen und Viren) besteht, die in und auf unseren Körpern leben. Die am Mikrobiom beteiligten Pilzarten bilden das sogenannte Mykobiom.

PILZE AM KÖRPER Pilze, die Wechselbeziehungen zu Menschen haben, sind meist solche, die in der Umwelt häufig vorkommen. Viele sind Schlauchpilz-Hefen wie *Candida*-Arten. *Aspergillus* und *Penicillium* und die Ständerpilz-Hefe *Cryptococcus* verbreiten ihre Sporen über die Luft, sodass wir sie einatmen.

GEBURT BIS ERWACHSENENALTER Wenn wir älter werden, verändert sich unser Mykobiom. Auf diesem Gebiet wird heute viel geforscht, doch steht schon jetzt fest, dass die meisten Pilze und andere Mikroben, die an und in uns leben, für unsere Gesundheit eine wichtige Rolle spielen. Neugeborene übernehmen Mikroorganismen, darunter auch Pilze, von ihrer Mutter und nehmen andere aus der Umwelt auf. Ein Baby, das auf natürliche, vaginale Weise geboren wird, bekommt andere Pilze mit auf den Weg als eines, das durch einen Kaiserschnitt zur Welt kommt. Auch wenn ein Baby gestillt wird, überträgt die Mutter ihm Pilze. Die frühe Begegnung mit Pilzen und anderen Mikroorganismen trägt zur Ausbildung unseres Immunsystems bei.

Der Pilz *Malassezia*, der in der Haut lebt, ernährt sich von den Fetten in menschlichen Schweißdrüsen. In der Pubertät bilden wir mehr Fette, sodass sich der Pilz vermehrt. Er setzt Stoffe frei, die die Haut trocken und schuppig machen. Viele Anti-Schuppen-Shampoos enthalten Stoffe, die *Malassezia* entgegenwirken. Je älter wir werden, desto weniger Speichel produzieren wir. Wir werden dadurch anfälliger für Hefepilzinfektionen der Mundhöhle. Außerdem verändert sich auch unsere Darmpilzflora, weshalb bestimmte Darmkrankheiten häufiger auftreten.

Pilze gehören zu den Lebewesen, die sich am aktivsten fortpflanzen. Deshalb sind das ganze Jahr über Sporen in der Luft. Das Einatmen von Sporen ist normalerweise harmlos, manche Arten rufen aber bei einigen Menschen allergische Reaktionen hervor.

ALLERGIEN

UNSICHTBARE ALLERGENE Pilzsporen sind winzig und meistens kann man sie nicht sehen, es sei denn, man tippt auf einen reifen Stäubling (S. 57) oder fertigt einen Sporenabdruck an (S. 172–173). Klein, wie sie sind, werden die Sporen von Luftströmungen fortgetragen und gelangen so in unsere Atemwege. Für die meisten von uns ist das harmlos. Asthmatiker, immunsupprimierte Menschen und Allergiker, die z.B. unter Heuschnupfen leiden, können jedoch Probleme bekommen.

DIE HAUPTSCHULDIGEN Pilzallergene führen zu Symptomen wie einer laufenden Nase, Halskratzen, Fieber und Kopfschmerzen. Am wahrscheinlichsten werden diese Reaktionen von diversen Mikropilzen hervorgerufen, die auch Pflanzenkrankheiten verursachen können, wie *Alternaria*, *Cladosporium* und *Didymella*. In Europa werden die meisten Sporen zur Erntezeit von Juli bis September freigesetzt, während Pilze wie *Aspergillus* und *Penicillium*, die man in und an unseren Körpern findet, ihre Sporen das ganze Jahr über abgeben.

Viele der genannten Pilze können in verschiedenen Substraten überleben: draußen in Komposthaufen und im Erdboden, im Haus an Duschvorhängen, auf Fensterbrettern, in Polstermöbeln oder Nahrungsmitteln. In den meisten Häusern sind etwa halb so viele Pilzsporen in der Luft wie im Freien. Wenn Häuser aber feucht sind – z.B. nach einem Wasserschaden – breiten sich schwarze Schimmelpilze wie *Ulocladium chartarum* und *Stachybotrys chartarum* aus, die für Allergiker unangenehm sein können. Meistens kann man sie aber mit milden Reinigungsmitteln relativ einfach in Schach halten.

Sporen in der Luft
Schätzungen zufolge befinden sich in jedem Kubikmeter Luft 1000 bis 10 000 Pilzsporen und damit 100-mal so viele wie Pflanzenpollen. Wir atmen mit jedem Atemzug etwa zehn Pilzsporen ein.

Fleischbrauner Schirmling
(*Lepiota brunneoincarnata*)
Dieser recht kompakte Giftpilz hat einen etwa 2 bis 5 cm langen Stiel und enthält Amatoxine. Hutoberfläche und untere Stielhälfte sind mit weinroten, faserschuppigen Gürtelzonen geschmückt.

Runzelhütiger Glockenschüppling
(*Conocybe rugosa*)
Auch dieser tödlich giftige Pilz enthält Amatoxine. Er wächst in Wiesen, auf Kompost und auf Holzschnitzeln. Er hat einen runzeligen orangebraunen Hut und einen Ring, der oft von ausgefallenen Sporen rostbraun gefärbt ist.

GIFTIGE PILZE

Zu den lebensgefährlich giftigen Pilzen gehören u. a.:
Grüner Knollenblätterpilz (*Amanita phalloides*)
Kegelhütiger Knollenblätterpilz (*Amanita virosa*)
Gift-Häubling (*Galerina marginata*)
Fleischbrauner Schirmling (*Lepiota brunneoincarnata*)
Runzelhütiger Glockenschüppling (*Conocybe rugosa*)
Spitzgebuckelter Raukopf (*Cortinarius rubellus*)
Frühjahrs-Giftlorchel (*Gyromitra esculenta*)

Viele Pilze bilden in ihren Myzelien oder Fruchtkörpern Gifte, um Konkurrenten fernzuhalten. Leider können sie auch für Menschen giftig und manchmal sogar tödlich giftig sein.

PILZGIFTE

Menschen kommen mit Pilzgiften in Berührung, wenn Lebensmittel verschimmeln oder giftige Pilze mit essbaren Arten verwechselt werden (S. 178–179). Mikropilze bilden viele Sporen, die auf Getreide und anderen Lebensmitteln keimen, wenn genügend Feuchtigkeit vorhanden ist. Etliche Arten bilden Gifte (Mykotoxine), um Konkurrenten abzuwehren, darunter auch solche, die das Leben von Menschen oder Tieren, die sie zu sich nehmen, ernsthaft bedrohen können. Es gibt viele Mykotoxine, aber für die meisten Vergiftungen sind sogenannte Aflatoxine, die von *Aspergillus flavus* und *A. parasiticus* gebildet werden, verantwortlich. Von den fünf wichtigsten Aflatoxinen ist Aflatoxin B1 das gefährlichste Gift. Gelangt es in die Leber, wird es dort in ein noch stärkeres Gift umgewandelt, das Leberschäden und Krebs hervorrufen kann.

GIFTIGE PILZE Das Wissen über Giftpilze wurde früher von einer Generation an die nächste weitergegeben. Heute können wir Pilzgifte identifizieren und analysieren und ihre biologischen Auswirkungen genau untersuchen. Am gefährlichsten sind Pilzarten, die Zellgifte enthalten, darunter Cyclopeptide (Amatoxine und Phallotoxine), Orellanin und Gyromitrin.

Cyclopeptide und Orellanin sind hitzebeständig und werden daher beim Kochen nicht zerstört. Agrippina, die vierte Ehefrau des römischen Kaisers Claudius, nutzte ihr Wissen angeblich, um ihren Ehemann zu vergiften, damit ihr leiblicher Sohn Nero seinem Ziehvater auf dem Thron folgen konnte. Sie soll Grüne Knollenblätterpilze (*Amanita phalloides*) unter essbare Kaiserlinge (*Amanita caesarea*) gemischt und das Pilzgericht ihrem Ehemann serviert haben.

Für gesunde Menschen sind Pilzinfektionen meist eher lästig als gefährlich, verursachen oft nur oberflächliche, gut behandelbare Infektionen. Ist das Immunsystem jedoch geschwächt, können die Pilze überhandnehmen, manchmal mit schwerwiegenden Folgen.

PILZERKRANKUNGEN DES MENSCHEN

Pilze sind opportunistische Lebewesen. Bei Menschen, die immunsupprimiert sind – z. B. weil sie an AIDS erkrankt sind oder während einer Chemotherapie – können Pilze tödliche Sekundärinfektionen verursachen.

CANDIDA Die Schlauchpilz-Hefe *Candida albicans* kann ihre Gestalt verändern. Sie lebt als einzelliger Hefepilz oder bildet feine Hyphen. Am problematischsten ist ihre filamentöse Form. Sie besiedelt den Körper, vor allem die Schleimhäute, und verursacht Soor, der bei gesunden Menschen gut behandelbar ist. Befallenes Gewebe ist mit einem weißlichen Belag bedeckt. Lebensbedrohliche Candidiasis kann auftreten, wenn das Immunsystem unterdrückt wurde und *Candida*-Zellen in die Blutbahn geraten, sodass die filamentösen Formen Gewebe und auch lebenswichtige Organe infizieren können.

CRYPTOCOCCUS NEOFORMANS Kryptokokkose ist eine Infektion, die von den Ständerpilz-Hefen *Cryptococcus neoformans* und *C. gattiii* verursacht wird, die in Vogelkot und auf Früchten und Rinde verschiedener Bäume vorkommen. *C. neoformans* ist weltweit verbreitet, *C. gattii* vor allem in den Tropen und Subtropen. Die Hefezelle umgibt sich mit einer Polysaccharidkapsel, um sich vor unserem Immunsystem zu schützen. Bei immunsupprimierten Patienten kann Lungengewebe infiziert werden und eine Kryptokokkose mit ähnlichen Symptomen wie bei einer Lungenentzündung auftreten. Bei schwereren Infektionen verbirgt sich der Pilz in Makrophagen (Immunzellen) und nutzt sie als »Trojanische Pferde«, um in den Blutkreislauf zu gelangen. Er überwindet die Blut-Hirn-Schranke, dringt ins Gehirn ein und verursacht eine lebensbedrohliche Kryptokokkenmeningitis.

*Das **Immunsystem** eines gesunden Menschen kann Pilze, die **Krankheiten** verursachen, normalerweise **in Schach** halten.*

Pilze bilden Lebensgemeinschaften und teilen ihren Lebensraum mit verschiedenen Mikroorganismen, ob im Boden, an einer bestimmten Nahrungsquelle oder als Teil unseres Mikrobioms.

PILZE UND BAKTERIEN

Pilze leben in fast jedem Ökosystem mit Bakterien zusammen und spielen dort eine wichtige Rolle. Die Beziehungen können sehr eng sein oder eher locker und den Beteiligten entweder nützen oder schaden. Oft leben in einem Ökosystem verschiedene Pilzarten mit vielen Bakterienarten zusammen, und bestimmte Faktoren beeinflussen diese Lebensgemeinschaften: eine physische Verbindung z. B. (wenn die Bakterien in der Nähe des Pilzes leben, Teil eines Biofilms (S. 13) sind, der die Pilzhyphen umgibt oder in den Pilzzellen leben); chemische Botschaften oder »Dialoge« zwischen verschiedenen Organismen; Umweltbedingungen wie der pH-Wert oder die Aktivität des Wirts (ob er lebt oder tot ist). Wie wir haben auch Pilze ein Mikrobiom. So betrachtet, sind unsere Mikrobiome bewohnt von Pilzen mit ihren eigenen Mikrobiomen.

HYPHEN-HIGHWAYS Pilzhyphen wachsen in Netzwerken und breiten sich mitunter über weite Entfernungen aus (S. 36–37). Eine Hyphe ist von einem Wasserfilm umgeben, den einige Bodenbakterien nutzen, um an der Hyphe entlang zu schwimmen. Dabei legen sie auch weitere Strecken zurück und können luftgefüllte Hohlräume im Boden überwinden. Von diversen Lebensgemeinschaften mit Bakterien profitieren auch die Pilze. Bestimmte Bakterien tragen vermutlich dazu bei, dass bei arbuskulären Mykorrhizen Phosphor freigesetzt wird, der in abgestorbenen Pflanzenteilen gebunden war und nun von Pflanzen und Pilzen aufgenommen werden kann. Stickstoff fixierende Bakterien wie *Kosakonia radicincitans* sorgen dafür, dass im Boden mehr Stickstoff zur Verfügung steht.

FREUNDE ODER FEINDE?

1.

Im unterirdischen Wurzelbereich einer Pflanze (der Rhizosphäre) und oft auch in den Wurzeln selbst leben Gemeinschaften aus Pilzen und Bakterien. Die Mikroben interagieren miteinander, was wiederum sowohl ihre eigene Diversität als auch die Wuchskraft der Pflanze beeinflusst.

2.

Der endophytische Pilz *Serendipita indica* bringt der Pflanze ähnliche Vorteile wie eine Mykorrhiza. Er lebt in Pflanzenwurzeln und im Boden um die Wurzeln herum. Man weiß, dass er dafür sorgt, dass die Pflanze besser wächst und dass er sie vor bestimmten Umweltstressoren schützt.

3.

In der Nähe der nützlichen Pilze leben Bakterien, die sich von ihnen ernähren. Die Bakterien töten den Pilz entweder ab (wie *Collimonas fungivorans*, unten links), indem sie Löcher in die Zellen bohren und sich dann von deren Inhalt ernähren. Oder sie leben von den Stoffwechselprodukten, die die Pilzhyphen bilden (wie *Kosakonia radicincitans*, unten rechts).

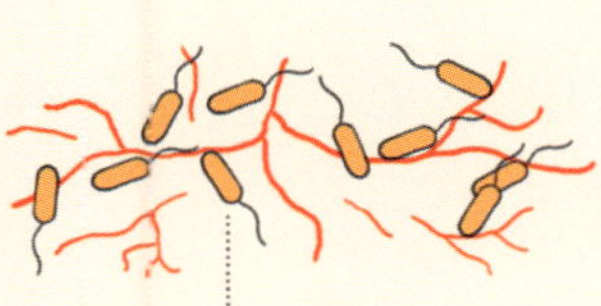

COLLIMONAS FUNGIVORANS – TÖTET PILZE AB

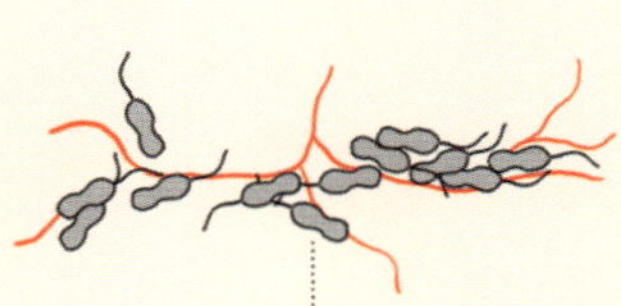

KOSAKONIA RADICINCITANS – ERNÄHRT SICH VON PILZEN

4.

Bakterien, die sich von Flüssigkeitströpfchen ernähren, die von den Pilzen ausgeschieden werden, besiedeln die Hyphen und bilden einen schleimigen Biofilm. Die schützende Hülle verhindert, dass schädliche Bakterien zum Pilz gelangen und ihn abtöten.

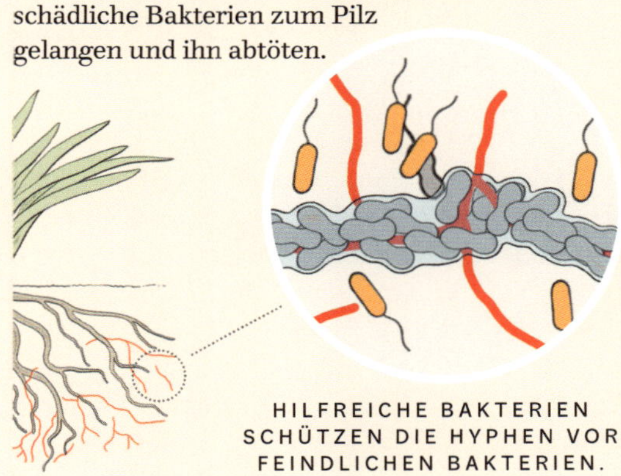

HILFREICHE BAKTERIEN SCHÜTZEN DIE HYPHEN VOR FEINDLICHEN BAKTERIEN.

Fast überall, wo ein Pilz wächst, sind andere Pilze und Bakterien in der Nähe, die mit ihm um den Lebensraum und um Nährstoffe konkurrieren. Das heißt nichts anderes, als dass Pilze oft auf dem Kriegspfad unterwegs sind. Sie verfügen über ein beachtliches Waffenarsenal.

PILZKRIEGE

Zu den Waffen der Pilze gehören Enzyme, Antibiotika (S. 252–253) und andere giftige oder hemmende chemische Stoffe. Einige sind flüchtige Gase, die sich den Mikroben durch die Luft nähern. Andere verbreiten sich im Wasser, das sich im Boden oder in kleinen Poren im Holz befindet. Pilze können sogar den pH-Wert der Umgebung zu ihrem eigenen Vorteil verändern.

MYZELKÄMPFE Die Myzelien holzzersetzender Ständerpilze treffen oft in breiter Front aufeinander und bilden erstaunlich viele unterschiedliche chemische Stoffe, um anzugreifen oder den Feind abzuwehren.

MYKOPARASITISMUS Einige Pilze parasitieren andere Pilzarten. Die Hyphen des Parasiten liegen auf der Oberfläche der Wirtshyphen oder umwickeln sie. Einige nehmen die Nährstoffe über die Oberfläche ihrer Hyphenwände auf, andere zapfen den Wirt mit dünnen Hyphen an, die in den Wirt eindringen.

Manche Pilze ernähren sich ausschließlich von ihrem Wirt. Andere leben zunächst parasitisch und bringen ihren Wirt schließlich um. Sie übernehmen sein Revier, z. B. einen bestimmten Abschnitt eines Baumstamms, und fressen dort weiter.

A. Der Goldstielige Schuppenwulstling (*Squamanita paradoxa*) mit seinem violettbraunen Hut geht als Parasit noch einen Schritt weiter: Er ersetzt den oberen Teil des Stiels, den Hut und die Lamellen seines Wirts, des Amiant-Körnchenschirmlings (*Cystoderma amianthinum*), mit seinem eigenen Gewebe.

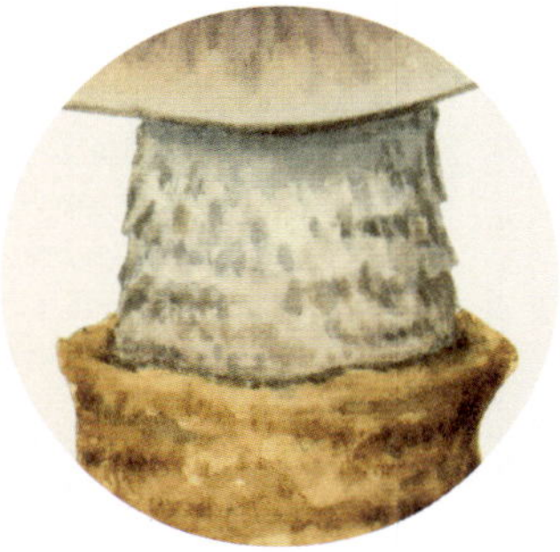

A.

B. Der Beschleierte Zwitterling (*Asterophora parasitica*) bildet auf den Hüten von Pilzen, von denen er sich parasitisch ernährt, Fruchtkörper mit 1 bis 3 cm langen Stielen. Sein Wirt ist meist der Dickblättrige Schwärztäubling (*Russula nigricans*).

C. Dunkle Linien im Holz begrenzen die Interaktionszonen. Es sind melaninhaltige »Mauern« aus dichtem Pilzgewebe, die das Revier eines Holzzersetzers markieren und vor Angriffen seiner Nachbarn schützen.

D. Das Myzel einiger holzzersetzender Pilze kann im Boden und auch im Holz wachsen. Wenn es auf eine andere Pilzart trifft, kommt es zum Kampf.

Tintenfischpilz (*Clathrus archeri*)

VERÄNDERUNGEN

KAPITEL IV

PILZE LEBEN seit vielen Jahrmillionen auf der Erde, aber die Welt verändert sich zur Zeit sehr schnell und stabile Lebensräume gehören der Vergangenheit an. Wie passen sich Pilze an die Klimaerwärmung an? Wie alle Lebewesen sind auch sie bedroht. Aber vielen von ihnen gelingt die Anpassung und manche gedeihen in neuen Lebensräumen sogar besonders gut.

Unser Klima verändert sich, und das wirkt sich auch auf den Wasserkreislauf und die Niederschlagsmengen aus. Neben steigenden Temperaturen beobachten wir immer häufiger Wetterextreme wie Stürme, Überschwemmungen, Wald- und Buschbrände. Diese Veränderungen gehen auch an den Pilzen nicht spurlos vorüber.

KLIMAWANDEL

Die Fruktifikationsperiode der Pilze, also die Zeit, in der sie ihre Fruchtkörper bilden, verläuft, abhängig vom Wetter, in jedem Jahr ein bisschen anders. So dauerte vor 1978 die herbstliche Pilzsaison in Südengland durchschnittlich 33 Tage, 2020 waren es bereits etwa 75 Tage. Viele Pilze, die Symbiosen mit Wurzeln eingehen (S. 60–61), bilden nun viel später im Jahr Fruchtkörper. Für Pilzsammler sind das gute Nachrichten – nur zeigt sich daran auch, dass sich die Natur stark verändert.

Viele Pilze, die Holz und anderes Pflanzenmaterial zersetzen, wie der Grünblättrige Schwefelkopf (*Hypholoma fasciculare*), findet man nun häufiger als früher auch schon im Frühling. Wahrscheinlich sind die milderen Winter der Grund. Dies hat zur Folge, dass die Pilze auch im Winter wachsen und Nahrung aufnehmen können, sodass sie das befallene Holz rascher zersetzen. Das darin gespeicherte Kohlendioxid gelangt deshalb schneller in die Atmosphäre. Das wäre unproblematisch, wenn nun auch die Bäume schneller Holz bilden würden. Geschieht es nicht, beschleunigt sich die Klimaerwärmung.

VERÄNDERTE VERBREITUNG Weil sich das Klima verändert, folgen die Pflanzen den Temperaturbereichen, an die sie angepasst sind, das heißt, wenn es wärmer wird, ziehen sie sich in Richtung der Pole und in höhere Gebirgslagen zurück. Pilze folgen dabei den Pflanzen. Für Pilze, die schon jetzt auf die kalten Gipfelregionen der Gebirge oder Habitate im hohen Norden angewiesen sind, ist die Bedrohung besonders hoch.

Mai-Ritterling
(*Calocybe gambosa*)
In den gemäßigten Breiten bilden die meisten Pilze ihre Fruchtkörper erst im Herbst. Aber es gibt auch Ausnahmen. So wachsen einige Arten bereits im Frühjahr, darunter der Mai-Ritterling, der gelegentlich auch »Georgs-Ritterling« genannt wird, weil er um den Tag des Heiligen Georg (23. April) herum erscheint.

Grünblättriger Schwefelkopf
(*Hypholoma fasciculare*)
Die Fruchtkörper dieses holzzersetzenden Pilzes findet man im Frühjahr und im Herbst. Ob es ein und dasselbe Myzel ist, das zweimal im Jahr fruchtet, oder ob zwei verschiedene Individuen im Spiel sind, ist noch unbekannt.

Judasohr (*Auricularia auricula-judae*)
Hauptwirt des Judasohrs ist seit Langem der Holunder. Inzwischen findet man es jedoch auch an vielen anderen Laubbäumen wie der Buche oder dem Ahorn.

Brennender Rübling
(*Gymnopus peronatus*)
In Südengland erschien dieser Zersetzer der Laubstreu oft unter Eichen, aber heute findet man ihn meist unter Buchen. Weshalb das so ist, ist noch immer ein Rätsel, aber vermutlich hat es mit dem Klimawandel zu tun.

Tintenfischpilz (*Clathrus archeri*)
Der exotische Pilz tauchte vor ungefähr 100 Jahren erstmals in Europa auf – möglicherweise mit Wollimporten aus Australien. In Deutschland ist er inzwischen landesweit verbreitet, sowohl in Wäldern als auch auf Wiesen und Almen.

Butterpilz (*Suillus luteus*)
Als im südlichen Afrika sowie in Nord- und Südamerika großflächig Plantagen nicht einheimischer Kiefern angelegt wurden, kamen auch deren Mykorrhizapilze ins Land, die ursprünglich in Europa und Asien beheimatet waren.

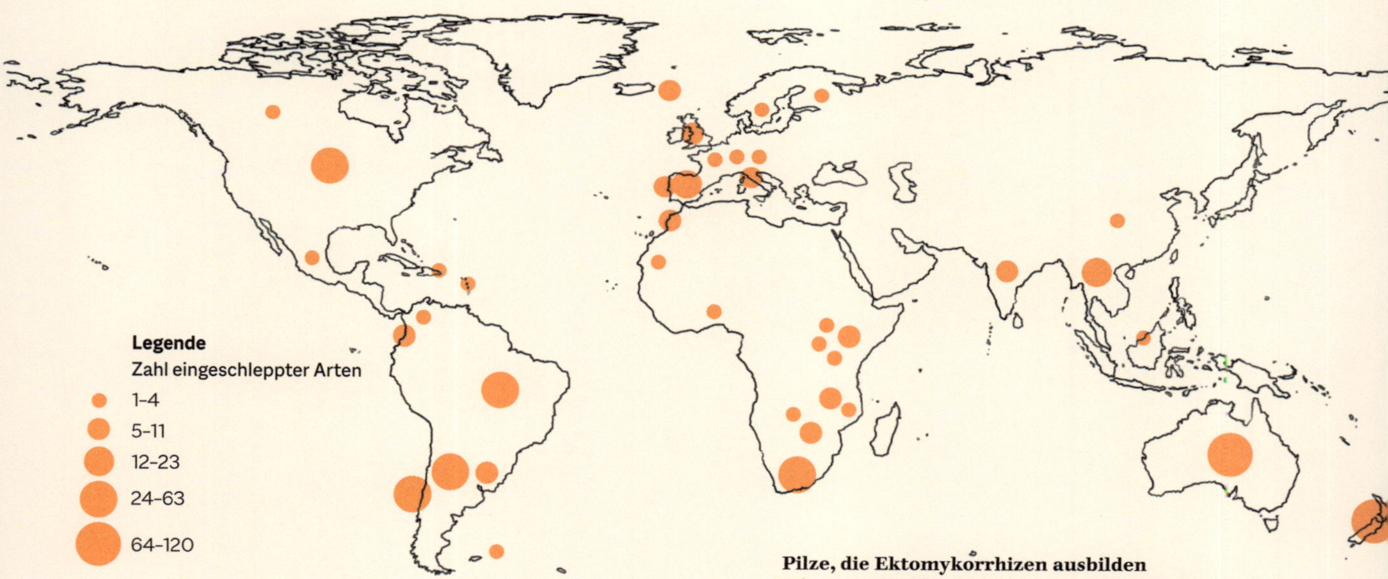

Pilze, die Ektomykorrhizen ausbilden
Pilzarten, die Ektomykorrhizen ausbilden, gehen Partnerschaften mit Baumwurzeln ein (S. 60–61). Orangefarbene Kreise kennzeichnen Länder und Regionen, in denen Pilzarten eingeschleppt wurden. Die Größe der Kreise gibt einen Hinweis auf die Anzahl der nicht heimischen Arten, die sich im Gebiet etabliert haben.

INVASIVE ARTEN

Längst haben auf der Südhalbkugel nicht heimische Kiefernarten die Grenzen der Plantagen überschritten und breiten sich unkontrolliert weiter aus. Dabei helfen ihnen »mitgereiste« Mykorrhizapilze wie Schmierröhrlinge (*Suillus*), Wurzeltrüffeln (*Rhizopogon*) und Erdwarzenpilze (*Thelephora*). Sie verbinden sich mit Sämlingen und jungen Bäumen und setzen gemeinsam mit ihnen den Siegeszug der Invasoren fort.

Seit Jahrtausenden haben die Menschen, wenn auch meist unbeabsichtigt und nur in geringem Umfang, Pflanzen, Tiere oder andere Lebewesen in andere Weltregionen verbracht. Doch im Zeitalter des internationalen Handels und der Fernreisen hat sich die Zahl vervielfacht - und davon sind auch die Pilze betroffen.

INVASIVE ARTEN

Viele Arten, die sich in einem neuen Gebiet ansiedeln, richten kaum Schaden an, während andere sich sehr schnell ausbreiten. Man bezeichnet sie als invasive Arten, die andere Arten verdrängen und damit die Artenvielfalt reduzieren. Sie können über Jahrmillionen gewachsene Partnerschaften zerstören und greifen bisweilen auch in die Kohlenstoff- und Stickstoffkreisläufe ein. Befallen und töten sie großflächig einheimische Bäume, können sie sogar ganze Landschaften verändern (S. 78–79).

GAST ODER EINDRINGLING? Der tödlich giftige Grüne Knollenblätterpilz (*Amanita phalloides*, S. 96–97), der in Europa heimisch ist, kommt heute auch an der nordamerikanischen Ostküste vor, breitet sich aber nicht stark aus. An der Westküste, in Kalifornien, ist er jedoch invasiv. Er verbreitet sich so rasch, dass andere Pilzarten seltener werden. Um 1960 erreichte er die Region um die Bucht von San Francisco. Mittlerweile gehen hier fast 20 Prozent der Baumwurzeln Symbiosen mit ihm statt mit einheimischen Pilzarten ein.

INVASIVE ZERSETZER Der Tintenfischpilz (*Clathrus archeri*) ist im südlichen Afrika, in Australien und Neuseeland heimisch. In Europa kennt man ihn seit ungefähr 100 Jahren. In den Achtzigerjahren erreichte er die Küsten Nordamerikas und wurde dort invasiv. Die Fruchtkörper entwickeln sich aus einer eiförmigen Struktur, die über einen Hyphenstrang mit dem im Boden verborgenen Myzel verbunden ist (S. 118–119). Das sogenannte Hexenei reißt auf und vier bis acht Arme erscheinen, deren rote Oberfläche mit schwarzem, nach Verwesung riechendem Sporenschleim bedeckt ist. Wie die verwandten Stinkmorcheln locken die reifen Tintenfischpilze mit ihrem Geruch Fliegen an, die den Schleim fressen oder sich mit ihm »bekleckern« und somit für die Verbreitung der Sporen sorgen.

Weil sich die Landnutzung verändert, gehen immer mehr Lebensräume verloren. Und von denen, die übrig bleiben, werden viele verschmutzt oder anderweitig verändert. All dies bedeutet, dass auch die Artenvielfalt der Pilze stark bedroht ist.

LEBENSRAUM-VERLUST

Weil Städte wachsen und immer neue Straßen gebaut werden, müssen Naturflächen weichen. Alte Wälder werden gerodet, weil Holz oder landwirtschaftliche Flächen benötigt werden. In noch erhaltenen Wäldern wird Totholz in dem falschen Glauben, man müsse sie »sauber halten«, entfernt. Zudem werden nach wie vor Feuchtgebiete und Moore entwässert (S. 148–149). Schnellwüchsige Nutzpflanzen werden in Monokulturen angebaut und Kunstdünger ausgebracht, um eine wachsende Bevölkerung zu ernähren. Das Verbrennen fossiler Treibstoffe beschleunigt nicht nur den Klimawandel, sondern es gelangen dadurch auch Stickstoff und andere schädliche Chemikalien in die Atmosphäre. Tourismus führt zur Erosion und Verdichtung von Böden, und all dies zerstört auch die Lebensräume von Pilzen.

GEFÄHRDETE PILZE Wenn Lebensräume verloren gehen, verschwinden mit ihnen auch die auf sie angewiesenen Pilze. Weltweit werden blütenreiche Mähwiesen seltener. Durch Düngung und das Anpflanzen schnellwüchsiger Gras- und Getreidesorten sind viele bunte Saftlinge (*Hygrocybe*, S. 140–141) und die weniger auffälligen, keulenförmigen Erdzungen (*Geoglossum*, S. 141) vielerorts schon verschwunden.

Auch unterschiedliche Waldtypen und alte Solitärbäume (S. 130–131) verschwinden alarmierend schnell. Die heute bedrohten borealen Nadelwälder z. B. waren während der letzten Jahrtausende riesige geschlossene Waldgebiete, in denen viele seltene Pilzarten vorkamen.

A. Die weltweit seltene Art *Hypocreopsis rhododendri* erinnert an orangebraune Fingerhandschuhe und ist ein Mykoparasit (S. 102–103) am Gefelderten Borstenscheibling (*Hymenochaete corrugata*). Der Pilz kommt fast ausschließlich im Atlantischen Regenwald, also einem Regenwald der gemäßigten Breiten, vor. Hier regnet es häufig, es ist oft neblig und die Vegetation ist üppig. Dieser Lebensraum ist bedroht – und mit ihm einige der Pilzarten, die nur in ihm vorkommen.

B. Der Eichen-Zungenporling (*Buglossoporus quercinus*) ist eine seltene Art, die meist an über 300 Jahre alten Eichen wächst, oft an trockenem, sonnenexponiertem Holz. Der Pilz kommt vermutlich weltweit nur an etwa 500 Standorten vor. Am häufigsten scheint er noch in einem ehemaligen königlichen Jagdgebiet bei London zu sein.

C. *Flavoparmelia caperata* ist eine von vielen Flechtenarten, die auf bestimmte Baumarten in einem klimatisch eng begrenzten Umfeld spezialisiert sind. In Regenwäldern der gemäßigten Breiten findet man spezielle Flechtengemeinschaften aus *Lobaria-*, *Nephroma-* und *Pseudocyphellaria*-Arten und anderen Laubflechten, die Symbiosen mit Cyanobakterien bilden (S. 288).

Dungpilze
Die Punktierte Porenscheibe (*Poronia punctata*) ist ein 0,5–1,5 cm breiter Schlauchpilz, der auf dem Kot von Pferden und Eseln wächst. Im 19. Jahrhundert war sie häufig, doch weil wir heute motorisierte Fahrzeuge vorziehen und Tierfutter oft mit Zusätzen (wie Entwurmungsmitteln) versetzt ist, sind Dungpilze generell seltener geworden. *Poronia punctata* steht heute in vielen Ländern Europas auf der Roten Liste.

Zeus olympius
Wohl kaum eine Pilzart ist so selten wie diese, die man nur am Berg Olymp in Griechenland und im Slawjanka-Gebirge in Bulgarien auf kleinen Zweigen der Schlangenhaut-Kiefer (*Pinus heldreichii*) gefunden hat. Ihr Lebensraum ist wegen des Klimawandels und erhöhter Waldbrandgefahr bedroht.

Scharfer Korkstacheling (*Hydnellum peckii*)
Viele Pilze, die in nährstoffarmen Böden Lebensgemeinschaften mit Baumwurzeln ausbilden, darunter Röhrlinge, Wulstlinge und Korkstachelinge, sind durch Überdüngung erschreckend selten geworden. Auch die Stickstoffbelastung der Luft durch die Verbrennung fossiler Treibstoffe spielt eine Rolle.

Viele Pilze sind lokal, regional oder sogar schon weltweit vom Aussterben bedroht. Aber es gibt nicht nur schlechte Nachrichten. Dank entschlossener Gegenmaßnahmen werden manche Arten wieder häufiger.

GEFÄHRDETE ARTEN

Die International Union for the Conservation of Nature (Internationale Union zur Bewahrung der Natur) erkennt heute, nach engagierter Lobbyarbeit, Pilze gleichberechtigt mit der Flora und Fauna an, aber es gibt viel nachzuholen. Die IUCN hat ein System Roter Listen entwickelt, in dem bedrohte Arten nach Gefährdungsstufen klassifiziert werden – von »nicht gefährdet« bis hin zu »ausgestorben« oder »regional ausgestorben«. In den meisten Ländern werden nun Rote Listen gefährdeter Pilze erstellt, um die am stärksten bedrohten Arten möglichst schnell schützen zu können.

Überall können wir Pilze schützen, indem wir ihre Fruchtkörper weder pflücken noch beschädigen, ihre Lebensräume nicht zerstören (z.B. indem wir Totholz im Wald oder in einer Ecke im Garten liegen lassen) und weder Pestizide noch Kunstdünger ausbringen.

ERFOLGSGESCHICHTE Der Porling Bridgeoporus nobilissimus bildet riesige Fruchtkörper. An der Pazifikküste im Nordwesten der USA wachsen an Pazifischen Edeltannen (*Abies procera*) Exemplare, die bis zu 130 kg wiegen. 1995 fand man den Pilz an nur 13 Standorten und stufte ihn als stark gefährdet ein. Jeder Baum, an dem man ihn entdeckte, wurde unter Schutz gestellt, und 2006 waren bereits 103 Fundorte bekannt.

Hallimasch (*Armillaria*)

DRAUSSEN

KAPITEL V

IN IHRER REGION kommen viele verschiedene Pilzarten vor, wo immer Sie auch wohnen. Erkunden Sie deren Lebensräume und entdecken Sie die Pilze. Suchen Sie in Wäldern und auf Wiesen nach Hinweisen auf Myzelien und Fruchtkörpern. Halten Sie auch an ungewöhnlichen Orten und auf Reisen nach Pilzen Ausschau, z. B. in Höhlen, auf Sanddünen, im Wasser oder im Permafrost.

Kastanienschalenbecherling
(*Lanzia echinophila*)
Diesen kleinen Schlauchpilz mit bis zu 4 mm Durchmesser kann man auf Fruchtschalen von Esskastanien (*Castanea sativa*) und Zerreichen (*Quercus cerris*) entdecken. Die schalenförmigen, orangefarbenen Fruchtkörper, deren Innenseiten mit der Fruchtschicht (Hymenium) überzogen sind, verflachen später und verfärben sich bei der Reife braun.

Schwarzrote Erdzunge
(*Geoglossum atropurpureum*)
Die Erdzunge, die bis 6 cm hoch wird, wächst in naturbelassenen Wiesen und Sanddünen. Ohne Mikroskop kann man sie nur schwer von ihren Verwandten unterscheiden.

Arrhenia salina
Diesen Adermoosling findet man vor allem nördlich des Polarkreises – aber er wurde auch schon in der Antarktis nachgewiesen.

In der Natur sind wir von Pilzen umgeben. Oft sind sie verborgen und werden erst sichtbar, wenn ihre Fruchtkörper erscheinen, manchmal über Nacht. Einige Pilzfruchtkörper kann man immer finden, nicht nur im Herbst und Frühjahr.

AUSSCHAU HALTEN

Dieses Kapitel zeigt, dass wir überall, wo wir unsere Umwelt erkunden, von Pilzen umgeben sind. Mit der Luft atmen wir Sporen ein und endophytische Pilze leben in den Pflanzen (S. 68–69). Pilze verbergen sich im Erdboden unter unseren Füßen, egal, ob in Wiesen, Wäldern oder Sanddünen. Sogar in der Arktis und der Antarktis sowie im Wasser von Sümpfen, Seen, Flüssen, Meeren und Ozeanen leben Pilze.

An Baumstämmen findet man langlebige Porlinge, an Zweigen auf dem Waldboden häutige und krustenförmige, harte, warzige oder körnige Gebilde sowie gummi- und geleeartige Pilze. Mit dem Fernglas können wir auch an abgestorbenen, aber noch ansitzenden Ästen Pilze entdecken. Drehen Sie auf dem Boden liegende größere Äste oder kleinere Stämme um, und Sie werden schichtförmige Fruchtkörper und Myzelstränge sehen, die in den Boden führen. Wenn Sie diese vorsichtig mit den Fingerspitzen freilegen, erkennen Sie ihre Ausmaße – manche breiten sich über einen halben Meter lang, aus, andere erstrecken sich über viele Quadratmeter. Schauen Sie sich Blätter, Zapfen und Früchte genau an, und Sie werden winzige, zarte Fruchtkörper auf dünnen schwarzen Stielen entdecken, wie die des Rosshaarschwindlings (*Gymnopus androsaceus*). Auch auf dem Kot von Pflanzenfressern oder alten Feuerstellen wachsen faszinierende Pilzarten.

Andere Pilzspuren sind noch unauffälliger. Schwärzliche Krusten auf Holz können schützende Schichten aus Pilzgewebe sein. Ausgeblichene Flecken auf Blättern oder braunes, krümeliges oder fleckiges Holz weisen auf die Anwesenheit von Pilzen hin, die als Zersetzer tätig sind. In Wiesen sind Ringe aus üppig wachsendem Gras oder nacktem Boden Zeichen dafür, dass sich unter der Oberfläche ein Myzel ausbreitet.

Fruchtkörper sind unverkennbar, aber man sieht sie meist nur zu bestimmten Zeiten. Wenn Sie wissen, wonach Sie suchen müssen, werden Sie im Wald viele andere Hinweise auf Pilze finden.

PILZSPUREN IM WALD

A. Braune, bartähnliche Stoppeln auf Sägespänen oder Holzschnitzeln werden Ozonium genannt und weisen auf das Vorhandensein von bestimmten kleinen Tintlingsarten (*Coprinellus*) hin. Manchmal erscheinen gleichzeitig die Fruchtkörper.

SCHWARZE BELÄGE Wenn Sie Baumstümpfe, herabgefallene Äste oder Baumstämme sehen, die schwärzlich verfärbt sind, vermuten Sie vielleicht, sie wären verkohlt. Aber meistens hat es nicht gebrannt. Stattdessen ist das Holz von einer dünnen schwarzen Schicht aus dicht verwobenen Hyphen überzogen, die mit Melaninen (dunklen, schützenden Pigmenten) und Wasser abweisenden Proteinen (Hydrophobinen) imprägniert sind. Manchmal kann man das schwarze Gewebe abziehen.

Schwarze Überzüge dieser Art bilden Pilze, die sich von Holz ernähren, vor allem Hallimasche (*Armillaria*) und die Geweihförmige Holzkeule (*Xylaria hypoxylon*, S. 48). Sie halten damit andere Pilze fern und sorgen für geeignete Bedingungen: feuchtes Holz für Hallimasche und trockenes für Holzkeulen.

RHIZOMORPHEN Wenn Sie die Rinde von einem abgestorbenen oder umgestürzten Baumstamm entfernen, werden Sie vielleicht schwarze, wurzelähnliche Stränge entdecken (Rhizomorphen, siehe rechts). Jung sind sie oft rotbraun und 1 bis 2 mm dick. Sie breiten sich als Netzwerke im Waldboden aus.

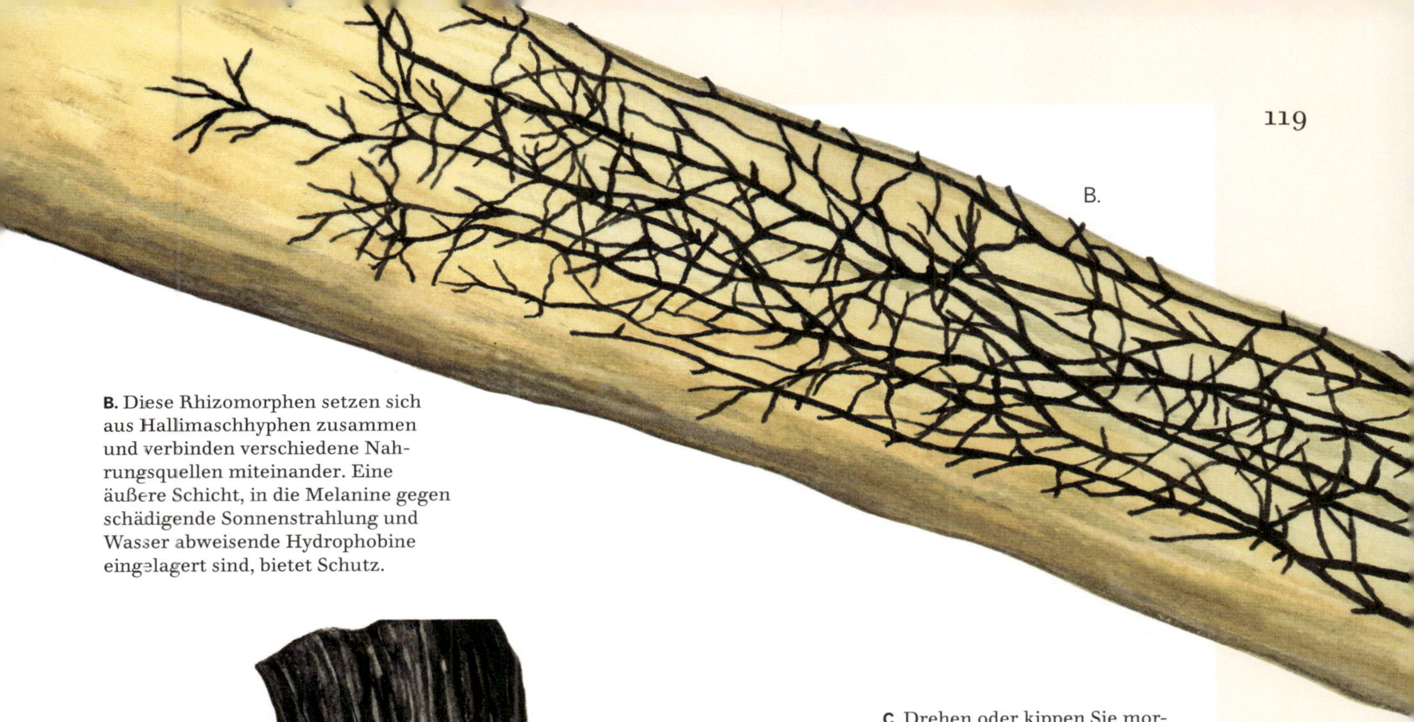

B. Diese Rhizomorphen setzen sich aus Hallimaschhyphen zusammen und verbinden verschiedene Nahrungsquellen miteinander. Eine äußere Schicht, in die Melanine gegen schädigende Sonnenstrahlung und Wasser abweisende Hydrophobine eingelagert sind, bietet Schutz.

C. Drehen oder kippen Sie morsche Baumstämme und Äste vorsichtig ein wenig. Wenn Sie die Rinde ablösen, werden Sie helle Myzelstränge entdecken. Sie ähneln Rhizomorphen, sind aber bei einigen Pilzarten dünner und bei anderen zäher, wie bei der Stinkmorchel (*Phallus impudicus*) oder dem Breitblättrigen Rübling (*Megacollybia platyphylla*).

Am Waldboden kann man auf Falllaub, Totholz und Rindenstücken oft Spuren von Pilzen erkennen. Verräterisch sind morsche Stellen und Verfärbungen.

SPUREN DER ZERSETZUNG

FÄULETYPEN Helle Flecken auf abgestorbenen Blättern und ausgeblichenes Holz auf dem Waldboden, das sich faserig anfühlt, sind Anzeichen für Weißfäule. Hier zersetzt ein Basidiomyzet verschiedene chemische Bestandteile, darunter auch die komplexen Ligninmoleküle, die dem Holz Festigkeit verleihen. Nur wenige Basidiomyzeten können Lignine aufbrechen. Bei Braunfäule (siehe unten rechts) zersetzt sich das Holz manchmal langsamer (d.h. der Gewichtsverlust geschieht langsamer) als bei Weißfäule, aber die Stabilität geht bald verloren, was in Holzbauten und an Telegrafenmasten sehr problematisch sein kann. Auch Braunfäule können nur wenige Pilzarten hervorrufen, die meisten von ihnen Basidiomyzeten.

ANDERE ZERSETZUNGSSPUREN Andere Spuren kann man nur im Holzinneren sehen. Schauen Sie sich daher mal die Schnittflächen abgesägter Baumstämme etwas genauer an. Einige Schlauchpilze wie *Ceratocystis-* und *Ophiostoma-*Arten (S. 82) rufen Flecken im Holz hervor, die oft schwarz oder blau gefärbt sind und eine Wertminderung bedeuten.

Manche Pilze hinterlassen ästhetischere Spuren (siehe oben rechts). Wenn man die morsch werdenden Stämme vieler Laubbaumarten absägt, erkennt man manchmal zarte schwarze, braune oder orangerote Linien. Dies weist darauf hin, dass hier Pilzkriege stattgefunden haben, die zum Waffenstillstand oder zum Rückzug eines Pilzes geführt haben (S. 102–103) und die Reviere einzelner Pilzmyzelien markieren, ähnlich wie wir unsere Grundstücke mit Mauern abgrenzen. Aus solchem Holz kann man attraktiv gemaserte Dinge anfertigen.

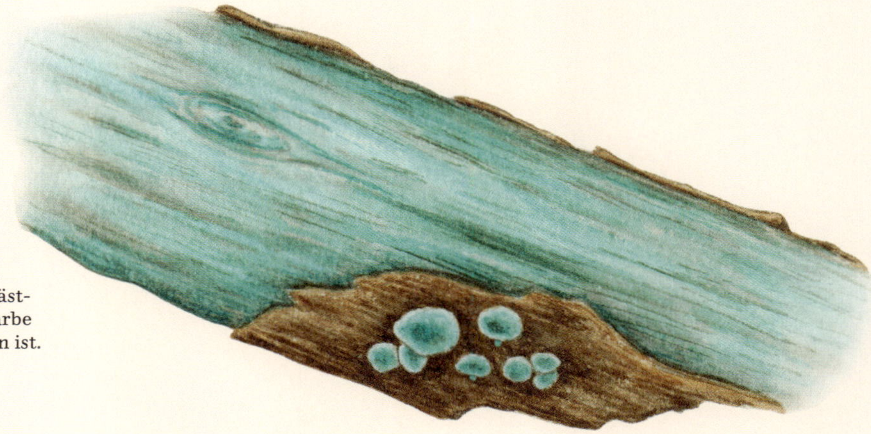

Kostbares Holz
Einige Pilze, wie der Kleinsporige Grünspanbecherling (*Chlorociboria aeruginascens*), färben Holz grün, weil das Myzel Farbstoffe bildet. Sofern das Holz nicht zu stark vermorscht ist, wird es gerne zu dekorativen Gegenständen verarbeitet. Im Wald und in Intarsienarbeiten (z. B. Schmuckkästchen der »Tunbridge Ware«) verrät die Farbe rasch, dass hier ein Pilz am Werk gewesen ist.

Braunfäule
Im morschen Holz von Nadelbäumen und Eichen sieht man oft braune, bröselige Stellen mit Längs- und Querrissen, sogenannten Würfelbruch. Ein Pilz hat die meisten chemischen Bestandteile außer dem Lignin zersetzt.

Teerfleckenkrankheit
Der biotrophe, d. h. sich von lebendem Gewebe ernährende Pilz *Rhytisma acerinum* verursacht oft schwarze Flecken auf Ahornblättern (oben). Auf älterem Laub können es auch »grüne Inseln« sein (rechts).

Viele Blätter färben sich im Herbst gelb, aber wenn man herabgefallenes Laub genauer betrachtet, kann man oft grüne Flecken erkennen. In solchen grünen Inseln leben oft Pilze.

GRÜNE INSELN

Einige der grünen Flecken, die man auf Herbstblättern sehen kann, stammen von Mosaikviren oder Insektenlarven, die Blattgewebe fressen, z.B. von der Miniermotte *Phyllonorycter blancardella*, die sich in Blättern von Apfelbäumen entwickelt. Die meisten »grünen Inseln« stammen jedoch von Pilzen – v.a. von solchen Arten, die sich zumindest in einer Phase ihres Lebenszyklus von lebenden Geweben ernähren. Zu ihnen gehören Rostpilze wie *Puccinia graminis*, der Weizen befällt, und Mehltaue (S. 72–73) wie *Blumeria graminis* an Gerste. Der Schlauchpilz *Rhytisma acerinum* (siehe links) bildet besonders auffällige grüne Zonen.

WIE DIE INSELN ENTSTEHEN Pflanzen bilden Hormone, die als chemische Botenstoffe Prozesse wie das Wachstum und die Entwicklung sowie die Reaktion der Pflanze auf Umweltstressoren steuern. Grünes Blattgewebe deutet auf aktive Fotosynthese hin, die von Hormonen (Zytokininen) angeregt wird. Ein Blatt, das Fotosynthese betreibt, altert langsamer. Tritt eine Pflanze in einen Ruhezustand ein, sinkt der Zytokininspiegel, die Fotosynthese verlangsamt sich und Nährstoffe wandern von den Blättern in andere Teile der Pflanze. Die Blätter färben sich gelb und fallen schließlich ab.

In »grünen Inseln« findet selbst dann Fotosynthese statt, wenn das Blatt bereits abgefallen ist. Dafür sind Pilze verantwortlich, die die Pflanzenzellen am Leben halten, um sich vom Pflanzengewebe ernähren zu können, bis die Ressourcen erschöpft sind. Viele Pilzarten können Zytokinine binden sowie auch Enzyme, die die Zytokininwirkung beeinflussen. Ob es der Pilz ist, der diese Stoffe beim oder nach dem Eindringen in die Pflanze bildet, oder ob er die Pflanze zwingt, sie selbst zu produzieren, ist bisher noch nicht bekannt.

ARMILLARIA IN DER GESCHICHTE

Einer der Ersten, der beobachtete, dass Pilze biolumineszieren, war der griechische Philosoph Aristoteles, der von »leuchtendem Holz« berichtete. Wahrscheinlich war eine holzbesiedelnde Hallimasch-Art (*Armillaria*, oben) die Ursache. Es gibt außerdem Berichte, dass englische Soldaten im Ersten Weltkrieg mit *Armillaria*-Arten infiziertes Holz in den Schützengräben als »natürliche Taschenlampen« benutzten. Derselbe Pilz behinderte die Alliierten im Zweiten Weltkrieg: Befallenes Holz soll feindliche Flugzeuge auf die Londoner Holzlager aufmerksam gemacht haben.

Glühwürmchen sowie diverse Meeresorganismen wie Fische, Algen und Bakterien leuchten in der Dunkelheit grünlich. Dieses faszinierende Phänomen, das man als Biolumineszenz bezeichnet, kann man auch bei einigen Pilzarten beobachten.

LEUCHTENDE PILZE

Nicht alle Pilze leuchten im Dunkeln, aber die, die es tun, bilden Fruchtkörper mit Stiel und Hut und sind Weißfäuleerreger (S. 120–121). Das Myzel oder die Fruchtkörper leuchten, bei manchen Arten auch beides. Bei Helmlingen (*Mycena*), von denen etwa 70 Arten biolumineszieren, sind es die Fruchtkörper, während beim Leuchtenden Ölbaumpilz (*Omphalotus olearius*) sowohl das Myzel als auch die Fruchtkörper leuchten.

WESHALB LEUCHTEN EINIGE PILZARTEN? Jüngere Forschungen weisen darauf hin, dass Pilze biolumineszieren, wenn sie das wichtige Antioxidans Hispidin wiederverwerten. Wenn Weißfäuleerreger Holz zersetzen, bilden sie Enzyme, die die Bindungen in Ligninen aufbrechen, komplexen Makromolekülen, die wichtige Holzbestandteile sind. Dabei werden hoch reaktive chemische Stoffe frei, sogenannte freie Radikale, die für die Pilzzellen sehr giftig sind. Um dem »Tod durch Zersetzung« zu entgehen, haben Weißfäuleerreger zwei Möglichkeiten. Die erste Möglichkeit besteht darin, viel Hispidin zu bilden, welches die Reaktionsfreudigkeit der freien Radikale reduziert und damit verhindert, dass sie Zellschäden verursachen. Man kann dies beim Zottigen Schillerporling (*Inonotus hispidus*) beobachten, einem Weißfäuleerreger, aus dem Hispidin erstmals isoliert wurde. Weißfäuleerreger, die Fruchtkörper mit Hut und Stiel bilden, enthalten nur geringe Mengen Hispidin, sie nutzen die zweite Möglichkeit und synthetisieren Hispidin in den Zellen. Hier kommt die Biolumineszenz ins Spiel, denn bei der Hispidin-Synthese entsteht ein chemischer Stoff, der den Pilz leuchten lässt.

In Wäldern sind wir umgeben von Pilzen. Sie leben in den Stämmen und Ästen der Bäume, in herabgefallenen Zweigen und vermodernden Blättern und im Boden unter unseren Füßen. Viele Arten gehen mit Baumwurzeln Verbindungen ein.

ALTE UND BEWIRTSCHAFTETE WÄLDER

Überall, wo es Wälder gibt, kommen Pilze vor. Welche Arten es sind, hängt von der Region, den Baumarten und der übrigen Begleitvegetation ab. Auch das Alter des Waldes und die Art, wie er bewirtschaftet wird, spielen eine wichtige Rolle.

ALTE WÄLDER In alten, nicht bewirtschafteten Wäldern ist der Boden mit umgestürzten Baumstämmen bedeckt. Bis sie verrottet sind, kann es Jahrzehnte, ja Jahrhunderte dauern. Sie legen Zeugnis ab vom Wirken der Pilze, das bereits im stehenden Stamm (S. 130–133) begonnen hat – oder man erkennt nur noch krümelige Reste von ihnen, die schon mehr Humus als Holz sind und kaum mehr als ein Schatten ihrer früheren Existenz. Es gibt in solchen Wäldern eine Fülle von Pilzarten, die auf uralte, langsam absterbende oder schon lange tote Bäume angewiesen sind. Holzzersetzende Pilze sind darauf angewiesen, dass ihnen ständig geeignetes Substrat zur Verfügung steht. In alten Buchenwäldern leben seltene Arten wie der Gelatinöse Kugelpustelpilz (*Hypocrea gelatinosa*), der Laubholz-Harzporling (*Ischnoderma resinosum*) und der Haarige Dachpilz (*Pluteus hispidulus*) auf morschem Holz.

BEWIRTSCHAFTETE WÄLDER Die meisten Wälder werden schon seit etwa 2000 Jahren bewirtschaftet. Es geht um Bauholz, Holz für Möbel oder Brennholz und geschieht meistens in dem Irrglauben, dass man Totholz entfernen muss, um den Wald »sauber« zu halten. Doch wenn man sich die Baumstämme und Baumstümpfe genau ansieht, entdeckt man auch hier jede Menge Pilze (siehe rechts).

A. Die Geweihförmige Holzkeule (*Xylaria hypoxylon*), ein holzzersetzender Schlauchpilz, besiedelt herabgefallene Äste oder gefällte Baumstämme rasch. Innerhalb von fünf Jahren wird sie von konkurrenzstarken Arten (siehe unten) verdrängt.

C. Das Stockschwämmchen (*Kuehneromyces mutabilis*) ist an Baumstümpfen ein verbreiteter und häufiger Zersetzer. Man findet die Fruchtkörper fast das ganze Jahr über, besonders aber im Sommer und Herbst.

B. Der Grünblättrige Schwefelkopf (*Hypholoma fasciculare*) ist ein Weißfäuleerreger, der mit anderen Pilzarten stark konkurriert. Er erreicht sein Substrat über Sporen oder über Myzelstränge, die sich im Boden ausbreiten. (S. 118–119).

Marasmius tageticolor
Dieser tropische Schwindling hat die Schirmform europäischer *Marasmius*-Arten, die bunte Hutstreifung finden wir bei unseren Arten aber nicht.

Tropische Regenwälder bedecken weniger als sechs Prozent der Landflächen der Erde, aber in ihnen lebt eine unvorstellbare Vielfalt an Pflanzen, Tieren und Pilzen.

TROPISCHE REGENWÄLDER

Die tropischen Regenwälder zwischen den beiden südlichen Wendekreisen sind bereits auf weniger als die Hälfte ihrer ursprünglichen Größe geschrumpft. Ihre Ökosysteme haben sich während der letzten 70 Mio. Jahre kaum verändert. Das ganze Jahr über ist es warm und feucht.

BIODIVERSITÄT Die Vielfalt der Pflanzen und Tiere ist erstaunlich: Im Amazonas-Regenwald kommen mehr als 40 000 Pflanzenarten vor, darunter fast 12 000 Baumarten, 1300 Vogelarten und Tausende Arten wirbelloser Tiere. Jede Pflanzen- und Tierart lebt wahrscheinlich mit mindestens einer Pilzart in einer Wechselbeziehung. Die meisten tropischen Pilze haben noch keine Namen. Etwa jede fünfte Art, die man hier findet, ist der Wissenschaft noch unbekannt.

Wie in Wäldern der gemäßigten Breiten zersetzen Arten mit großen, sichtbaren Fruchtkörpern Äste und Stämme, während Endophyten (S. 68–69), Flechten und Pilze, die Krankheiten hervorrufen, an oder in Bäumen und Sträuchern leben. Um nicht so stark mit anderen Pilzarten um abgestorbene Pflanzenteile auf dem Waldboden konkurrieren zu müssen, bilden einige Zersetzer netzartige Myzelien aus, mit denen sie herabfallende Pflanzenteile auffangen. Die meisten Pilze auf und im Waldboden sind Zersetzer. Einige besiedeln frische Substrate, andere bereits stärker vermoderte Nahrung. Viele sind auf bestimmte Pflanzen oder Substratarten spezialisiert. All dies führt zu einer mosaikartigen Verbreitung der Pilze. Die Artenzusammensetzung einer quadratmetergroßen Fläche kann sich von der einer ähnlich großen Fläche in 100 m Entfernung stark unterscheiden. Obwohl man während des ganzen Jahres Fruchtkörper findet, gibt es auch in diesen Wäldern Phasen mit stärkerer oder geringerer Fruktifikation.

Wälder sind lebendige Geschichte. Während einige Bäume nur relativ kurz leben, werden andere, wie Eichen, Eiben und Riesen-Lebensbäume, mitunter über tausend Jahre alt. In allen Stadien des Baumlebens spielen Pilze eine entscheidende Rolle.

ALTE BÄUME

WENN BÄUME ALTERN Wie wir verändern sich auch Bäume, wenn sie älter werden. Zweige und Äste sterben ab, wenn höher sitzende Äste ihnen das Sonnenlicht nehmen. Ein alter Baum hat einen kompakten, dicken Stamm während seine Krone lichter wird. Bei sehr alten Bäumen kann der Stamm hohl werden.

RINDE Als Krebs bezeichnet man Stellen, an denen die Rinde abgestorben und eingesunken ist, weil Krankheitserreger lebendes Gewebe zerstört haben. Die meisten holzzersetzenden Pilze, die Krebs verursachen, wachsen vom infizierten Holz nach außen in die Rinde. Der Stachelige Krustenhöckerpilz (*Eutypa spinosa*) bildet auf diese Weise streifenförmigen Krebs, der manchmal mit Spuren eines Blitzschlags verwechselt wird.

BAUMHÖHLEN Bei lebenden Bäumen besteht das Kernholz in der Mitte des Stamms aus totem Gewebe. Pilze, die hier leben, schädigen den Baum meistens nicht, sondern setzen Nährstoffe frei, die er wiederverwenden kann. Das Kernholz einiger Baumarten, wie Eichenholz, enthält Tannine und andere Stoffe, die viele Pilzarten und wirbellose Tiere fernhalten. Andere Baumarten, wie Buchen, enthalten keine giftigen Stoffe und werden von vielen Pilzarten besiedelt. An den entstehenden morschen Stellen und in Höhlungen finden Vögel, Säugetiere und Wirbellose Lebensraum.

DIE WURZELN Pilzfruchtkörper an der Stammbasis deuten Wurzelfäule an, die sich auf den ganzen Baum ausdehnen kann.

A. Der Buchen-Schleimrübling (*Mucidula mucida*), ein Lamellenpilz, wächst im Sommer und Herbst an alten, teilweise schon abgestorbenen Buchen, manchmal bis in die Kronenregion hinein.

C. Der Rotrandige Baumschwamm (*Fomitopsis pinicola*) gehört in Europa zu den häufigsten Braunfäuleerregern an Laub- und Nadelbäumen.

F. Der Wulstige Lackporling (*Ganoderma australe*) ist ein harter Baumpilz, der mehrere Jahre alt wird. Er zersetzt totes Kernholz im Stamm.

B. Die Rötliche Kohlenbeere (*Hypoxylon fragiforme*) zersetzt abgestorbene Äste. Man kann sie das ganze Jahr über finden. Die rundlichen, braunen Fruchtkörper sind meist nur 2–9 mm dick und erscheinen in großen Gruppen.

D. *Biscogniauxia nummularia*, ein Schlauchpilz, bildet rundlich-fleckige schwarze Krusten auf relativ trockenem Buchenholz.

E. Schwefelporlinge (*Laetiporus*-Arten) kommen weltweit vor. Die leuchtend gelben Fruchtkörper verblassen im Alter.

G. Der Riesenporling (*Meripilus giganteus*) befällt Laubbäume wie Buchen und Eichen und zersetzt deren Wurzeln.

Striegeliger Schichtpilz (*Stereum hirsutum*)
An abgestorbenen Ästen in den Baumkronen, aber auch an Stämmen und Zweigen, die auf dem Boden liegen, findet man den Striegeligen Schichtpilz. Er kann Erstbesiedler verdrängen, muss später aber oft selber konkurrenzstärkeren Arten weichen (S. 102–103).

Pilzgemeinschaften zersetzen das Holz in verschiedenen Stadien, von abgestorbenen Ästen in den Baumkronen bis hin zu Totholz auf dem Waldboden. Das Artenspektrum verändert sich mit dem Vermorschungsgrad des Holzes.

AN ÄSTEN UND ZWEIGEN

IM LAUF DER ZEIT Noch am Baum werden absterbende Äste von Pilzen attackiert, doch mit der Zeit verändert sich die Zusammensetzung der Arten. Die ersten Zersetzer verfolgen unterschiedliche Strategien. Einige kommen mit dem noch hohen Wassergehalt der Äste zurecht und leben endophytisch (S. 68–69). Andere bilden Unmengen von Sporen, die bald keimen, sodass der Pilz sich vor der Ankunft von Konkurrenten ausbreiten kann. Diese kommen über kurz oder lang dann aber doch zum Zug, sei es in Form von Sporen oder durch Myzelien, die sich über den Boden herangepirscht haben (S. 118–119). Man spricht von der Initial-, der Optimal- und der Finalphase der Zersetzung, die jeweils von spezialisierten Arten dominiert werden.Obwohl dies im Inneren des Baums geschieht, lässt sich die Artenfolge (»Pilzsukzession«) im Lauf der Jahre an den unterschiedlichen Fruchtkörpern erkennen.

SPEZIALISTEN An jeder Baumart bilden sich typische Pilzgesellschaften aus, die den Zersetzungsprozess einleiten. Bei Eichen sind es der Zottige Eichenschichtpilz (*Stereum gausapatum*) und der Eichen-Zystidenrindenpilz (*Peniophora quercina*). Unter der Rinde überzieht der Rindensprenger (*Vuilleminia comedens*) die Zweige mit einer hellen, wachsartigen Kruste. Aus Buchenästen brechen die rundlichen, rauwarzigen Fruchtkörper (*Perithezien*) der Buchen-Kohlenbeere, die flächigen schwarzen Flecken von *Biscogniauxia nummularia* und die weißen Fruchtkörper des Lamellenpilzes *Mucidula mucida* (Buchen-Schleimrübling, S. 130–131) hervor. Für Farbtupfer auf dem Winterspaziergang sorgen die lebhaft orangebraunen Hüte des Laubholz bevorzugenden Samtfußrüblings. In den Baumkronen werden all diese Arten manchmal von häufigen Porlingen wie der Schmetterlingstramete (*Trametes versicolor*) abgelöst. Sie können bis zur Finalphase durchhalten, es sei denn, noch aggressivere Antagonisten wie der Grünblättrige Schwefelkopf (*Hypholoma fasciculare*, S. 127), der sich auch über Myzelstränge im Boden verbreitet, verdrängen sie.

Auch an abgestorbenen Pflanzenteilen wie Zapfen, Nüssen, Zweigen oder den Stängeln krautiger Pflanzen oder Sträucher werden Sie Pilze entdecken. Ein aufmerksamer Blick auf die kleineren Objekte im Wald lohnt sich allemal.

ZAPFEN, NÜSSE UND ZWEIGE

Einige Pilze sind darauf spezialisiert, sich von kleinen Pflanzenresten zu ernähren. Sie kommen mit der Härte, Trockenheit und der ungewöhnlichen chemischen Zusammensetzung dieser Pflanzengewebe zurecht. Wie ihre größeren Verwandten spielen auch sie eine wichtige Rolle im Recyclingprozess der Natur.

Der Ohrlöffel-Stacheling (Auriscalpium vulgare) bildet ungewöhnliche Fruchtkörper. Der Stiel sitzt seitlich am Hut an und auf der Hutunterseite trägt er Stacheln statt Lamellen. Man findet ihn auf Kiefernzapfen, die auf dem Waldboden liegen und manchmal schon zur Gänze in der Streu verborgen sind. Seltener kommt er auch auf den Zapfen anderer Nadelbäume wie Douglasien und Fichten vor. Auf der Nordhalbkugel ist er weit verbreitet.

Das Fruchtschalenbecherchen (*Hymenoscyphus fructigenus*) hat sich auf die Zersetzung der Fruchtschalen von Bucheckern, Eicheln und Nüssen spezialisiert. Es bildet kleine, gestielte, weißliche bis gelbliche Kelche, die manchmal auch büschelig wachsen. Der Eichen-Schildbecherling (*Colpoma quercinum*) bildet kleine ovale Fruchtkörper (2–15 mm lang). Er lebt endophytisch (S. 68–69) in lebenden Eichenzweigen, die noch am Baum ansitzen, und zersetzt sie.

Buchenfruchtschalen-Holzkeule (*Xylaria carpophila*)
Diese Holzkeule ähnelt der nah verwandten Geweihförmigen Holzkeule (*Xylaria hypoxylon*, S. 127), die man häufig auf Holz sieht. Sie ist auf die harten Fruchtschalen spezialisiert, in die die Bucheckern eingeschlossen sind. Der Pilz ist das ganze Jahr über zu finden. Im Herbst und zu Winterbeginn, wenn er geschlechtliche Sporen bildet, färbt er sich schwarz.

Brauner Eichelbecherling (*Ciboria batschiana*)
Nicht auf den Fruchtschalen, sondern auf den Früchten selbst, den Eicheln, findet man im Herbst diesen kleinen braunen Becherling mit bis zu 2 cm langen Stielen.

Kastanienschalenbecherling (*Lanzia echinophila*)
Die flachen braunen Scheiben dieses Pilzes erscheinen oft auf den Fruchtschalen von Esskastanien, aber der Pilz zersetzt auch die Eicheln der Zerr-Eiche, die im südöstlichen Europa heimisch ist.

Marasmius capillaris
Marasmius capillaris, ein nordamerikanischer Schwindling, und ähnliche Arten, die auch in Europa vorkommen, zersetzen Blätter von Buchen und Eichen und bilden ihre Fruchtkörper vom Spätsommer bis in den Winter. Die weißen Hüte sitzen auf langen Stielen.

Pilze können ohne Wälder existieren, aber Wälder nicht ohne Pilze. Viele verschiedene Pilzarten sind ein bedeutender Teil der Waldökosysteme.

HEXENRINGE IM WALD

Die Myzelien einiger Pilze des Waldbodens wachsen in einzelnen abgestorbenen Pflanzenteilen (S. 134–135), die meisten besiedeln jedoch mehr Substrat, sodass die Laubstreu verklumpt. Ihre Fruchtkörper erscheinen in großen und kleinen Gruppen oder einzeln, und manchmal erkennt man sogar Hexenringe.

PILZRINGE Die Fruchtkörper einiger streu- oder holzzersetzender Pilzarten bilden Hexenringe. Das Myzel wächst von der Mitte nach außen. Es bildet zuerst einen kleinen runden Fleck, der sich ausbreitet. Schließlich stirbt das Myzel in der Mitte ab und ein Band aus Myzel breitet sich aus, sodass ein leerer Kreis zurückbleibt. Die Hyphen in dieser kreisförmigen Zone werden wiederverwertet, sodass ihre chemischen Bestandteile anderswo im Myzel eingesetzt werden. Im Herbst bilden sich Fruchtkörper am kreisförmigen Myzel.

Die Fruchtkörper zeigen an, dass sich ein Myzelband unter der Oberfläche befindet, das sich von abgestorbenen Blättern und anderen Pflanzenteilen ernährt. Wenn der Hexenring auf einen Felsen oder Baum trifft, wächst der Ring auf beiden Seiten weiter, aber das Myzel verbindet sich dahinter nicht wieder, sodass eine Lücke im Ring zurückbleibt. Im Wald sind Hexenringe oft schwer zu erkennen, während man sie im Grasland leichter entdeckt (S. 138–139).

UNGELÖSTES RÄTSEL
Früher vermutete man, dass Hexenringe sich vergrößern, weil ihnen die Nahrung in der Kreismitte ausgeht oder weil sich dort Giftstoffe anreichern. Da jedoch jedes Jahr neue Blätter zu Boden fallen, kann in einem Wald die Nahrung nicht ausgehen. Ein einfaches Experiment weist außerdem darauf hin, dass die Kreismitte nicht vergiftet ist: Wenn Boden, in dem das Myzelband vollständig erhalten ist, in die Mitte des Kreises verpflanzt wird, wächst der Pilz weiter. Noch erstaunlicher: Werden die Bodenstücke so eingepflanzt, dass ihre ursprünglichen Zuwachsbereiche in verschiedene Richtungen weisen, wächst das Myzel nur jeweils an der früheren Zuwachsseite.

Ringe mit Lücken
Dieser lückige Hexenring des Fliegenpilzes (*Amanita muscaria*) umgibt eine Birke. Es handelt sich um eine Pilzart, die Ektomykorrhizen (S. 60–61) mit Baumwurzeln ausbildet. Die Fruchtkörper markieren nicht den Rand des Myzels, der sich mehrere Meter weiter außen befinden kann. Dort nimmt das Myzel Wasser und Nährstoffe auf, um sie im Austausch gegen Zucker an den Baum weiterzugeben.

Kreisförmig abgestorbenes Gras
Einige Pilzarten, wie der Nelken-Schwindling (*Marasmius oreades*), lassen das Gras in einer kreisförmigen Zone absterben, während es innen und außen üppig wächst. Oft erscheinen die Fruchtkörper in oder neben der abgestorbenen Zone. Solche Ringe sieht man am häufigsten.

Riesenboviste
Die Hexenringe des Riesenbovists (*Calvatia gigantea*) gehören zum zweiten Typ. Es gibt keine Zone, in der das Gras abgestorben ist, sondern nur einen erkennbaren Kreis, in dem das Gras üppig wächst.

Hexenringe regen seit Jahrhunderten die Fantasie der Menschen an. Manche sind jedoch kaum zu erkennen. Im Grasland verraten verschiedene Anzeichen, dass Pilze unter der Oberfläche wachsen.

HEXENRINGE IN WIESEN UND RASEN

Die größten Hexenringe sind mehrere Hundert Meter breit. Einige kann man sogar mit Google Earth sehen, z. B. beim Flughafen Laramie in Wyoming (USA) neben der westlichsten Rollbahn.

Das Myzel wächst von einem Punkt in der Mitte nach außen. Später sterben die inneren Regionen allmählich ab. Fruchtkörper erscheinen deshalb nur am Rand. Mehr als 140 Pilzarten bilden Hexenringe, von denen es drei Haupttypen gibt: Typ 1: Absterbendes Gras, das vom Pilz abgetötet wird (siehe oben links), bildet einen Kreis; Typ 2: Es sind Kreise zu sehen, in denen das Gras üppig wächst, weil es von den Nährstoffen profitiert, die der Pilz in den Boden abgibt (siehe unten links); Typ 3: Es erscheinen zu bestimmten Jahreszeiten Ringe aus Fruchtkörpern.

Hexenringe breiten sich im Schnitt etwa 4 cm pro Jahr aus, und die größten sind wahrscheinlich mindestens 2000 Jahre alt. Wenn mehrere Ringe aufeinandertreffen, sterben sie dort ab, wo sie in Kontakt kommen. Was von den Ringen übrig bleibt, wächst in Bögen und komplizierteren Formen.

Im Grasland kommen andere Pflanzentypen vor als in Wäldern. Gräser haben spezielle Wurzelsysteme und ihre Gewebe sind kaum verholzt. Deshalb unterscheiden sich auch die auf Grasländer spezialisierten Pilze von Waldpilzen.

NATURBELASSENE WIESEN

Grasland bedeckt etwa 20 Prozent der Erdoberfläche, aber die meisten dieser Ökosysteme wurden von Menschen stark verändert. Wiesen und Weiden werden umgepflügt, man baut schnellwüchsige Getreidesorten an und bringt Mineraldünger aus. In den letzten 100 Jahren wurden in Europa nur wenige dieser Flächen überhaupt nicht bewirtschaftet. Noch relativ naturbelassen sind manche blütenreiche Wiesen und Friedhöfe, in denen auch verschiedene Pilzarten Rückzugsgebiete finden. Je nach den Klima- und Bodenverhältnissen kommen unterschiedliche Pilzarten vor. Eine große Rolle spielt es, ob die Böden sauer oder kalkhaltig sind. Auf extensiv bewirtschafteten Wiesen und Weiden findet man die seltensten und einige besonders hübsche Wiesenpilzarten.

Naturbelassene Wiesen kann man auch daran erkennen, wie viele Pilzarten der hier aufgeführten Gruppen in ihnen vorkommen. Je mehr es gibt, desto schützenswerter ist der Standort.

- Korallen- und keulenförmige Pilze (S. 198–199): Sie sind weißlich bis leuchtend bunt. Einige sind weltweit gefährdet (S. 112–113), wie die Violette Korallenkeule (*Clavaria zollingeri*, S. 47).
- Saftlinge (*Hygrocybe*-Arten) und ihre Verwandten: Mit ihren wachsartigen, oft bunten Fruchtkörpern sind diese Pilze aufregende Funde, wie der Kirschrote Saftling (*Hygrocybe coccinea*) oder der weltweit gefährdete *Gliophorus reginae*. 90 Prozent der *Hygrocybe*-Arten stehen in mindestens einem europäischen Land auf der Roten Liste.

- *Entoloma* (Rötlinge): wie beispielsweise der Blaue Rötling (*Entoloma bloxamii*).
- *Geoglossum* (Erdzungen) und Verwandte: Diese Schlauchpilze sind mit ihren schwarzen, braunen oder olivgrünen Fruchtkörpern, die nur etwa 2,5 bis 7 cm hoch sind, oft schwer zu entdecken.
- *Dermoloma* und Verwandte: Dies sind kleine, graubraune Hutpilze, oft mit rissiger Huthaut.

Blauer Rötling (*Entoloma bloxamii*)
Der Pilz mit lachsfarbenen Lamellen und einem blauen, fleckigen Hut kommt meist in neutralen bis kalkhaltigen Böden vor. Er ist weltweit gefährdet (S. 112–113).

Schwarzrote Erdzunge (*Geoglossum atropurpureum*)
Diesen Schlauchpilz findet man v. a. in Wiesen auf kalkhaltigen Böden in Nordamerika und Europa, aber die Populationen nehmen ab und er ist weltweit gefährdet (S. 112–113).

Kirschroter Saftling (*Hygrocybe coccinea*)
Obwohl man auch sie nicht häufig findet, ist diese Art häufiger als die meisten anderen roten Saftlinge. Lange Zeit hielt man die Saftlinge für Zersetzer, aber heute vermutet man, dass sie Symbiosen mit Pflanzenwurzeln ausbilden.

Jede Pflanze im Garten unterhält eine Beziehung zu mindestens einem Pilz – von Mykorrhizapilzen und Endophyten, die das Wachstum der Pflanzen fördern bis hin zu Krankheitserregern und Zersetzern, die Pflanzenreste beseitigen.

GÄRTEN UND RASEN

In Gärten, Parks und Blumenrabatten und sogar in Töpfen im Hinterhof, Blumenkästen, Komposthaufen, an Brennholzstapeln und in Rasen leben Pilze. Oft sind sie nicht zu sehen, aber für den Garten sind sie sehr wichtig.

RASENFLÄCHEN UND WIESEN Abgestorbene organische Materialien auf Rasen und Wiesen werden von Pilzen aufgenommen und wiederverwertet, und einige der Arten bilden Hexenringe (S. 138–139). Andere rufen an den Gräsern Krankheiten hervor. Sogenannter Schneeschimmel wird von *Microdochium nivale* verursacht, der oft gleich nach der Schneeschmelze erscheint, daher sein Name. Der Pilz lässt das Gras erst gelb werden und dann austrocknen und in großen Bereichen absterben. Eine andere Pilzkrankheit, die gelbe Flecken im Rasen verursacht, ist die Rotspitzigkeit, hervorgerufen von *Laetisaria fuciformis*. Im Lebenszyklus dieser Pilzart gibt es zwei Stadien. Eines bildet feine rote oder rosa nadelförmige Strukturen (Sklerotien) an Grashalmen. Solche Dauerformen (S. 289) können lange Zeit überleben. Wenn sie keimen, dringen Hyphen rasch durch die kleinen Spaltöffnungen der Blätter in die Pflanze ein.

IM TREIBHAUS NICHT WILLKOMMEN Fruchtkörper, die normalerweise in den Tropen und Subtropen vorkommen, wachsen manchmal auch in Treibhäusern auf Komposterde. Der tödlich giftige Fadenglockenschüppling (*Conocybe rugosa*) z.B. (S. 96) erscheint in Europa, Nordamerika und Afrika manchmal im Kompost.

Hallimasch (*Armillaria*)
Mehrere Hallimasch-Arten wachsen häufig im Rasen. Einige töten Baumwurzeln, Sträucher und nicht verholzte Pflanzen ab. Andere sind Opportunisten, die Wurzeln von Bäumen besiedeln, die bereits geschwächt oder schon abgestorben sind.

Rotspitzigkeit (*Laetisaria fuciformis*)
Dieser Pilz wird manchmal mit Schneeschimmel verwechselt. Sein watteartiges rosa Myzel kann man an infizierten Gräsern sehen.

Ringdüngerling (*Panaeolus semiovatus*)
Die beigefarbenen Fruchtkörper dieses koprophilen („Kot liebenden") Lamellenpilzes zersetzen in Europa und Nordamerika den Dung von Pflanzenfressern. Die Art wächst frühestens auf zehn Tage altem Kot.

Wenn Sie das nächste Mal über eine Wiese laufen, auf der Weidetiere ihren Kot hinterlassen haben, dann halten Sie nach Pilzen Ausschau. Eine große Zahl hoch spezialisierter Arten kommt hier vor.

DUNG VON WEIDETIEREN

Der Kot von Pflanzenfressern ist nährstoffreich, basisch und feucht und daher auch ein guter Lebensraum für Pilze. Die Zusammensetzung des Kots hängt von der Tierart ab, die ihn hinterlassen hat, davon, wie lang er schon auf dem Boden liegt, und von den Umweltbedingungen vor Ort. All diese Faktoren beeinflussen auch das Artenspektrum, das sich auf den Exkrementen zeigt. Bereits wenn er zu Boden fällt, enthält der Kot zahlreiche Sporen der verschiedensten Pilzarten. Sie keimen und die Hyphen breiten sich im und auf dem Substrat aus. Einige Pilze ernähren sich von einfachen Molekülen, andere zerlegen komplexere Stoffe.

SUKZESSION DER FRUCHTKÖRPER Haben die Pilze genügend Nährstoffe aufgenommen, bilden sie Fruchtkörper. Arten, die einfache chemische Stoffe nutzen, erscheinen nach wenigen Tagen. Solche, die komplexere Verbindungen zerlegen, wachsen mehrere Wochen im Kot heran, bevor ihre Fruchtkörper erscheinen. Die winzigen Fruchtkörper von Schimmelpilzen und verwandten Arten (Mucoromycota-Gattungen wie *Mucor*, *Pilaria* und *Pilobolus*) kann man schon auf ein bis drei Tage altem Kot beobachten. Nach sieben Tagen sind sie verschwunden. Etwas größere Schlauchpilze wie Kotlinge (*Ascobolus*) und Borstenbecher (*Cheilymenia*), die einige Millimeter Durchmesser erreichen, erscheinen nach fünf bis sechs Tagen, Arten der Gattungen *Podospora* und *Sordaria* nach neun bis zehn Tagen. Oft werden sie später von spezialisierten Lamellenpilzen wie dem Großen Ring-Tintling (*Coprinus sterquilinus*) mit seinem eiförmigen, schuppig-zottigen Hut und dem Halbkugeligen Träuschling (*Protostropharia semiglobata*) abgelöst, dessen Hut bei Trockenheit glatt und glänzend ist und bei Feuchtigkeit klebrig.

VERBREITUNG Weidetiere nehmen mit ihrer pflanzlichen Nahrung auch Pilzsporen auf. Allerdings grasen die meisten von ihnen ungern direkt neben ihrem eigenen Kot. Die filigranen Fruchtkörper des Mützenwerfers (*Pilobolus*, S. 41) schießen daher ihre Sporenpakete über einen Meter weit ab.

Wie manche Pflanzen profitieren auch bestimmte Pilze von Waldbränden und Buschfeuern – und nicht wenige sind sogar auf verbrannte Böden angewiesen. Man bezeichnet sie als pyrophil (»Feuer liebend«) oder auch als phoenicoid (da sie »wie Phoenix aus der Asche« erscheinen).

PILZE, DIE FEUER LIEBEN

WANN UND WO MUSS MAN SUCHEN?

Schon an kleinen Feuerstellen lassen sich interessante Pilze finden, wenn auch meist erst rund sieben Wochen nach dem Brand. Zu den frühesten Besiedlern zählen *Anthracobia-* und *Pyronema-*Arten, sie sind aber nach 12 bis 18 Monaten verschwunden. Andere wie der Brandstellen-Kotling (*Ascobolus carbonarius*), diverse Großbecherlinge (*Peziza*) und der Kohlen-Schüppling (*Pholiota carbonaria*) erscheinen nach 10 bis 15 Wochen, aber zwei Jahre nach dem Brand sieht man sie nur noch selten. Der Rundsporige Kohlen-Becherling (*Plicaria endocarpoides*) erscheint nach 20 bis 50 Wochen, und manchmal sieht man ihn sogar noch drei oder vier Jahre nach dem Brand.

Jedes Jahr brennen weltweit 570 Mio. Hektar Land ab, sei es aus natürlichen Ursachen oder durch vom Menschen gelegte Feuer. In Ökosystemen, in denen selten Brände vorkommen, wird die Funga vom Feuer zerstört und es dauert viele Jahre, bis sie sich erholt haben wird. Dort aber, wo es regelmäßig brennt, haben sich die Pilze angepasst. Es gibt verschiedene pyrophile Pilzarten. Einige findet man ausschließlich auf verbrannter Erde wie die kleinen olivbraunen Scheiben des Brandstellen-Kotlings (*Ascobolus carbonarius*). Andere, wie der Kohlen-Kelchpilz (*Geopyxis carbonaria*) mit seinen kleinen, bräunlichen, oft weiß gerandeten Bechern, erscheinen meistens auf verbrannten Böden – und wenn, dann oft in großer Zahl. Verschiedene Pilzarten gehen mit der Hitze unterschiedlich um. *Cenococcum geophilum* z. B. überlebt als Mykorrhizapilz in Wurzeln oder als Myzel in tieferen Bodenschichten.

REAKTIONEN AUF FEUER Einige Pilze überleben die Brände nicht nur, sondern profitieren sogar von ihnen. Bestimmte Arten werden durch die Hitze oder die durch sie verursachten chemischen Prozesse im Umfeld zur Fruchtkörperbildung angeregt. *Neurospora crassa* entdeckt man schnell, wenn die Vegetation verbrannt ist. Die Art überzieht das Holz mit unzähligen orangefarbenen Flecken aus Myzel und ungeschlechtlich gebildeten Sporen. Ihre Ascosporen (S. 55) haben dicke schwarze, gefurchte Wände und werden bei 50–70 °C zum Keimen angeregt. Der Kohlen-Schüppling (*Pholiota carbonaria*) kann endophytisch (S. 68–69) in Moosen leben, bildet aber erst Fruchtkörper, wenn die Moose gebrannt haben.

A. Der Rundsporige Kohlenbecherling (*Plicaria endocarpoides*) war früher vom Frühjahr bis zum Herbst weit verbreitet, ist aber inzwischen durch die Verschärfung der feuerpolizeilichen Gesetze in einigen europäischen Ländern – darunter Deutschland – seltener geworden. Seine braunen Becher werden bis 6 cm breit. Sie treten erst 20 bis 50 Wochen nach einem Brand auf, können aber drei bis vier Jahre lang an ihrem Standort wiedererscheinen.

B. Der Schwarzgesäumte Kohlenbecherling (*Anthracobia melaloma*) bildet bis 0,5 cm breite, orangefarbene Schälchen, die man fast nur auf verbrannten Böden findet, z. B. auf alten Feuerstellen oder nach Vulkanausbrüchen auf dem erkalteten Gestein. Seine Sporen sind hitzeresistent.

C. Einige Morcheln (*Morchella*) mit bienenwabenartigen, braunen Hüten tauchen wie Phoenix aus der Asche verbrannter Nadelwälder auf. Einige von ihnen, wie *Morchella tomentosa* im westlichen Nordamerika, überstehen die Brände mithilfe ihrer rundlichen, dickwandigen, im Boden verborgenen Sklerotien (Dauerformen) aus kompaktem Hyphengewebe.

Violettschwarzer Dickbecherling (*Pachyella violaceonigra*)
Der seltene Schlauchpilz wächst an nassem, z. T. im Wasser liegendem Holz und ist an seinen dunkel violettbraunen, schalenförmigen Fruchtkörpern zu erkennen, die mehrere Zentimeter Durchmesser erreichen können.

Sumpf-Haubenpilz (*Mitrula paludosa*)
Eine Schar von Sumpf-Haubenpilzen in einem Moor, einem Bachrand oder in einem Graben ist immer ein aufregender Fund. Vorzugsweise findet man die bis 6 cm hohen, weißstieligen Schlauchpilze mit ihren gelben oder orangefarbenen rundlichen bis gestreckten Köpfchen im Mai und Juni an pflanzlichen Resten, die im Wasser liegen.

Im Gegensatz zu vielen anderen Lebensräumen an Land sind Sümpfe, Moore und andere Feuchtgebiete sehr nass – und auch hier gibt es Pilze, die mit den speziellen Bedingungen zurechtkommen.

SUMPFIGE LEBENSRÄUME

Nasse, sumpfige Lebensräume werden immer seltener. In den letzten 300 Jahren wurden 87 Prozent aller Feuchtgebiete entwässert, um nutzbare Flächen für Landwirtschaft, Industrie und Siedlungsbau zu gewinnen. Einige Pilze solcher Lebensräume sind heute selten. In den Wurzeln von Wasserpflanzen bilden viele Arten arbuskuläre Mykorrhizen aus (S. 60–61) oder sind Endophyten (S. 68–69), die zwar Sporen, aber keine mit bloßem Auge erkennbaren Fruchtkörper bilden. Erlen, Pappeln und Weiden, die in unseren Breiten oft die Ufer von Gewässern säumen, bilden im Wurzelbereich Ektomykorrhizen (S. 60–61) und arbuskuläre Mykorrhizen, sodass man manchmal auch Fruchtkörper ihrer Pilzpartner sehen kann. Am häufigsten aber findet man an nassen Standorten die Fruchtkörper von Zersetzern.

ZERSETZER IN SÜMPFEN Der Sumpf-Haubenpilz (*Mitrula paludosa*), der ein wenig an ein Streichholz erinnert, ist weit verbreitet, aber nur mancherorts häufig. Er ernährt sich von den Überresten von Pflanzen, Algen und Moosen in sauberem, stehendem oder langsam fließendem Wasser. Die auffallenden gelben Köpfchen ragen über die Wasseroberfläche hinaus.

Der seltene Moor-Hallimasch (*Desarmillaria ectypa*) wächst in Sümpfen und Mooren im nördlichen Europa und Asien auf verfaulenden Torfmoosen (*Sphagnum*), Schilf und Seggen. In Deutschland und anderen Ländern steht er als »vom Aussterben bedroht« auf der Roten Liste.

Die meisten Pilze, die Holz im Wasser zersetzen, sind Schlauchpilze, darunter viele kleine flaschenförmige Kernpilze (Pyrenomyceten), aber es gibt auch diverse größere Arten (S. 48–49) wie den Violettschwarzen Dickbecherling (*Pachyella violaceonigra*).

Wer rechnet schon damit, in Süßgewässern Pilze zu finden? Aber es gibt sogar eine ganze Menge von ihnen in Seen, Flüssen, Teichen, Pfützen und sogar in mit Wasser gefüllten Baumhöhlen.

SÜSSWASSERPILZE

In einem Liter Bachwasser können bis zu 30 000 Sporen von Süßwasserpilzen enthalten sein. In Süßwasserökosystemen kommt den Pilzen eine bedeutende Rolle zu: Flüsse und Bäche würden schnell verschlammen, wenn Pilze nicht totes Laub und andere organische Reste zersetzen würden. Der Wissenschaft sind etwa 3000 Arten von Süßwasserpilzen bekannt, darunter Schlauchpilze, die an Holz unter Wasser leben und Töpfchenpilze, deren Sporen aktiv schwimmen (S. 14–15). Wohl die am besten untersuchte Gruppe sind Fadenpilze des Süßwassers, von denen die meisten Arten keine sexuellen Sporen bilden. Im Englischen werden sie zu Ehren des Mykologen Cecil Terence Ingold, der sie erstmals im Detail beschrieb, als »Ingoldian fungi« bezeichnet.

Die meisten aquatischen Fadenpilze sind an Süßgewässer gebunden, aber einige Arten fand man in Baumlöchern, Wurzeln, in Baumkronen und am Waldboden. Andere leben endophytisch (S. 68–69) in Wurzeln unter Wasser, z. B. *Campylospora parvula* und *Filosporella fistucella*, die mit Erlenarten vergesellschaftet sind.

ANPASSUNGEN Die Sporen vieler Schlauchpilze des Süßwassers sind daran angepasst, sich an Holz zu heften. Die Fruchtkörper (S. 48–49) entwickeln sich oft teilweise oder zur Gänze im Holz, und einige bilden Schläuche (S. 176–177), die ihre Sporen freisetzen, indem sie im Wasser zerfallen.

Auch die Sporen der »Ingoldian fungi« (Fadenpilze der Süßgewässer) sind an das Wasser angepasst. Es sind relativ große, einzigartig geformte Sporen, die oft bis 100 µm (einen Zehntel Millimeter) lang werden. In jedem schnell fließenden Bach oder Fluss befinden sich Sporen dieser Pilze. Schöpft man den Schaum, der sich an Stellen bildet, wo Wasser über Steine fließt, in ein Plastikgefäß und betrachtet ihn anschließend unter dem Mikroskop, so zeigen sich, gefangen in den Schaumbläschen, viele Sporen in z. T. wunderschönen Formen.

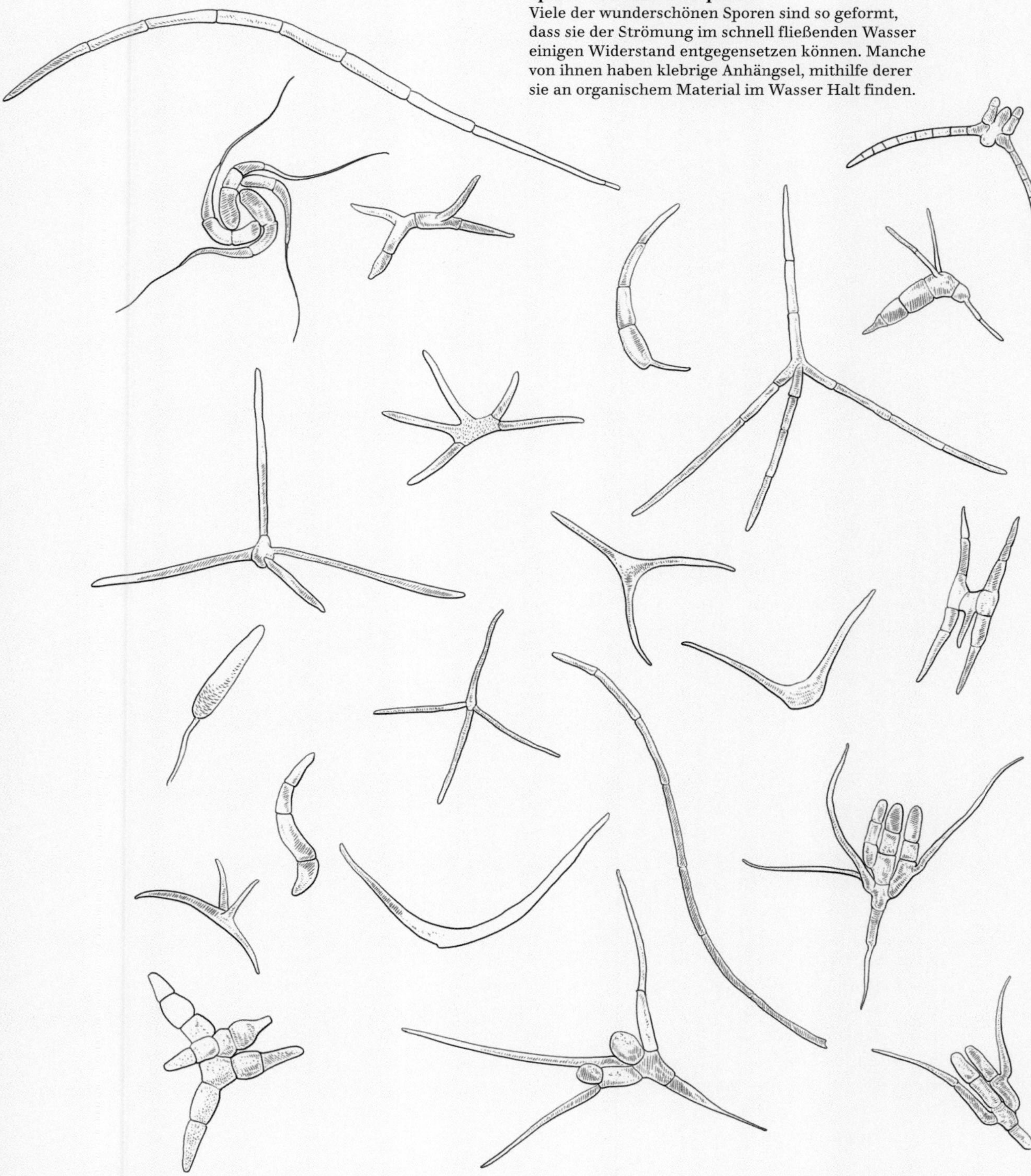

Sporen von Süßwasserpilzen
Viele der wunderschönen Sporen sind so geformt, dass sie der Strömung im schnell fließenden Wasser einigen Widerstand entgegensetzen können. Manche von ihnen haben klebrige Anhängsel, mithilfe derer sie an organischem Material im Wasser Halt finden.

Auch in den Meeren und Ozeanen wimmelt es von Pilzen, aber anders als an Land sieht man sie nur selten – es sei denn, man betrachtet sie unter dem Mikroskop, extrahiert ihre DNA oder kultiviert sie im Labor. Um Meerespilze zu erforschen, muss man allerdings was vom Tauchen verstehen.

MEERE UND OZEANE

Bisher sind etwa 1000 Arten mariner Pilze bekannt, aber nach Schätzungen von Fachleuten dürften noch an die 10 000 zu entdecken sein. Ungefähr die Hälfte aller Pilze, die man in Wasserproben findet, ist der Wissenschaft noch nicht bekannt. Manche wurden vom Land ins Meer gespült, doch viele Arten sind auf das Leben im Meer spezialisiert, darunter einige Parasiten, zahlreiche Zersetzer und wieder andere, die Lebensgemeinschaften mit Algen bilden.

Winzige Töpfchenpilze (S. 14–15), deren Sporen aktiv schwimmen, parasitieren Diatomeen – Kieselalgen von weniger als einem Fünftel Millimeter Länge. Ein Viertel unserer Meeresküsten sind von Mangroven gesäumt. Pilze, die Blätter und Holz von Mangrovenbäumen besiedeln, kann man meist nicht sehen. Legt man aber Holz- oder Laubreste in eine Schale mit Deckel und hält sie mit Zellstoff feucht, erscheinen oft becherförmige Fruchtkörper, die kaum mehr als ein Zehntel Millimeter hoch sind.

KILLER UND PARTNER Die häufigsten Pilze an und in größeren Algen und Tangen sind Krankheitserreger, aber es gibt auch einige wichtige Partner. *Mycophycias ascophylli* z. B. wächst im Knotentang, einer Braunalge der Gezeitenzone. Der Pilz sorgt dafür, dass die jungen Tange bei Ebbe nicht austrocknen. Korallenriffe sind die Ökosysteme im Meer mit der größten Artenvielfalt, aber sie sind bedroht. Sie leiden nicht nur unter der Versauerung und Erwärmung der Meere, sondern auch, weil Pilze wie *Aspergillus sydowii* (rechts) Korallenbleiche hervorrufen.

ERSTAUNLICHE ANPASSUNGEN Meerespilze sind an die Herausforderungen ihres Lebensraums angepasst. Glycerol in den Pilzzellen sorgt für die geeignete Salzkonzentration im Inneren der Pilze und verhindert, dass sie verschrumpeln. Die äußeren Bereiche enthalten Melanine als Sonnenschutz.

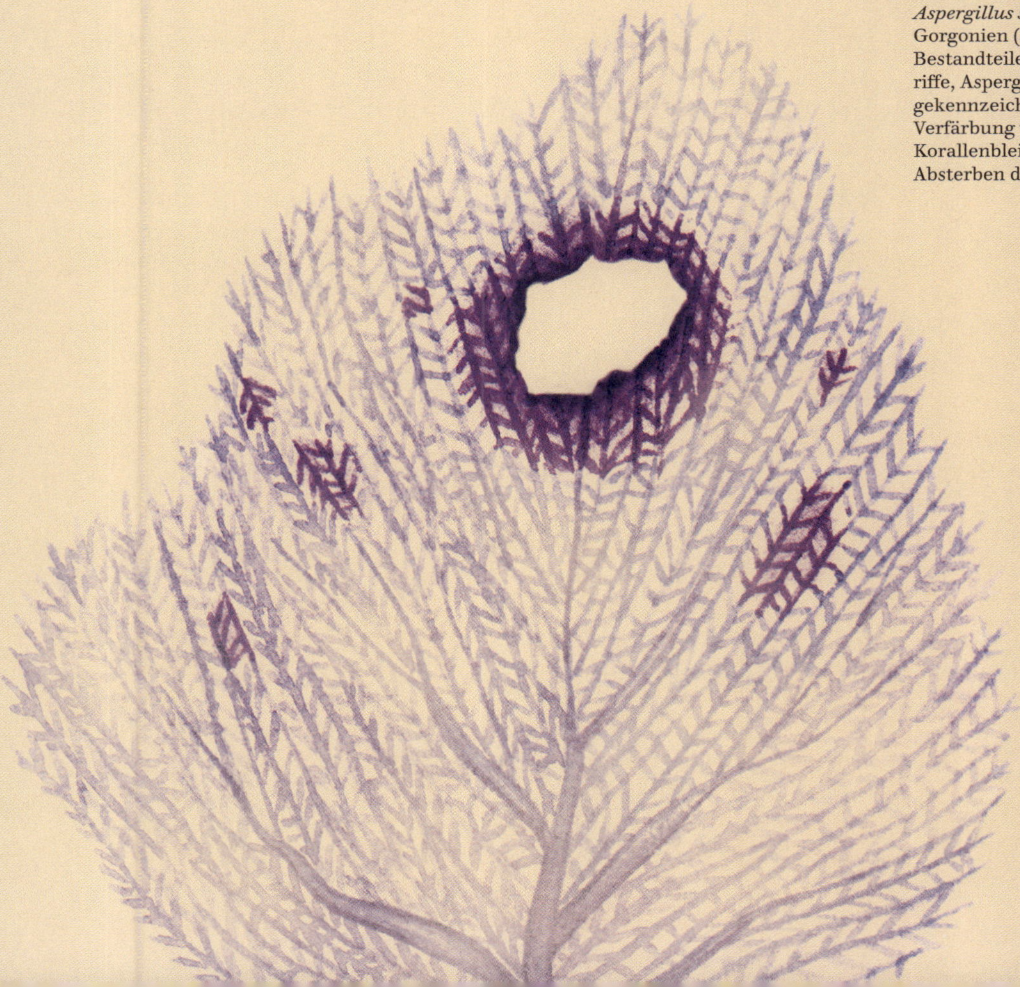

Korallenbleiche
Aspergillus sydowii verursacht bei Gorgonien (Seefächern), wichtigen Bestandteilen der karibischen Korallenriffe, Aspergillose. Die Krankheit ist gekennzeichnet durch eine violette Verfärbung verletzter Stellen, führt zu Korallenbleiche und schließlich zum Absterben der Koralle.

Dünen bestehen aus Sand, der vom Wind oder Wasser aufgehäuft wurde. Sie bilden eine raue Welt, die ständig umgeformt wird. Es gibt wenig Wasser und auch die Pflanzen tun sich schwer. Aber auch hier leben Pilze.

SANDDÜNEN

Dünen gibt es sowohl an den Küsten als auch im Binnenland, wo sie z. B. in Afrika riesige Wüsten wie die Sahara und die Kalahari bilden. Die Ausdehnung und die charakteristischen Merkmale von Dünensystemen hängen von ihrer Geologie, ihrer Topografie und dem Klima ab.

BEWEGTER SAND Unmittelbar an der Küste (siehe links) wachsen im in ständiger Bewegung begriffenen Sand der Primärdünen weder Blütenpflanzen noch Großpilze. Auch Vor- und Weißdünen sind noch in Bewegung, doch tief wurzelnde Gräser wie Strandhafer und Strandroggen wirken hier stabilisierend, sodass hier schon einige größere Pilze wachsen können. Die meisten von ihnen leben in Symbiose mit dem Strandhafer, darunter der Dünen-Becherling (*Peziza ammophila*) und die Dünen-Stinkmorchel (*Phallus hadriani*), die ähnlich riecht und aussieht wie die häufige Gemeine Stinkmorchel (*Phallus impudicus*) aus unseren Wäldern.

FESTE DÜNEN Andere Großpilze findet man in stabileren Dünenbereichen weiter im Landesinneren, darunter den Dünen-Saftling (siehe oben rechts) und zahlreiche häufige Arten des Graslands, die auch in küstenfernen Gebieten vorkommen (S. 140–141). Es gibt hier Kriechweidengebüsche, in deren Nähe man manchmal Fruchtkörper der Weißstieligen Lorchel (*Helvella leucopus*) mit ihren welligverbogenen dunklen Hüten findet. Pilze, die Lebensgemeinschaften mit den Wurzeln dieser Zwergsträucher bilden, sind häufig. Viele Arten, wie die Schleierlinge *Cortinarius ammophilus* und *C. fulvosquamosus*, kommen fast ausschließlich in Dünentälern vor – wahrscheinlich auch deshalb, weil diese Lebensräume sehr feucht sind.

AUFBAU DER KÜSTENDÜNEN
Einige Dünensysteme erstrecken sich über mehrere Kilometer und man kann sie in verschiedene Zonen einteilen. Wenn man von der Strandlinie ins Landesinnere wandert, durchquert man erst die Primär- und Vordünen, deren Sand in Bewegung ist. Auch die dahinterliegenden Weißdünen sind nicht stabil, weil ständig Sandkörner vom Wind verfrachtet werden. Die Graudünen weiter im Binnenland sind relativ stabil und mit Gras- oder Heideflächen überzogen. Dünensenken und -täler werden hier immer wieder überschwemmt. Jenseits der Heide beginnt in den gemäßigten Breiten der Wald.

B. Der Dünen-Saftling (*Hygrocybe conicoides*) hat einen orangeroten bis gelbbraunen Hut mit 2 bis 4 cm Durchmesser. Trocken ist der Hut seidig glänzend, nass wachsartig. Früher glaubte man, Saftlinge ernährten sich von abgestorbenen Wurzeln, doch inzwischen geht man eher davon aus, dass sie Symbiosen mit Pflanzen oder Moosen bilden (S. 60–61).

A.

A. Der Strandhafer-Muscheling (*Hohenbuehelia culmicola*) bildet seine braunen Fruchtkörper an der Basis abgestorbener Strandhaferhalme, die er zersetzt. In Deutschland ist er äußerst selten und steht als »vom Aussterben bedroht« auf der Roten Liste der gefährdeten Großpilzarten. Der Hutdurchmesser beträgt 2–7 cm.

B.

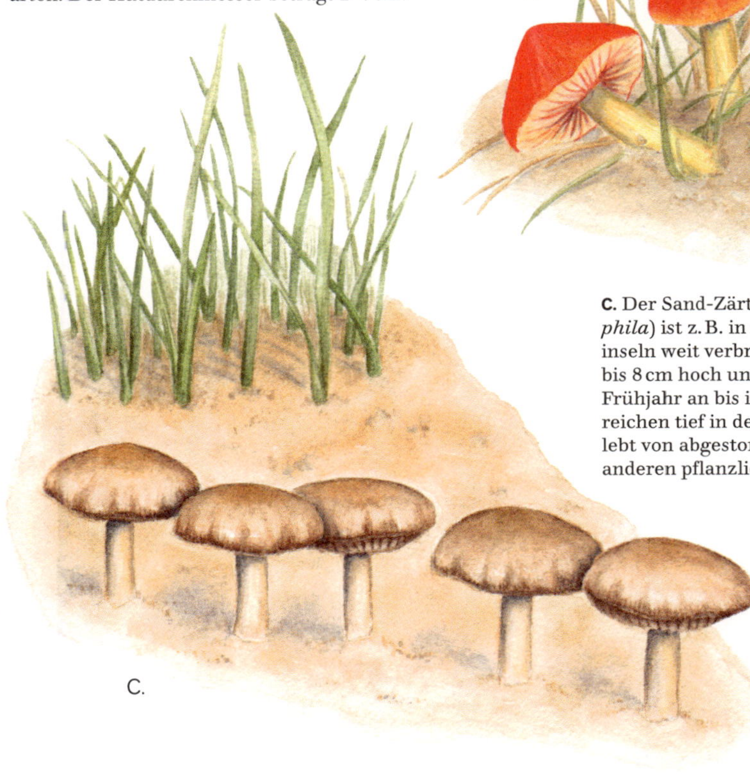

C. Der Sand-Zärtling (*Psathyrella ammophila*) ist z. B. in den Dünen der Nordseeinseln weit verbreitet. Die Fruchtkörper sind bis 8 cm hoch und erscheinen vom späten Frühjahr an bis in den Spätherbst. Die Stiele reichen tief in den Sand hinein. Sein Myzel lebt von abgestorbenem Strandhafer und anderen pflanzlichen Resten.

C.

Man kann sich kaum vorstellen, dass in so unwirtlichen, sturmumtosten und trockenen Gebieten (das Wasser dort ist meist gefroren) Pilze leben können. Tatsache ist, dass auch in der Arktis und der Antarktis Pilze heimisch sind.

ANTARKTIS UND ARKTIS

ANTARKTIS Der größte Teil des Kontinents ist mit Eis bedeckt. Obwohl die Bodentemperatur in einigen Regionen im Sommer 20 °C betragen kann, hat man auf diesem Kontinent die tiefste Temperatur der Erde gemessen, -89,2 °C. Nur zwei Arten von Blütenpflanzen tolerieren diese Bedingungen. Die Vegetation besteht vor allem aus Moosen. Flechten (S. 70–71) überleben lange Trockenzeiten. Fast 400 Arten, die alle sehr langsam wachsen, wurden in der Antarktis nachgewiesen. Im Boden leben auch Pilze: Pro Gramm Boden fand man auf Signy Island und den Südlichen Orkney-Inseln zwischen 100 m bis 6 km lange Hyphen. Die Anzahl der Basidiomyceten ist allerdings gering, weshalb man nur selten Fruchtkörper mit Hut und Stiel sieht. Einige Arten wurden aber auf den Südlichen Shetland-Inseln festgestellt.

DIE ARTKIS Zwei Drittel der Inselgruppe Spitzbergen zwischen 74 und 81 Grad nördlicher Breite sind Schutzgebiete. 60 Prozent der Landflächen sind noch mit Gletschern bedeckt, die jedoch infolge der Klimaerwärmung allmählich abschmelzen. Sträucher wandern in Gebiete ein, in denen bisher vor allem Moose und Flechten wuchsen. Als Forschende ausgewählte Flächen künstlich erwärmten, gingen die Moose zurück und es erschienen Sträucher wie z. B. Zwergweiden, die Ektomykorrhizen bilden können. Mit zunehmender Klimaerwärmung wird voraussichtlich auch die Zahl der Hutpilze steigen. Die meisten Pilzarten der Arktis kommen in alpinen Zonen auch anderswo vor, doch findet man einige von ihnen, wie den Zwergweiden-Milchling (*Lactarius lanceolatus*), in der Arktis häufiger.

ANPASSUNGEN AN DIE KÄLTE

Die wichtigste Herausforderung für Pilze der Polarregionen besteht darin, die Bildung von zerstörerischen Eiskristallen in ihren Zellen zu verhindern. Pilze stellen deshalb Proteine und andere Stoffe (z. B. Glycerol) her, die als »Frostschutzmittel« wirken. Außerdem sind ihre Zellwände anders aufgebaut als die von Pilzen in milderen Klimazonen und werden daher bei Kälte nicht brüchig.

Buellia frigida
Diese Flechte besiedelt Felsen in höheren Lagen der Antarktis. Dort herrschen extreme Bedingungen, weshalb die Flechte ausgesprochen langsam wächst – ungefähr einen halben Millimeter in 100 Jahren!

Arrhenia salina
Diesen Pilz findet man vor allem an arktischen Küsten, doch wurde er auch auf den Südlichen Shetland-Inseln und in der Antarktis nachgewiesen.

Anders als Pflanzen können Pilze ohne Licht wachsen. Sie brauchen nur Nährstoffe, Wasser und eine geeignete Temperatur. Einige Pilze benötigen aber Licht, um ihre Fruchtkörper normal ausbilden zu können. Unter Lichtabschluss bringen sie oft seltsame Formen hervor.

HÖHLEN UND BERGWERKE

Mehr als 1000 Pilzarten hat man in Höhlen nachgewiesen, aber nur etwa 200 von ihnen bilden Fruchtkörper aus, die mit bloßem Auge erkennbar sind. In den meisten Fällen findet man Arten, die normalerweise im Freien wachsen und nur zufällig in Höhlen geraten sind, wo sie oft in bizarr abweichenden und z. T. ausgesprochen schönen Formen erscheinen. So bildet z. B. der Schuppige Sägeblättling (***Neolentinus lepideus***) im Dunkeln hirschgeweihartige Fruchtkörper aus, in der freien Natur dagegen »normale« mit Hut und Stiel. Die Schmetterlingstramete (***Trametes versicolor***, S. 248), die normalerweise vielfarbig gebändert ist, bleiben im Dunkeln weiß.

TROGLOBIONTEN Organismen, die in dunklen Höhlen leben, bezeichnet man auch als troglobionte Arten. Ständerpilze wachsen hier auf Grubenholz und dem Kot von Tieren wie z. B. Fledermäusen. Der Weiße Porenschwamm (*Antrodia vaillantii*) war früher auf Grubenholz sehr häufig. Weil heute im Bergbau Stahlträger eingesetzt werden, wurde er seltener.

EINGEFÜHRTE ARTEN Gelegentlich gelangen mit dem Grubenholz exotische Arten in Bergwerke. Sogar Pilze, die Mykorrhizen mit Bäumen ausbilden (S. 60–61), kann man hier finden. Manchmal dringen Baumwurzeln in Höhlen oder Kanalisationsrohre ein, sodass sich Fruchtkörper unter der Erde bilden. Auch einige mikroskopisch kleine Arten gelangen in Bergwerke und Höhlen, entweder mit dem Wind oder weil ihre Sporen an Insekten oder menschlicher Kleidung haften. Pilze wie *Beauveria bassiana* und *Isaria*, die im Freien Insekten befallen, entdeckt man leicht anhand der von ihnen gebildeten Sporenmassen. Ihre Nahrung besteht aus in den Höhlen lebenden Insekten.

Gesäter Tintling (*Coprinellus disseminatus*)
Manche Pilze entwickeln unter der Erde seltsam abweichende Fruchtkörper, während andere Arten sich kaum verändern. Der Gesäte Tintling erscheint in Wäldern und Gärten in großen Scharen auf morschen Baumstümpfen. Manchmal findet man nicht minder spektakuläre Vorkommen aber auch in Höhlen und Bergwerken.

Dunkler Ölbaumtrichterling (*Omphalotus olearius*)

FINDEN UND BESTIMMEN

KAPITEL VI

AUF DER ERDE finden wir eigenartige und z. T. wunderschöne Pilzarten, die oft entsprechend fantastische Namen tragen. In diesem Kapitel beschäftigen wir uns mit charakteristischen Merkmalen von Hüten und Stielen, erläutern bestimmte mikroskopische Details und stellen einige faszinierende Beispiele vor. In jedem Abschnitt sind die Pilzarten alphabetisch innerhalb ihrer jeweiligen Gruppen aufgeführt.

Man muss Pilze nicht bestimmen können, um Gefallen an ihrer Schönheit zu finden und ihre Bedeutung in unseren Ökosystemen zu würdigen. Eine sichere Bestimmung ist aber sehr hilfreich, um herauszufinden, was über eine bestimmte Pilzart bereits bekannt ist und gegebenenfalls neue Informationen über sie zu sammeln.

PILZE BESTIMMEN: WIE FÄNGT MAN AN?

Man kann Pilze auf verschiedene Weise bestimmen. Der schwedische Mykologe Elias Magnus Fries schuf Anfang des 19. Jahrhunderts die Grundlagen einer Klassifikation, indem er Arten mit ähnlich aussehenden Fruchtkörpern Gruppen zuordnete (Organisationstypen). Ähnlich aussehende Pilze sind jedoch nicht unbedingt miteinander verwandt. Umgekehrt gibt es auch nah verwandte Arten, die einander überhaupt nicht ähnlich sehen (S. 179). Trotzdem ist es am Anfang hilfreich, die Arten bestimmten Organisationstypen zuzuordnen. Mit einiger Erfahrung kann man die wichtigsten von ihnen mit bloßem Auge oder einer Lupe erkennen.

Bei der Zuordnung der Basidiomyceten (Ständerpilze) und der größeren, d.h. mit bloßem Auge erkennbaren, Ascomyceten (Schlauchpilze) werden Form und Beschaffenheit der Fruchtkörper berücksichtigt. Wir prüfen, ob die Sporen an Lamellen, Röhren, Stacheln, an anderen Oberflächen auf der Außenseite oder aber im Inneren des Fruchtkörpers gebildet werden. Mit seinen individuellen Artenporträts (S. 180–213) ist dieses Kapitel ein Ausgangspunkt für Anfänger. Für eine genaue Artbestimmung reichen die Angaben aber nicht aus. Wer mehr wissen will, braucht Bestimmungsbücher für das Land oder die Region, in der er Pilze sucht (S. 285–286), wobei auch in diesen meist nur ein kleiner Teil der tatsächlich im Gebiet vorkommenden Arten vorgestellt wird.

Basidiomyceten mit Sporenbildung an der Außenseite des Fruchtkörpers:

- Stiel und Hut mit Lamellen (S. 180–187); mit Röhren, die vom Hut abgelöst werden können (S. 190); trichterförmig mit glatter oder gerunzelter Unterseite (S. 190); mit Stacheln (S. 188, 191)
- Röhren, die fest mit einem gestielten Hutpilz oder einem konsolenförmigen Baumpilz verbunden sind (S. 192–195)
- glatte, warzige, runzelige oder stachelige Krusten (S. 196–197), manchmal mit schmalen Hutkanten
- rosetten- und zungenförmige Fruchtkörper mit glatten Oberflächen (S. 198–201)
- korallenförmige Fruchtkörper (siehe rechts)
- hängende Röhren oder Becherchen
- gummiartig-zähe Beschaffenheit (S. 207–208)
- Geleeartige (gallertige) Beschaffenheit (S. 206–209)
- rostbraune oder schmutzartige Flecken auf Pflanzen (S. 72–73).

Violette Korallenkeule (*Clavaria zollingeri*)

Basidiomyceten, die ihre Sporen im Inneren des Fruchtkörpers bilden:

- Boviste, Stäublinge und Erdsterne (S. 204)
- eiförmige Sporenpakete (Peridiolen) in vogelnestartigen Gebilden (S. 205)
- unangenehm riechende Stinkmorcheln (S. 202–203)
- trüffelartige Basidiomyceten: knollenförmige, unterirdisch wachsende Fruchtkörper.

Tropische Schleierdame (*Phallus indusiatus*)

Die wichtigsten makroskopischen Organisationstypen der Ascomyceten (S. 210–213) sind:

- knollenförmige Fruchtkörper, die sich im Erdboden bilden: echte Trüffeln und Verwandte (S. 227)
- becher- oder schalenförmige Fruchtkörper, deren Schläuche (Asci) sich mit einem Deckel öffnen, um die reifen Sporen zu entlassen
- becher- oder schalenförmige Fruchtkörper, deren Schläuche sich nicht mit einem Deckel öffnen
- meist sehr kleine rundliche bis flaschenförmige Fruchtkörper, die in einem harten Hyphengeflecht (Stroma) eingeschlossen sind
- flaschenförmige Gebilde auf oder in Pflanzengewebe
- Schläuche mit Sporen auf lebenden Blättern und Früchten, keine Fruchtkörper
- kleine, rundliche oder unregelmäßige Fruchtkörper an Blättern und Stielen.

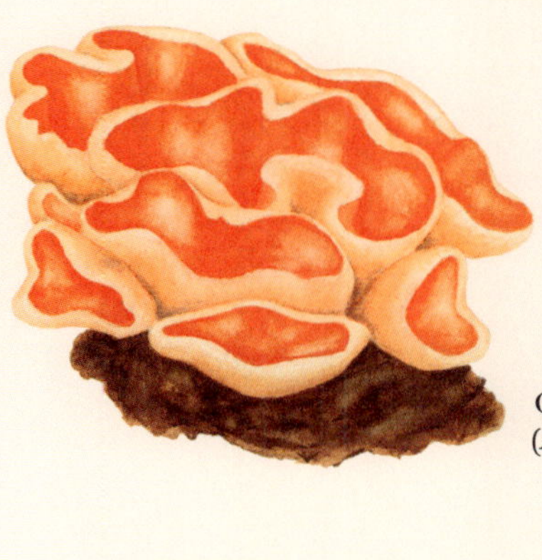

Orangebecherling (*Aleuria aurantia*)

Menschen sammeln aus verschiedenen Gründen Pilze, z. B. um sie zu bestimmen und wissenschaftlich zu erforschen. Das Pflücken muss jedoch in allen Fällen legal, ethisch vertretbar und ungefährlich sein.

VERHALTENSREGELN FÜR DAS SAMMELN VON PILZEN

WARNUNG

Einige Pilze sind giftig oder sogar tödlich giftig, andere können allergische Reaktionen hervorrufen. Bei vielen kann der Verzehr zu Unwohlsein führen. Giftige und ungiftige Arten können leicht verwechselt werden (S. 178–179). Seien Sie also vorsichtig und waschen Sie sich die Hände, nachdem Sie Pilze angefasst haben. Die korrekte Artbestimmung erfordert viel Erfahrung, die man in der Regel erst nach vielen Jahren erwirbt. Dieses Buch vermittelt Ihnen ein Basiswissen zur Erkennung wichtiger Familien und Gattungen, doch reichen die Informationen zur Bestimmung der Arten nicht aus. In Bestimmungskursen und auf Führungen unter der Leitung anerkannter Pilzexperten erweitern Sie Ihre Kenntnisse. Sie können auch einem lokalen oder regionalen Verein für Pilzkunde oder einem mykologischen Dachverband beitreten, z. B. der Deutschen Gesellschaft für Mykologie (DGfM) oder der Österreichischen Mykologischen Gesellschaft (ÖMG) (S. 285–286).

In fast allen Ländern gibt es gesetzliche Regelungen für das Sammeln von Pilzen. Einige Pilzarten stehen ihrer Seltenheit wegen unter Schutz und dürfen weder gepflückt noch verletzt werden. Andere gelten als illegale Drogen. In manchen Ländern und/oder Regionen braucht man eine Sammelgenehmigung und darf nur vorgeschriebene Mengen entnehmen. Jeder Pilzliebhaber und jede Pilzliebhaberin sollte verantwortungsbewusst sammeln und sich an die Vorschriften halten.

Generell sollte man Pilze wachsen lassen. Ist die Bestimmung im Gelände nicht möglich, brauchen Sie jedoch (mindestens) ein Exemplar (S. 166–167). Wenn Sie Pilze pflücken, sollten Sie folgende Regeln beachten:

- Besorgen Sie sich, wenn erforderlich, die Erlaubnis des Grundbesitzers oder der zuständigen Behörde.
- Ähnlich wie für Blumen begeistern sich viele Menschen auch für Pilze und deren natürliche Schönheit. Wenn irgend möglich, lassen wir ihnen die Freude – und die Pilze dort, wo auch noch andere sie bewundern können.
- Pilze bieten vielen Tieren Nahrung und Lebensraum. Sammeln Sie deshalb so wenige Fruchtkörper wie möglich.
- Lassen sie die Pilzstandorte und ihre Umgebung – den Boden, die Laubstreu und die Vegetation – möglichst unbeeinträchtigt.
- Lassen Sie Totholz liegen und beschädigen sie keine Bäume.
- Pflücken oder beschädigen Sie keine seltenen Arten, insbesondere solche nicht, die gesetzlich geschützt sind oder auf der Roten Liste stehen (S. 112–113). Lassen Sie Pilze wachsen, deren Besitz nicht erlaubt ist.

Stelzenstäubling
(*Battarrea phalloides*)
Dieser seltene Saprobiont kommt auf trockenen, sandigen Böden vor, doch sind die Populationen in Mitteleuropa ziemlich klein und zerstreut.

Echter Königsröhrling
(*Butyriboletus regius*)
Ein in Mitteleuropa seltener Mykorrhizapilz, der im Norden des Kontinents fehlt. Er steht in 16 europäischen Ländern auf der Roten Liste (S. 112–113).

PILZE SAMMELN ZU FORSCHUNGSZWECKEN

- Sammeln Sie nur so viele Exemplare, wie Sie zur Bestimmung benötigen.
- Notieren Sie die Standortverhältnisse (Begleitvegetation, Boden usw.) möglichst genau. Ihre Informationen können für andere nützlich sein (S. 166–167).
- Informieren Sie ggf. Naturschutzverbände oder Grundbesitzer über interessante Funde.
- Stellen Sie Ihre Funddaten lokalen und nationalen Datenbanken zur Verfügung und bewahren Sie getrocknete Belegexemplare (»Exsikkate«) auf.

Einige Pilze kann man schon im Gelände leicht erkennen. Wollen Sie jedoch Ihre Bestimmungsfähigkeiten verbessern, kommen Sie nicht umhin, ein paar Exemplare mitzunehmen und daheim genauer zu untersuchen. Fortgeschrittene arbeiten dabei oft mit dem Mikroskop und führen einfache chemische Untersuchungen durch.

DOKUMENTIEREN, SAMMELN UND AUFBEWAHREN

Um die Funde später leichter zuordnen zu können, sollte man ein paar Basisinformationen gleich vor Ort festhalten. Es gibt Bestimmungsmerkmale, die sich manchmal schon wenige Stunden nach dem Sammeln verändern. Fotografieren Sie den Pilz aus verschiedenen Blickwinkeln (S. 168–169) und notieren Sie Folgendes:

- das genaue Datum und den Fundort (idealerweise mit Koordinaten)
- den Lebensraum, z. B. Nadelwald, Moor oder eine Rasenfläche im Garten
- den Baum, unter dem der Pilz wächst, oder die von ihm befallene Pflanze. Auch totes Substrat wie herabgefallene Buchen- oder abgestorbene, aber noch ansitzende Eichenzweige, sollte notiert werden.
- andere Pflanzen in der näheren Umgebung. Denken Sie daran, dass sich das Wurzelwerk mancher Bäume enorm weit ausbreiten kann. Mykorrhizapilze (S. 60–61) müssen daher nicht unbedingt an die Bäume gebunden sein, unter denen sie ihre Fruchtkörper bilden.
- Wachsen die Fruchtkörper in großen oder kleinen Gruppen, in Büscheln oder einem Hexenring? Oder stehen mehrere Einzelfruchtkörper derselben Art auf einer größeren Fläche?

Ernten Sie die Pilze, die Sie mitnehmen wollen, vorsichtig und achten Sie auf weitere Details.

- Nehmen Sie den Pilz vorsichtig mit einem Spatel oder einer Blumenschaufel auf, einschließlich der Stielbasis und anderer unterirdisch wachsender Teile.
- Notieren Sie sofort auffällige Merkmale, die sich verändern oder verloren gehen können – z. B. den Geruch, einen behaarten Hut, die Farbe oder eine an verletzten Stellen austretende Flüssigkeit.
- Sammeln Sie einen unreifen Fruchtkörper und einen oder zwei reife, sofern genügend vorhanden sind.
- Schneiden Sie aus harten, konsolenförmigen Fruchtkörpern nur einen Keil heraus, statt den ganzen Fruchtkörper mitzunehmen.
- Sammeln Sie nicht mehr Arten, als Sie bestimmen können.
- Transportieren Sie die Funde nach Arten getrennt in stabilen Behältern mit dicht schließenden Deckeln. In Plastiktüten zerbrechen und verfaulen die Pilze zu schnell.

Stockschwämmchen (*Kuehneromyces mutabilis*) Dieser Zersetzer wächst in Gruppen an Stümpfen, Stämmen und abgefallenen Ästen verschiedener Laubbäume. Er hat am Stiel angewachsene, dicht stehende Lamellen und einen häutigen Ring. Der untere Stielabschnitt ist schuppig.

FRUCHTKÖRPER AUFBEWAHREN

Pilze kann man einige Tage im Kühlschrank lagern. Zur Vermeidung von Vergiftungen bewahren Sie sie aber nicht in Kontakt mit Lebensmitteln auf und beschriften Sie sie. Man kann sie auch bei 40 °C trocknen und in festen Umschlägen oder Schachteln an einem trockenen Ort aufbewahren. Diese Belegexemplare (oder Exsikkate) können noch Jahre später wichtige Informationen liefern. Um sie vor Schädlingsbefall zu bewahren, sollten geeignete Insektenschutzmittel beigegeben werden. Fertigen Sie Sporenpräparate an (S. 172–173) und legen Sie sie zu den trockenen Fruchtkörpern.

Bei der Bestimmung und Dokumentation Ihrer Funde können gute Fotos eine große Hilfe sein. Beachten Sie Folgendes, damit ihre Fotos aussagekräftig werden:

PILZE FOTOGRAFIEREN

1.

1. Mit einer digitalen Spiegelreflexkamera mittlerer Preisklasse mit einem 200 mm Makroobjektiv können Sie detaillierte Bilder aufnehmen. Auch viele Smartphones haben hochwertige Linsen, die hervorragende Fotos liefern.

2.

Mit einem kleinen Stativ oder einem Bohnensack verhindern Sie, dass die Bilder verwackeln. Mit kleiner Blende und langer Belichtungszeit erzielen Sie größere Tiefenschärfe.

3.

Indirektes natürliches Licht bei bedecktem Himmel oder trübes Sonnenlicht ist am besten. Bei voller Sonne ist es besser, den Pilz zu beschatten, z. B. mit dem eigenen Körper. Um die Hutunterseite mit den Lamellen oder Röhren besser auszuleuchten, können Sie einen Blitz oder einen einfachen weißen Karton als Reflektor verwenden.

4.

Um eine Gruppe von Fruchtkörpern zu fotografieren, verwenden Sie den Blendenwert f8 oder Focus stacking. Dazu benötigen Sie ein Stativ und am besten auch einen Fernauslöser. Geringe Tiefenschärfe reicht für einzelne Fruchtkörper aus. Mit geeigneten Bildbearbeitungsprogrammen lassen sich Schärfe und Kontrast nachbessern.

5.

Neben Nahaufnahmen der Fruchtkörper oder bestimmter Details sind auch Bilder vom Habitat hilfreich.

6.

Entfernen Sie vorsichtig Pflanzenreste und Schmutz vom Fruchtkörper.

7.

Nehmen Sie Fotos aus verschiedenen Blickwinkeln auf. Ein Foto von oben reicht nicht aus – Sie brauchen auch Bilder z. B. vom Stiel, von den Lamellen oder von den Poren.

8.

Pilze auf dem Boden sollten sie möglichst aus der Nähe fotografieren. Also runter auf die Knie oder sich unter Umständen sogar auf den Boden legen.

WENN SIE PILZE MIT EINEM SMARTPHONE FOTOGRAFIEREN, KANN SICH DIE ANSCHAFFUNG EINER MAKROLINSE LOHNEN.

9.

Schneiden Sie zu Bestimmungszwecken einen Keil aus einem konsolenförmigen Baumpilz, fotografieren Sie auch die Schnittflächen, sodass Röhren und Fleisch zu erkennen sind.

10.

Fotografieren Sie auch Pilzteile im Erdboden, Sporenpulverablagerungen auf der Vegetation oder weiter unten wachsenden Fruchtkörpern, austretende Flüssigkeiten und andere Veränderungen, die bei Verletzungen auftreten. Bilder anderer Fruchtkörper der Art in verschiedenen Wachstumsstadien zeigen die Variabilität.

11.

Machen Sie auch ein Foto des Pilzes mit einem Lineal oder einem anderen Hinweis auf seine Größe. Es geht auch mit einem Vergleichsgegenstand von bekannter Länge, z. B. einem bestimmten Stift.

Angenommen, Sie haben einen Pilz gefunden, den Sie bestimmen wollen. Schauen Sie sich, so vorhanden, zunächst Hut und Stiel genau an. Farbe, Form und Beschaffenheit sind wichtige Merkmale.

HUT- UND STIELMERKMALE

Aussehen und Beschaffenheit von Hut und Stiel können bei der Bestimmung wegweisend sein. Die Merkmale, auf die es ankommt, sind im Folgenden angeführt. Worauf Sie sonst achten sollten, wird auf den Seiten danach besprochen: Sporen (S. 172–173), charakteristische Zellen (S.176–177), Hymenialstrukturen (S. 174–175) und wo sie gebildet werden.

Marasmius tageticolor
Der schirmförmige, 10–17 mm breite Hut dieses in Zentral- und Südamerika vorkommenden Schwindlings ist arttypisch rotweiß gestreift und sitzt auf einem 3–4 cm hohen, glatten, dünnen, rötlichen bis rotbraunen Stiel.

HUT: WORAUF SIE ACHTEN SOLLTEN

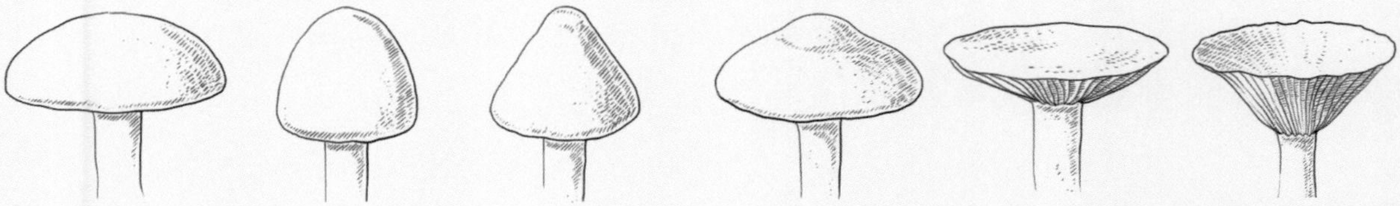

Oberflächenfarbe: Verwenden Sie eine Farbtabelle (S. 286). Die Farbe variiert von weiß/grau über rosa und rot bis hin zu schwarz; braune Fruchtkörper sind am häufigsten, blaue und violette selten und grüne sehr selten. Der Hut kann auch mehrfarbig sein, bei Trockenheit aufhellen und im Alter und bei Nässe nachdunkeln.
Form: Die Hutform ist bei jungen und alten Exemplaren unterschiedlich (siehe oben). Am häufigsten sind konvexe, glocken- oder kegelförmige, flache und trichterförmige Hüte. Achten Sie auch auf einen möglichen zentralen Buckel.
Oberfläche: Wie sieht die Hutoberfläche aus? Ist sie glatt oder rissig? Mehlig, schuppig, glänzend, behaart, samtig oder wollig-filzig? Ist sie trocken, klebrig, schmierig oder gallertig?
Huthaut: Sie lässt sich bei manchen Arten bis zur Mitte abziehen, bei anderen nur ein kurzes Stück. Bei manchen Gattungen, z.B. den Täublingen (*Russula*), kann man anhand dieses Merkmals ähnliche Arten unterscheiden.
Hutrand: Der Rand des Hutes kann glatt (ganzrandig), unregelmäßig, radial gerieft oder eingerissen sein.
Fleisch: Auch das Hutfleisch ist ein Bestimmungsmerkmal. Achten Sie auf Folgendes: Wie dick ist das Fleisch zwischen Huthaut und Lamellenansatz? Welche Farbe hat es und wie verändert sie sich, wenn der Hut angeschnitten oder angebrochen wird? Tritt bei Verletzung eine Flüssigkeit aus wie bei den Milchlingen (*Lactarius*) und einigen Helmlingen (*Mycena*)? Hat das Fleisch einen besonderen Geruch?

STIEL: WORAUF SIE ACHTEN SOLLTEN

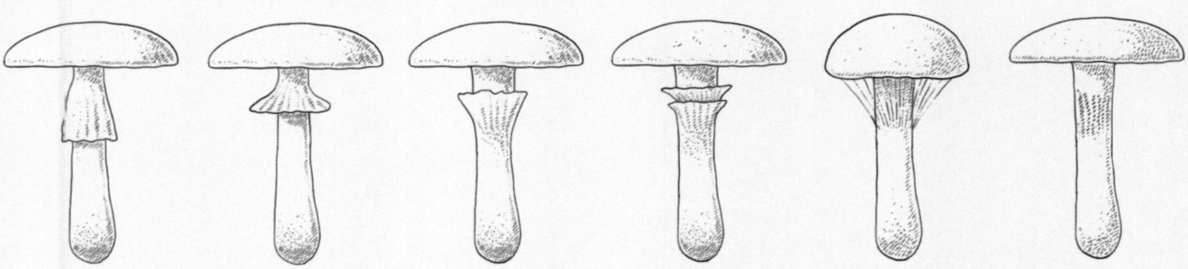

Ansatz am Hut: Bei den meisten Fruchtkörpern sitzt der Stiel zentral unter der Hutmitte. Bei einigen wenigen Arten ist der Stielansatz exzentrisch oder seitenständig (lateral).
Form: Die meisten Stiele sind zylindrisch, einige leicht abgeflacht oder gefurcht. Manche werden aufwärts oder abwärts dünner, sind keulenförmig oder haben eine verdickte Basis (S. 50–51). Sie können vollfleischig, hohl oder gekammert sein.
Farbe und Fleisch: Auch Furchen, Riefen, Adern oder Runzeln verdienen Beachtung, ebenso wie die Fleischkonsistenz: Ist sie z.B. brüchig oder faserig, korkig oder lederig-zäh?
Ringe und andere Velumreste: Reste des Velums, das beim jungen Fruchtkörper die Lamellen schützt (Teilhülle, S. 50–51), bleiben oft als Ring oder Manschette am Stiel zurück: Manche sind hängend, andere aufsteigend, wieder andere doppelt oder spinnwebartig. Bei manchen Schirmpilzen ist der Ring beweglich. Hüllreste können in Form von Schuppen den Hut bedecken oder in Fetzen am Hutrand hängen (S. 50–51).
Volva: War ein vollständiges Velum (Gesamthülle) vorhanden (S. 50–51), können seine Reste die Stielbasis als dicht am Stiel anliegende oder tütenartige, freirandige Scheide oder Volva umgeben.

Sporen sind nicht nur für die Verbreitung der Pilze verantwortlich, sondern helfen auch bei der Bestimmung. Ihre Farbe lässt sich leicht feststellen; um ihre Form zu erkennen und ihre Größe zu messen, bedarf es aber eines Mikroskops.

PILZE BESTIMMEN: SPOREN UND SPORENABDRÜCKE

SPORENFARBE Alle Sporen einer Art sind einheitlich gefärbt. Oft gilt dies auch für verschiedene Arten einer Gattung. Bei den Täublingen (*Russula*) variiert die Sporenfarbe jedoch von Art zu Art und ist daher ein wichtiges Bestimmungsmerkmal. Bei den Flockenschüpplingen (*Flammulaster*) gibt es Arten mit kräftig rotbraunem und solche mit blassbraunem Sporenpulver.

Sind größere Sporenmengen auf Pflanzenteilen oder anderen Pilzfruchtkörpern gelandet, ist ihre Farbe sofort erkennbar. Für genauere Untersuchungen sind frei ausgefallene Sporen wie im Sporenabdruck aber unabdingbar. Neben der Sporenfarbe wird auch die Anordnung der Lamellen sichtbar. Bestimmen Sie die Farbe stets bei Tageslicht, indem Sie das Sporenpulver abkratzen, es auf einen Objektträger häufeln und mit einem Deckglas flach drücken. Das Präparat können Sie dann über eine Farbtesttabelle schieben (S. 286).

SPORENGRÖSSE UND SPORENFORM Die Oberfläche der Sporen kann glatt sein oder mit Pusteln, Graten, Stacheln oder Warzen ornamentiert. Die Merkmale variieren von Gattung zu Gattung und von Art zu Art und sind oft entscheidende mikroskopische Bestimmungsmerkmale. Wer schon etwas fortgeschrittener ist, kann die Ornamente mit bestimmten Chemikalien anfärben und herausfinden, ob die Sporen amyloid sind, d.h. Stärke enthalten.

EIN SPORENABDRUCK

Schneiden Sie den Hut eines reifen, aber nicht zu alten Fruchtkörpers vom Stiel ab und legen Sie ihn mit den Lamellen oder Poren nach unten auf ein Papier oder ein Stück Pappe mit einer weißen und einer schwarzen Hälfte, sodass helle oder dunkle Sporen sofort zu erkennen sind. Bedecken Sie den Hut mit einer Tasse oder einer Schüssel, damit der Sporenfall nicht durch Luftströmungen gestört wird. Achten Sie darauf, ob es sich um eine geschützte Art handelt, und behandeln Sie den Fruchtkörper mit Vorsicht (S. 166–167).

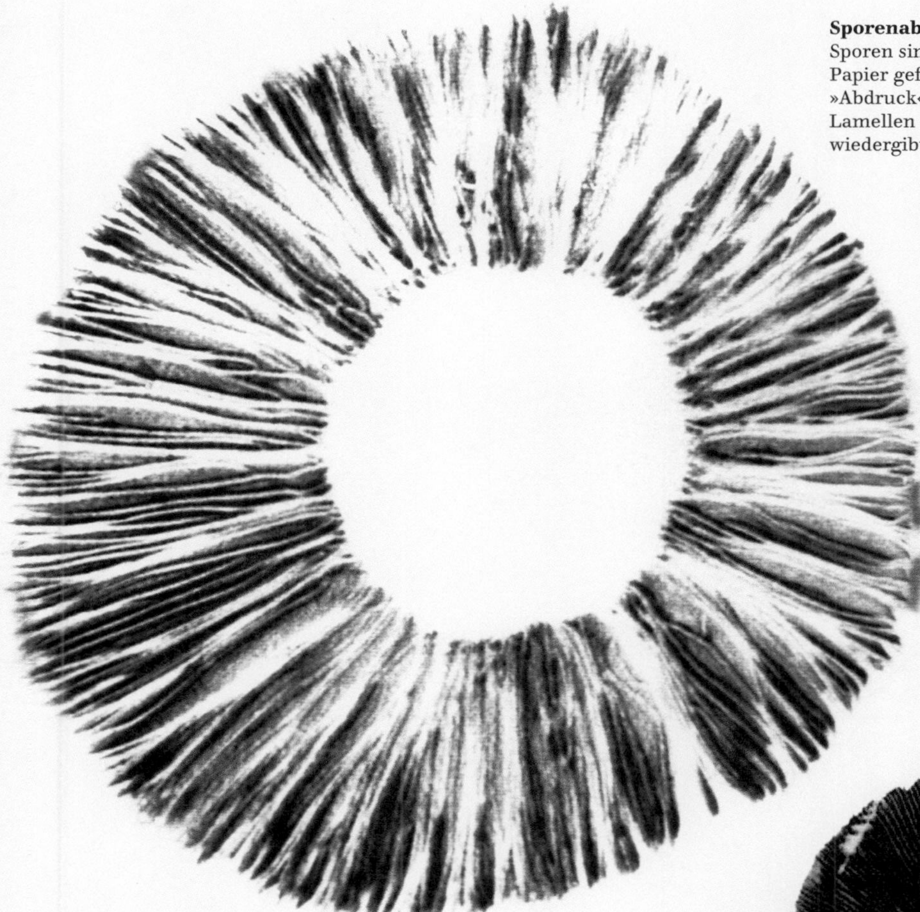

Sporenabdruck
Sporen sind in großer Zahl auf das Papier gefallen. Dabei entstand ein »Abdruck«, der die Anordnung der Lamellen auf der Hutunterseite wiedergibt.

Farbige Sporenabdrücke
Pilzsporen gibt es in vielen verschiedenen Farben, von Cremeweiß über Rosa bis hin zu Violettbraun oder Schwarz. Die Sporen haben oft, aber bei Weitem nicht immer dieselbe Farbe wie die Lamellen, auf denen sie gebildet wurden.

POREN: DARAUF SOLLTEN SIE ACHTEN

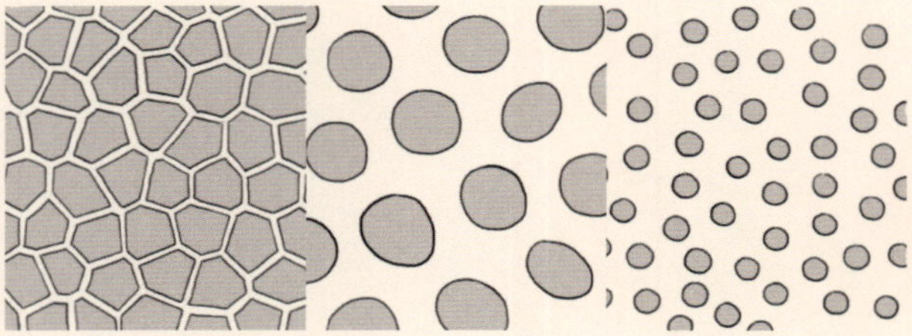

ECKIG | GROSS, RUND | KLEIN, RUND

FALTIG/GRUBIG | LAMELLENARTIG, KONZENTISCH | LAMELLENARTIG, VERLÄNGERT

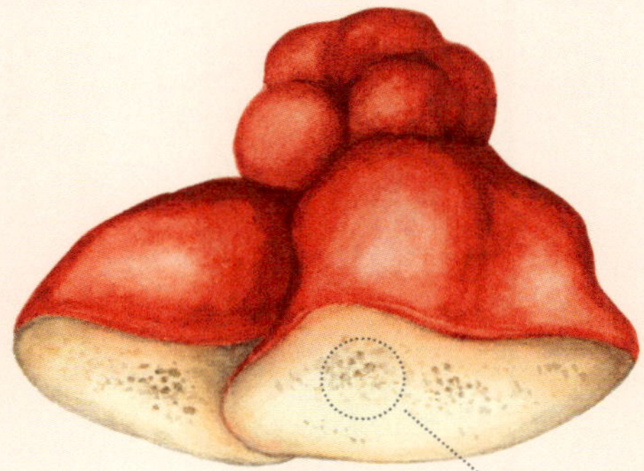

Leberreischling, Ochsenzunge (*Fistulina hepatica*)
Die Sporen dieses Pilzes (S. 47) werden an Zellen in den Röhrenwänden, den sogenannten Basidien, gebildet. Die Röhrenmündungen auf der Unterseite des Fruchtkörpers bezeichnet man als Poren. Sie sind bei vielen Porlingen unterschiedlich geformt und verschieden groß. Manche sehen sogar aus wie Lamellen.

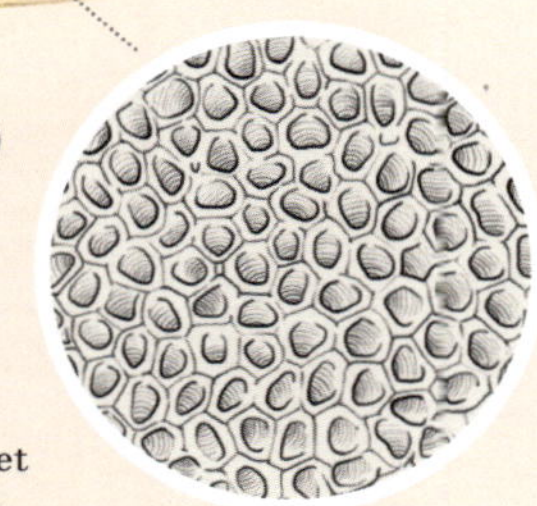

POREN IN VERGRÖSSERUNG

LAMELLENANSATZ AM STIEL

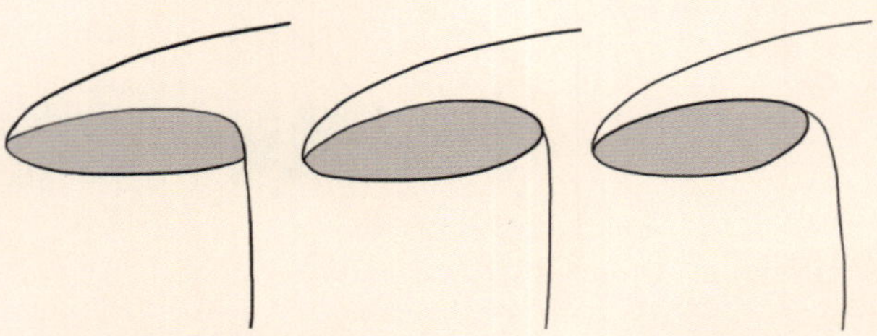

ANGEWACHSEN | ANGEHEFTET | FREI

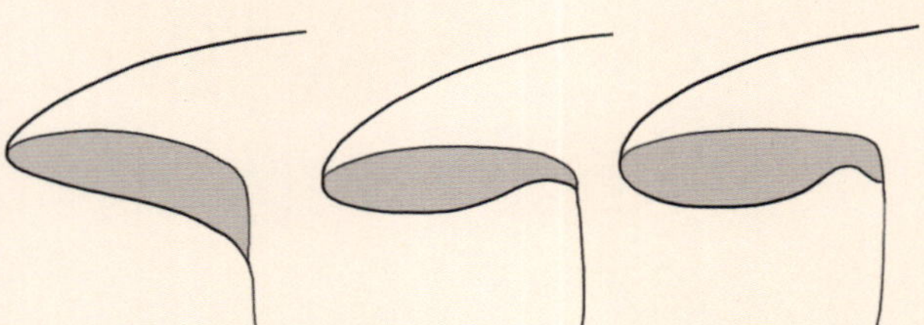

HERABLAUFEND | MIT ZAHN HERABLAUFEND | AUSGEBUCHTET

Mehl-Räsling (*Clitopilus prunulus*)
Die Fruchtkörper riechen nach Mehl. Die Lamellen laufen weit am Stiel herab, sind anfangs weiß und färben sich im Alter rosabräunlich.

Lamellen und Röhren auf der Unterseite des Fruchtkörpers sind aufschlussreiche Bestimmungsmerkmale. Das gilt auch für die Hyphen der Hutdeckschicht, aber um diese erkennen zu können, brauchen Sie ein Mikroskop.

PILZE BESTIMMEN: LAMELLEN, POREN UND HYPHEN

LAMELLEN UND RÖHREN Die Lamellen oder Blätter auf der Hutunterseite zahlreicher Pilze verraten viel. Prüfen Sie zuerst, ob sie am Stiel angewachsen sind und wie dicht sie stehen. Auch ihre Farbe ist ein wichtiges Kennzeichen. Bei einigen Arten verändert sie sich während des Reifeprozesses. Bei anderen ist der Rand – oder die Schneide, wie der Fachausdruck heißt – anders gefärbt als die Fläche. Die Schneide kann glatt, gewellt oder gesägt sein. Schließlich gibt es auch Lamellen, die verschwinden: Bei Gattungen aus der Tintlingsverwandtschaft wie *Coprinus*, *Coprinopsis*, *Coprinellus* und *Parasola* lösen sie sich im Alter auf. Andere Pilze haben Röhren auf der Hutunterseite, deren Mündungen als Poren bezeichnet werden. Bestimmungsmerkmale sind die Röhrenlänge (schneiden Sie dazu einen Keil aus dem Hut) und ihre Farbe, die Anzahl der Poren pro Millimeter, die Form (rund oder eckig) und ob sie schon mit bloßem Auge oder nur mit der Lupe erkennbar sind. Die Poren von hutbildenden und krustenförmigen Porlingen weisen eine größere Formenvielfalt auf und können gestreckt, labyrinthisch oder sogar lamellig sein.

HYPHEN Bei Porlingen und Rindenpilzen gibt es drei Haupttypen: Skeletthyphen mit dicken Wänden ohne Querwände (Septen), vielfach verzweigte Bindehyphen mit dicken Wänden (auch sie ohne Septen) und generative Hyphen, an denen sich die beiden anderen Typen bilden. Fruchtkörper, die nur aus generativen Hyphen bestehen, nennt man monomitisch, solche aus generativen und einem anderen Hyphentyp dimitisch und solche mit allen drei Typen trimitisch.

Merkmale, die man mit dem bloßem Auge oder einer Handlupe sehen kann, sind gute Hinweise, aber oft lässt sich die Art nur mikroskopisch anhand winziger Details der Fruchtschicht bestimmen.

PILZE BESTIMMEN: DIE ZELLE

Die Fruchtschicht (Fachausdruck: Hymenium), also z.B. Lamellen, Röhren oder die Oberfläche von krusten- oder becherförmigen Fruchtkörpern, enthält Zellen, die Sporen bilden, und solche, die keine Sporen bilden. Auch die Letzteren helfen bei der Bestimmung. Finden wir Schnallen (S. 44–45), so haben wir es definitiv mit einem Basidiomyceten zu tun. Um diese Merkmale zu erkennen, müssen Sie einen sehr dünnen Gewebeschnitt unter dem Mikroskop betrachten.

SPOREN TRAGENDE ZELLEN Bei Ständerpilzen (Basidiomyceten) werden die Sporen (in der Regel vier) an sogenannten Basidien gebildet (Beispiele siehe rechts). Eine abweichende Sporenzahl (zwei, sechs oder acht Sporen) und bei Gallertpilzen auch die Form der Basidien können die Bestimmung erleichtern.

Bei Schlauchpilzen (Ascomyceten) werden die Sporen in Schläuchen (Asci) gebildet. Meistens sind diese zylindrisch, manchmal aber auch rundlich. Wir notieren die Zahl der Sporen (meist acht) und schauen, ob sie ein- oder zweireihig im Ascus liegen, ob der Ascus eine einfache oder eine doppelte Wand hat oder ob die Sporen durch eine Öffnung mit Deckel (Operculum) entlassen werden.

ZELLEN, DIE KEINE SPOREN TRAGEN Zellen, die Sporen tragen, wechseln sich in der Fruchtschicht manchmal mit Zellen ohne Sporen ab. Bei Basidiomyceten sind diese Zellen (Fachausdruck: Zystiden) in Form und Größe von Art zu Art unterschiedlich – es gibt u.a. runde, zylindrische, kegel- oder keulenförmige (Beispiele siehe unten). Einige sind dick- und andere dünnwandig; manche sind septiert, andere nicht; einige ragen über die Sporen tragenden Zellen hinaus und ähneln kleinen Stacheln oder Dolchen. Bisweilen kann man sie schon mit einer guten Handlupe erkennen.

Bei Schlauchpilzen werden die Zellen, die keine Sporen bilden, Paraphysen genannt. Auch hier gibt es verschiedene Formen und Inhalte. Die Spitzen ragen manchmal über die Asci hinaus und bilden eine schützende Schicht. Andere sondern wachs- oder harzartige Substanzen ab, die ebenfalls Schutzfunktionen haben. In Bestimmungsbüchern und Bestimmungsschlüsseln erfahren wir, bei welchen Arten es auf diese Merkmale ankommt.

Basidienformen
Die Sporen tragenden Zellen (Basidien) diverser Ständerpilzgruppen haben unterschiedliche Formen: (a) Lycoperdales (Stäublinge), (b) Agaricales (Champignonartige), (c) Tulasnellales (Wachskrustenpilze), (d) stimmgabelförmig – Dacrymycetales (Gallerttränenverwandte), (e) Tremellales (Zitterlingsartige), (f) querseptiert – Auriculariales (Ohrlappenpilzartige)

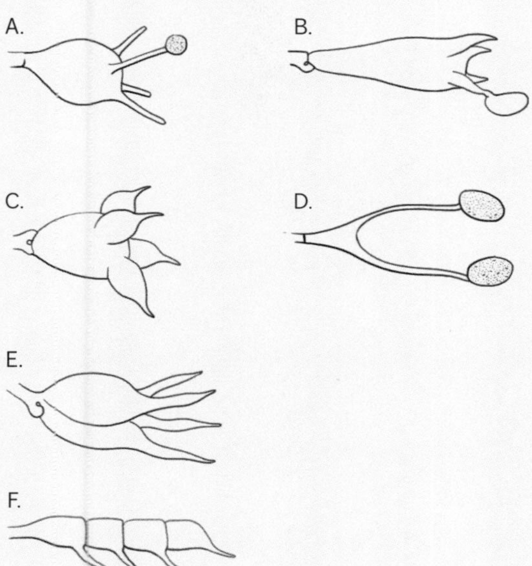

Zystidenformen
Zystiden sind Zellen im Hymenium, die keine Sporen tragen (hier nicht maßstabsgetreu abgebildet). Es gibt sie in vielen Formen; sie sind wichtige Bestimmungsmerkmale.

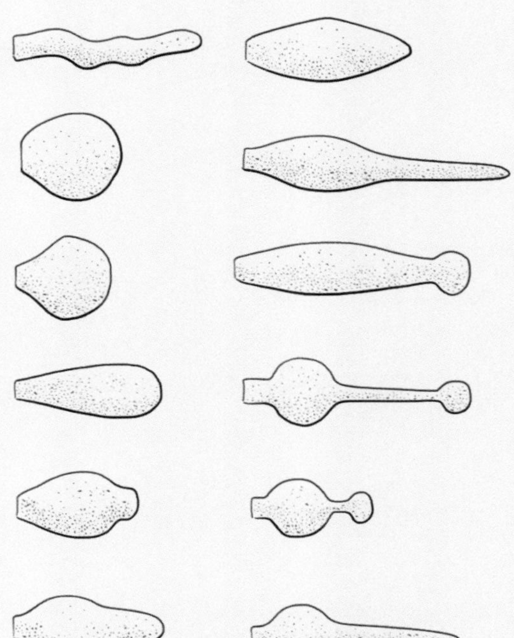

Echter Pfifferling, Eierschwammerl (*Cantharellus cibarius*)
Pfifferlinge haben auf der Hutunterseite lamellenähnliche Leisten. Von Anfängern werden sie mit dem giftigen Dunklen Ölbaumtrichterling (*Omphalotus olearius*, unten) und dem unverträglichen Falschen Pfifferling (*Hygrophoropsis aurantiaca*) verwechselt. Bei anderen Pilzen aus der Pfifferlingsverwandtschaft findet man statt Leisten nur Runzeln oder Adern.

Dunkler Ölbaumtrichterling (*Omphalotus olearius*)
Dieser Pilz hat einen orangegelben bis gelbbraunen Hut mit eingerolltem Rand und weit herablaufenden gelben Lamellen. Er ist hochgiftig und wächst im Spätsommer und Frühherbst. In Deutschland ist er selten, südlich der Alpen und im Mittelmeerraum dagegen weit verbreitet.

WIE DIE EVOLUTION PROBLEME LÖST

Bei nicht miteinander verwandten Arten bilden sich durch konvergente Evolution mitunter ähnliche Merkmale heraus. Dies geschieht in allen Reichen, der Flora, der Fauna und der Funga, vor allem, wenn sich die Arten an ähnliche Herausforderungen ihrer Umwelt anpassen und ähnliche Aufgaben lösen müssen. So entwickelten z. B. Fische, Meeressäuger und die inzwischen ausgestorbenen Ichthyosaurier des Erdmittelalters ähnliche stromlinienförmige Körper.

Es gibt Arten, die einander sehr ähnlich sehen, zumindest auf den ersten Blick. Vor allem Speisepilzsammler seien gewarnt vor den vielen gefährlichen Doppelgängern im Reich der Pilze.

GEFÄHRLICHE DOPPELGÄNGER

Einige Pilze ähneln einander, weil sie sehr nah miteinander verwandt sind und viele gemeinsame Merkmale haben. Ein gutes Beispiel ist der holzzersetzende Schwefelporling (*Laetiporus sulphureus*). Früher ging man davon aus, dass es sich bei dem großen gelben Pilz, der oft an Weiden oder Obstbäumen zu finden ist, um eine einzige Art handelt. Dann sequenzierte man das Genom und fand heraus, dass es mindestens elf sehr nah verwandte, aber doch verschiedene Arten gibt, die man allein anhand der Fruchtkörpermerkmale kaum unterscheiden kann. Andererseits sind ähnliche Pilze nicht notwendigerweise eng miteinander verwandt. Bei vielen kleinen braunen Lamellenpilzen begnügt man sich inzwischen, sie im Gelände als »little brown mushrooms« (LBMs) zu bezeichnen, es sei denn, es findet sich jemand, der oder die dazu bereit und in der Lage ist, ihre Biologie genau zu studieren.

Das Äußere kann täuschen. Für Speisepilzsammler können Doppelgänger lebensgefährlich sein, denn einige giftige Arten sehen essbaren Pilzen sehr ähnlich (siehe links). Manche Pilzarten sind tödlich giftig (S. 96–97). Verzehren Sie nie einen Pilz, den Sie in der Natur gefunden haben, wenn Sie sich nicht hundertprozentig sicher sind, dass es sich um eine essbare Art handelt. Auch Experten mit langjähriger Erfahrung können sich täuschen.

AMANITA VIROSA

Kegelhütiger Knollenblätterpilz

FRUCHTKÖRPER Dieser tödlich giftige Pilz hat einen hängenden Ring und am Stielgrund eine charakteristische Scheide (Volva) (S. 50–51). Selten sieht man auch Hüllreste auf dem Hut. Die Lamellen sind weiß, am Stiel frei und engstehend.

GRÖSSE Hut: 5–10 cm breit.
Stiel: 0,5–2 cm breit, 9–15 cm lang.

SPOREN Rund, amyloid, Sporenpulver weiß.

ÖKOLOGIE UND ERSCHEINUNGSZEIT
Der Pilz bildet Mykorrhizen mit Nadel- und Laubbäumen. Die Fruchtkörper erscheinen im Sommer und Herbst.

VERBREITUNG Auf der Nordhalbkugel weit verbreitet und in manchen Regionen häufig.

LAMELLENPILZE

Lamellen- (oder Blätter-)pilze sind Basidiomyceten. Pilze dieses Organisationstyps haben für gewöhnlich einen Stiel und senkrecht stehende Lamellen auf der Hutunterseite. Sie lassen sich in zahlreiche Gruppen unterteilen, wobei die Art und Weise des Lamellenansatzes am Stiel ein wichtiges Bestimmungsmerkmal ist (S. 174). Bei vielen Lamellenpilzen werden die Lamellen während der Fruchtkörperentwicklung von einer Teilhülle (Velum partiale) geschützt, deren Reste beim reifen Pilz als Ring oder Ringzone am Stiel zurückbleiben (S. 50–51). Bei anderen Arten schützt eine Gesamthülle (Velum universale) den ganzen Fruchtkörper, wieder andere haben überhaupt kein Velum. Die Sporenfarbe der verschiedenen Arten variiert von weiß über gelb, braun, schwarz und rötlich bis hin zu (seltener) lila oder grün. Lamellenpilze sind weltweit verbreitet. Bei mehr als 3000 Arten allein in der gemäßigten Klimazone Europas überrascht es nicht, dass unter ihnen Zersetzer, Mykorrhizapilze und Erreger von Pflanzenkrankheiten zu finden sind.

ARRHENIA CHLOROCYANEA
Blaugrüner Nabeling

FRUCHTKÖRPER Die Art hat einen kleinen, trichterförmigen, türkisfarbenen bis blauen Hut. Die weißen bis blassgrauen Lamellen stehen weit voneinander entfernt und laufen deutlich am Stiel herab (S. 174).

GRÖSSE Hut: 0,5–2 cm breit, Stiel: 0,75–2,5 cm lang.

SPOREN Zylindrisch bis ellipsoid, Sporenpulver weiß.

ÖKOLOGIE UND ERSCHEINUNGSZEIT Dieser Zersetzer wächst auf gestörten, sandigen oder kiesigen Böden bei Laubmoosen, Flechten und gelegentlich auch Lebermoosen, z. B. in ehemaligen Kiesgruben. Fruchtkörper erscheinen einzeln oder in kleinen Gruppen und sind das ganze Jahr über zu finden, vor allem aber im März und April.

VERBREITUNG Auf der Nordhalbkugel weit verbreitet.

CLITOCYBE NEBULARIS
Nebelgrauer Trichterling

FRUCHTKÖRPER Dieser große, fleischige Pilz hat einen anfangs konvexen Hut, der sich später trichterförmig eintieft. Der Hutrand ist oft etwas eingerollt. Die Lamellen laufen ein wenig herab (S. 174). Auf älteren Fruchtkörpern schmarotzt manchmal ein anderer Lamellenpilz, der Parasitische Scheidling (*Volvariella surrecta*).

GRÖSSE Hut: 5–25 cm breit. Stiel: 2–3 cm breit, 6–12 cm hoch.

SPOREN Ellipsoid und nicht ornamentiert, Sporenpulver cremeweiß.

ÖKOLOGIE UND ERSCHEINUNGSZEIT Der Streuzersetzer wächst, oft in großen Ringen oder Bögen, in Laub- und Nadelwäldern (S. 136). Die ersten Fruchtkörper können im Spätsommer erscheinen, doch meistens findet man sie im Herbst, Spätherbst und milden Wintern.

VERBREITUNG Auf der Nordhalbkugel weit verbreitet.

COPRINOPSIS PICACEA
Specht-Tintling

FRUCHTKÖRPER Junge Fruchtkörper riechen unangenehm. Die weißen Lamellen stehen eng und sind frei oder angeheftet (S. 174). Im Alter lösen sie sich in eine schwarze Flüssigkeit auf (S. 175).

GRÖSSE Hut: 3–7 cm breit. Stiel: 7–12 cm lang, 0,5–1,5 cm breit.

SPOREN Glatt, schwarz und ellipsoid.

ÖKOLOGIE UND ERSCHEINUNGSZEIT Der Specht-Tintling wächst auf kalkhaltigen Böden in Laubwäldern, gern bei Holzresten, aber auch auf schattigen Wiesen. Die Fruchtkörper erscheinen vom späten Frühjahr bis in den Spätherbst.

VERBREITUNG In Europa und Nordamerika weit verbreitet, aber nur mancherorts häufig.

GLIOPHORUS PSITTACINUS
Papageigrüner Saftling

FRUCHTKÖRPER Die Lamellen sind dick, wachsartig und stehen weit voneinander entfernt. Sie sind am Stiel angeheftet (S. 174) und zunächst in Stielnähe grünlich, später verblassen sie zu Hellgelb.

GRÖSSE Hut: 2–4 cm breit. Stiel: 4–8 mm breit, 4–6 cm hoch.

SPOREN Ellipsoid und glatt, Sporenpulver weiß.

ÖKOLOGIE UND ERSCHEINUNGSZEIT Diese Saftlinge stehen in kleinen Gruppen in ungedüngten Wiesen (S. 140–141), Rasen und Friedhöfen, an Straßenrändern und auf Waldlichtungen. Die Fruchtkörper erscheinen vom Sommer bis in den frühen Winter.

VERBREITUNG In Europa, Nord- und Zentralamerika und Japan weit verbreitet.

HEBELOMA RADICOSUM

Wurzelnder Fälbling

FRUCHTKÖRPER Der Fruchtkörper riecht charakteristisch nach Bittermandeln. Die Lamellen (S. 174) sind engstehend und angeheftet bis frei, cremeweiß bis rotbraun und bei jungen Exemplaren mit einer Teilhülle (Velum partiale) bedeckt. Den Stiel, der sich zur Basis hin verjüngt und zu seinen Nahrungsquellen bis tief in den Erdboden reicht, schmückt ein häutig-filziger Ring.

GRÖSSE Hut: 5–10 cm breit. Stiel: 7–12 cm lang.

SPOREN Ellipsoid bis mandelförmig, leicht warzig, Sporenpulver dunkelbraun.

ÖKOLOGIE UND ERSCHEINUNGSZEIT Oft in der Nähe von Nadelholzstümpfen, aber an unterirdische Latrinen kleiner Nagetiere gebunden. Die Fruchtkörper erscheinen vom Frühsommer bis in den Spätherbst.

VERBREITUNG In Europa und Nordamerika verbreitet, aber nicht überall häufig.

LACTARIUS DELICIOSUS

Echter Reizker, Edelreizker

FRUCHTKÖRPER Hut anfangs konvex mit eingerolltem Rand, im Alter verflachend mit vertiefter Mitte, orangefarben mit unregelmäßigen grünspanfarbenen Flecken oder Zonen. An verletzten Stielen tritt ein orangefarbener Milchsaft aus, der sich manchmal rötlich färbt. Der Stiel ist hohl.

GRÖSSE Hut: 6–20 cm breit. Stiel: 1,5–2 cm breit, 5–8 cm lang.

SPOREN Ellipsoid mit Graten, Sporenabdruck blassrosa bis beigebraun.

ÖKOLOGIE UND ERSCHEINUNGSZEIT Edelreizker leben in Mykorrhizapartnerschaft (S. 60–61) mit Kiefern. Verwandte Arten findet man bei Fichten und Tannen. Die Fruchtkörper erscheinen vom Spätsommer bis in den Herbst.

VERBREITUNG In Europa verbreitet, in anderen Ländern eingeführt.

MACROLEPIOTA PROCERA

Parasol, Riesen-Schirmpilz

FRUCHTKÖRPER Der Hut ist anfangs rundlich geschlossen (»Paukenschlegel-Zustand«), schirmt dann auf und verflacht am Ende. Er ist mit konzentrischen braunen Schuppen bedeckt und hat in der Mitte einen dunkelbraunen Buckel. Der dicke, wattige, verschiebbare Ring sitzt hoch am Stiel. Die Lamellen (S. 174) sind frei, engstehend und weiß bis cremeweiß, manchmal auch leicht rosa getönt.

GRÖSSE Hut: 10–35 cm Durchmesser. Stiel: bis 30 cm hoch und 1–1,5 cm breit mit deutlich verdickter Basis.

SPOREN Ellipsoid, glatt, dickwandig, Sporenabdruck cremeweiß.

ÖKOLOGIE UND ERSCHEINUNGSZEIT Die Fruchtkörper dieses Zersetzers erscheinen vom Frühsommer bis zum Spätherbst in Wäldern und auf Wiesen.

VERBREITUNG In den gemäßigten Breiten der Nordhalbkugel weit verbreitet und vielerorts häufig.

MYCENA HAEMATOPUS

Großer Blut-Helmling

FRUCHTKÖRPER Die Hüte biolumineszieren leicht (S. 124–125). Die weißlichen Lamellen sind angewachsen (S. 174). Der Hut und der hohle Stiel sondern bei Verletzung einen rotbraunen Milchsaft ab. Es gibt noch viele andere Helmlinge, die meisten sind aber schlanker und zerbrechlicher als der Große Blut-Helmling.

GRÖSSE Hut: 1–4 cm breit. Stiel: bis 10 cm lang und 2–3 mm breit.

SPOREN Ellipsoid, amyloid (S. 172), Sporenpulver weiß.

ÖKOLOGIE UND ERSCHEINUNGSZEIT Die Fruchtkörper dieses Laubholzzersetzers erscheinen vom Spätsommer bis zu Beginn des Winters in kleinen Gruppen oder Büscheln auf Stümpfen, toten Stämmen und abgefallenen Ästen.

VERBREITUNG In Europa, Nordamerika und Japan verbreitet und häufig.

PANAEOLUS PAPILIONACEUS

Behangener Düngerling

FRUCHTKÖRPER Der kuppel- oder glockenförmige Hut verflacht auch im Alter nicht. Der Rand ist mit blassen, zackigen oder fransigen Velumresten geschmückt. Die angehefteten Lamellen (S. 174) sind zunächst blass graubraun mit weißen Schneiden und färben sich im Alter schwarz.

GRÖSSE Hut: 2–4 cm Durchmesser. Stiel: 6–12 cm lang.

SPOREN Zitronenförmig, glatt und undurchsichtig, Sporenpulver schwarz.

ÖKOLOGIE UND ERSCHEINUNGSZEIT Der Behangene Düngerling wächst vom Frühjahr bis zu Beginn des Winters direkt auf Dung oder auf stark gedüngten Wiesen.

VERBREITUNG In Europa und Nordamerika weit verbreitet und häufig. Er wurde auch auf anderen Kontinenten beobachtet.

PAXILLUS INVOLUTUS

Kahler Krempling

FRUCHTKÖRPER Vor allem roh genossen, ist der Kahle Krempling lebensgefährlich giftig. Die blassen Lamellen sind leicht vom Hut ablösbar und verfärben sich, ebenso wie der Stiel, im Alter oder bei Verletzung rostbraun.

GRÖSSE Hut: 5–12 cm breit. Stiel: 6–12 cm lang und 0,8–1,2 cm dick.

SPOREN Ellipsoid bis glatt, Sporenpulver gelbbraun bis olivgrau.

ÖKOLOGIE UND ERSCHEINUNGSZEIT Der Kahle Krempling bildet Ektomykorrhizen (S. 60–61) mit Laub- und Nadelbäumen, besonders auf nährstoffarmen, sauren Böden. Die Fruchtkörper erscheinen vom Sommer bis in den Herbst.

VERBREITUNG Auf der Nordhalbkugel weit verbreitet und häufig, meidet aber Kalkböden.

PHOLIOTA SQUARROSA
Sparriger Schüppling

FRUCHTKÖRPER Die großen Fruchtkörper mit trockenen, schuppigen Hüten wachsen meist in großen Büscheln und sind bei Eichhörnchen beliebt. Die engstehenden, anfangs gelblichen und später rostbraunen Lamellen sind angewachsen (S. 174).

GRÖSSE Hut: 2–16 cm breit. Stiel: 4–12 cm lang, bis 1,5 cm dick.

SPOREN Bohnenförmig, Sporenpulver braun. Wird gelegentlich für einen Hallimasch (*Armillaria spec.*) gehalten, dessen Sporen jedoch weiß sind.

ÖKOLOGIE UND ERSCHEINUNGSZEIT Der Sparrige Schüppling, ein Weißfäuleerreger, wächst an der Stammbasis, Stämmen und Stümpfen von Laub- und seltener auch Nadelbäumen, manchmal auch weiter oben am Stamm und erscheint meistens erst im Herbst und Spätherbst.

VERBREITUNG Auf der Nordhalbkugel weit verbreitet und häufig.

RHODOTUS PALMATUS
Orangerötlicher Adernseitling

FRUCHTKÖRPER Der Hut ist jung lebhaft orangerosa und hat einen eingerollten Rand, im Alter verflacht er und wird pfirsichfarben. Seine Oberfläche ist auffallend aderig-gerunzelt. Die Lamellen sind angewachsen (S. 174).

GRÖSSE Hut: 5–10 cm breit. Stiel: 3–7 cm lang und 1–1,5 cm dick.

SPOREN Annähernd rund und mit feinen Warzen geschmückt, Sporenpulver hellrosa.

ÖKOLOGIE UND ERSCHEINUNGSZEIT Laubholzzersetzer, vor allem an toten Stämmen und Ästen von Ulmen, Pappeln und Buchen im Spätsommer und Herbst.

VERBREITUNG In Deutschland extrem selten, in Nordwesteuropa (atlantischer Klimabereich) lokal etwas weiter verbreitet. Ein Grund für seinen Rückgang ist das Ulmensterben, durch das ihm ein wichtiger Wirt abhanden gekommen ist (S. 78–79).

HERICIUM ERINACEUS
Igel-Stachelbart

FRUCHTKÖRPER Annähernd rundlich, weiß bis cremefarben; die weichen, spitzen Stacheln sind nach unten gerichtet.

GRÖSSE Bis 30 cm breit und hoch.

SPOREN Ellipsoid oder rundlich, amyloid, Sporenpulver weiß.

ÖKOLOGIE UND ERSCHEINUNGSZEIT Der holzzersetzende Pilz ist ein Weißfäuleerreger an liegenden oder noch stehenden Buchen- und (seltener) Eichenstämmen, auch in Astlöchern noch lebender Bäume. Die Fruchtkörper erscheinen vom Spätsommer bis in den frühen Winter.

VERBREITUNG Die Art kommt in Nordamerika, Europa und Teilen Asiens vor, ist aber selten. In Deutschland steht sie als »stark gefährdet« auf der Roten Liste.

FLEISCHIGE BASIDIO-MYCETEN MIT RÖHREN, STACHELN ODER LEISTEN

RÖHRLINGSARTIGE Viele Arten dieser Gruppe sind nah verwandt, auch wenn es unter ihnen einige gibt, die zu anderen Organisationstypen gehören. Auf der Hutunterseite tragen sie keine Lamellen, sondern Röhren, die sich meist leicht vom Hutfleisch ablösen lassen. Röhren- und Porenfarbe, die Beschaffenheit der Hutoberfläche und Farbveränderungen bei Druck oder Verletzung sind wichtige Bestimmungsmerkmale. Die Sporen sind meist braun und werden auf der Innenseite der Röhren gebildet. Einige wenige Arten parasitieren andere Pilze (S. 102–103), die meisten jedoch bilden Ektomykorrhizen mit den Wurzeln von Bäumen aus (S. 60–61) und viele sind streng an bestimmte Baumpartner gebunden.

TRICHTERFÖRMIG, UNTERSEITE MIT LEISTEN ODER GLATT Bei den gestielten, fleischigen Fruchtkörpern aus der Verwandtschaft des Pfifferlings (*Cantharellus cibarius*) und einigen ähnlichen Pilzen zieht sich die Hutoberfläche weit in die zentrale trichterförmige Vertiefung hinein, wodurch die Hutunterseite mit dem Hymenium nach außen weist. Anders als bei den Trichterlingen (*Clitocybe*), die zu den Lamellenpilzen gehören, werden die Sporen an Leisten gebildet, die man aber leicht mit Lamellen verwechseln kann. Im schlimmsten Fall kann dies verhängnisvolle Folgen haben (S. 178–179). Die meisten Arten bilden Mykorrhizen mit Baumwurzeln, aber es gibt auch einige Zersetzer.

PILZE MIT STACHELN ODER STOPPELN (HYDNOIDE ARTEN) Bei ihnen werden die Sporen an Stacheln oder zahnähnlichen Strukturen auf der Hutunterseite gebildet. Sie sind keineswegs alle eng miteinander verwandt, sondern haben oft Verwandte in Gattungen oder Familien mit anderen Fruchtkörperformen. Hydnoide Pilze sind entweder Holzzersetzer oder bilden Mykorrhizen mit Baumwurzeln. Auch einige krustenförmige Pilze (S. 196–197) haben Stacheln.

LECCINUM SCABRUM
Birkenpilz, Birkenröhrling

FRUCHTKÖRPER Der mittelbraune, polsterförmige Hut ist anfangs feinfilzig und im Alter glatt. Der Stiel ist auf hellem Grund graubraun oder schwarz geschuppt.

GRÖSSE Hut: 5–15 cm breit. Stiel: 7–20 cm lang, 2–3 cm breit. Röhren: 1–2 cm hoch.

SPOREN Ellipsoid bis spindelförmig, Sporenpulver olivbraun.

ÖKOLOGIE UND ERSCHEINUNGSZEIT Strenger Mykorrhizapartner (S. 60–61) der Birke. Die Fruchtkörper erscheinen in der Regel von Juni an bis in den Spätherbst.

VERBREITUNG Auf der Nordhalbkugel weit verbreitet und häufig, doch gibt es zahlreiche verwandte Arten, die z. T. auch andere Baumpartner haben.

CRATERELLUS CORNUCOPIOIDES
Totentrompete

FRUCHTKÖRPER Der trichterförmige Pilz hat eine graue, fein bereifte Außenseite, die bis auf einige feine, weit herablaufende Adern oder Leisten fast glatt ist. Sie entsprechen den Lamellen bei anderen Arten.

GRÖSSE Hut: 4–8 cm breit.

SPOREN: Ellipsoid und glatt, Sporenabdruck weiß.

ÖKOLOGIE UND ERSCHEINUNGSZEIT Bildet Mykorrhizen (S. 60–61) mit Buchen, seltener auch anderen Laubbäumen. Die Fruchtkörper erscheinen vom Sommer bis in den Spätherbst, in wärmeren Regionen bis ins neue Jahr.

VERBREITUNG Nachgewiesen in Europa, Nordamerika, Teilen Asiens und Südostaustraliens; weit verbreitet, aber nur in manchen Gegenden häufig.

PHELLODON NIGER

Schwarzer Korkstacheling

FRUCHTKÖRPER Der dunkle Hut dieses korkigzähen Pilzes ist oft wellig-verbogen und wirkt stellenweise wie eingedellt. Auf seiner Unterseite trägt er blaugraue, bis 3 mm lange Stacheln.

GRÖSSE Hut: 3–8 cm breit. Stiel: 2–5 cm lang, 1–2 cm breit.

SPOREN Ellipsoid bis rundlich, mit winzigen (etwa 0,5 µm langen) Stacheln, Sporenpulver weiß.

ÖKOLOGIE UND ERSCHEINUNGSZEIT Bildet Mykorrhizen (S. 60–61) mit den Wurzeln von Nadelbäumen. Die Fruchtkörper erscheinen vom Sommer bis in den Spätherbst, südlich der Alpen auch noch später im Jahr.

VERBREITUNG In Europa und im östlichen Nordamerika; steht in Deutschland als »gefährdet« auf der Roten Liste.

CERIOPORUS SQUAMOSUS

Schuppiger Porling

FRUCHTKÖRPER Kurze, breite, schwarzfilzige Stiele, Hüte oft dachziegelig übereinanderstehend, aber auch einzeln; Unterseite weiß bis cremeweiß mit unregelmäßig ovalen, 1–2 mm breiten Poren; Geruch nach Wassermelone.

GRÖSSE Hut: 8–30 cm breit. Stiel: bis 5 cm lang und bis 4 cm breit.

SPOREN Ellipsoid, glatt, Sporenpulver weiß.

ÖKOLOGIE UND ERSCHEINUNGSZEIT Weißfäuleerreger am Kernholz (S. 130–131) lebender und abgestorbener Laubbäume, auch an Baumstümpfen und in Astlöchern, Frühjahr bis Herbst.

VERBREITUNG In Europa, Asien und Nordamerika weit verbreitet und häufig.

PORLINGE

Mehr als 1000 Porlingsarten sind der Wissenschaft bisher bekannt. Es handelt sich durchwegs um Basidiomyceten, aber nicht alle Arten sind nah verwandt. Einige sind mehrjährig, die meisten jedoch einjährig. Einjährige Porlinge lassen sich in vier Gruppen einteilen, die sich ein wenig überschneiden: gestielte Arten; büschelig wachsende Arten; krustenförmige (resupinate) Arten; weich- oder zähfleischige, aber nicht holzig-harte Arten, deren konsolenförmige Fruchtkörper oft in großer Zahl dachziegelig übereinander wachsen. Die Sporenbildung erfolgt in nach unten offenen Röhren, deren Mündungen (Poren) rund, eckig, labyrinthisch und manchmal sogar langgestreckt bis lamellig sein können (S. 174–175). Fast alle Porlinge zersetzen als Weiß- oder Braunfäuleerreger Holz. Einige von ihnen wurden und werden auf pharmakologisch verwertbare Inhaltsstoffe untersucht.

DAEDALEA QUERCINA

Eichen-Wirrling

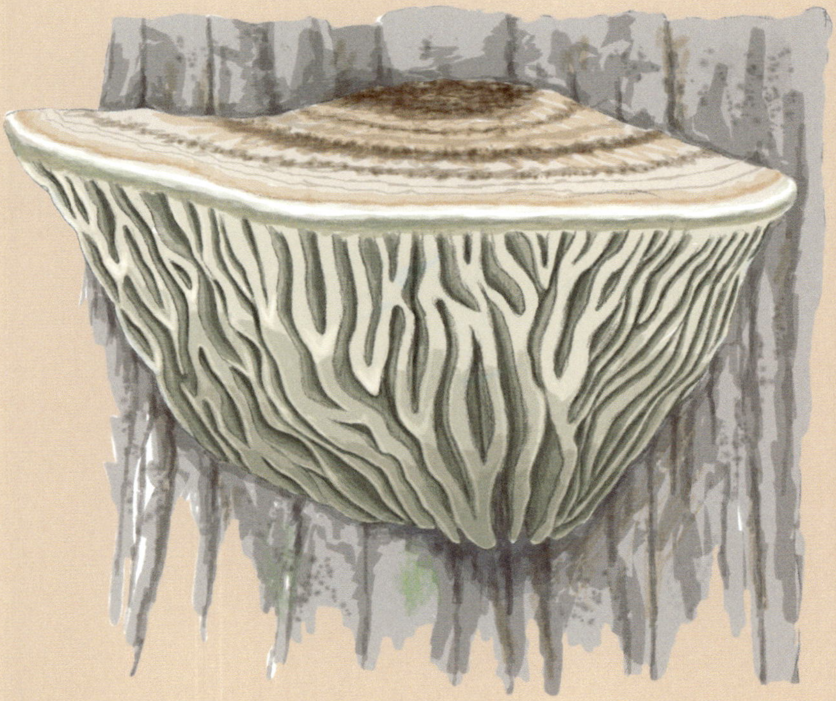

FRUCHTKÖRPER Der wissenschaftliche und der deutsche Name dieses harten Baumpilzes spielen auf seine Fruchtschicht an, die eine Art Labyrinth aus dicken, 1 bis 3 cm hohen Lamellen darstellt. Die Trama (das »Fleisch«) ist trimitisch, d. h. sie setzt sich aus drei verschiedenen Hyphentypen zusammen (S. 175).

GRÖSSE Hut: 6–20 cm Durchmesser, 2–5 cm dick.

SPOREN Werden vom Spätsommer bis in den Herbst freigesetzt, Sporenpulver weiß.

ÖKOLOGIE UND ERSCHEINUNGSZEIT Der Pilz ist ein Braunfäuleerreger (S. 120–121). Er wächst ganzjährig v. a. an gefällten oder umgestürzten Stämmen und Stümpfen von Eichen und Edelkastanien, kommt aber auch an Stammwunden lebender Bäume vor.

VERBREITUNG In Europa, Westasien und Nordamerika weit verbreitet.

PHAEOLUS SCHWEINITZII
Nadelholz-Braunporling

FRUCHTKÖRPER Oft umwachsen sie Pflanzenteile wie Grashalme, wobei der Eindruck entsteht, diese hätten das Fleisch »durchbohrt«. Junge Exemplare haben einen lebhaft gelben Rand und grüngelbe Poren, die später rotbraun verfärben.

GRÖSSE Hut 15–25 cm breit, 2–5 cm dick. Stiel weniger als 6 cm lang und 3–5 cm breit.

SPOREN Ellipsoid, glatt, inamyloid (ohne Stärke), Sporenpulver hellgelb.

ÖKOLOGIE UND ERSCHEINUNGSZEIT Den Braunfäuleerreger (S. 120–121) findet man meist an den Wurzeln oder am Stammgrund lebender oder bereits abgestorbener Nadelbäume. Frische Fruchtkörper sieht man im Sommer und Herbst; alte, geschwärzte überdauern den Winter.

VERBREITUNG In Europa, Asien und Nordamerika heimisch und häufig, eingeschleppt in Südafrika, Australien und Neuseeland.

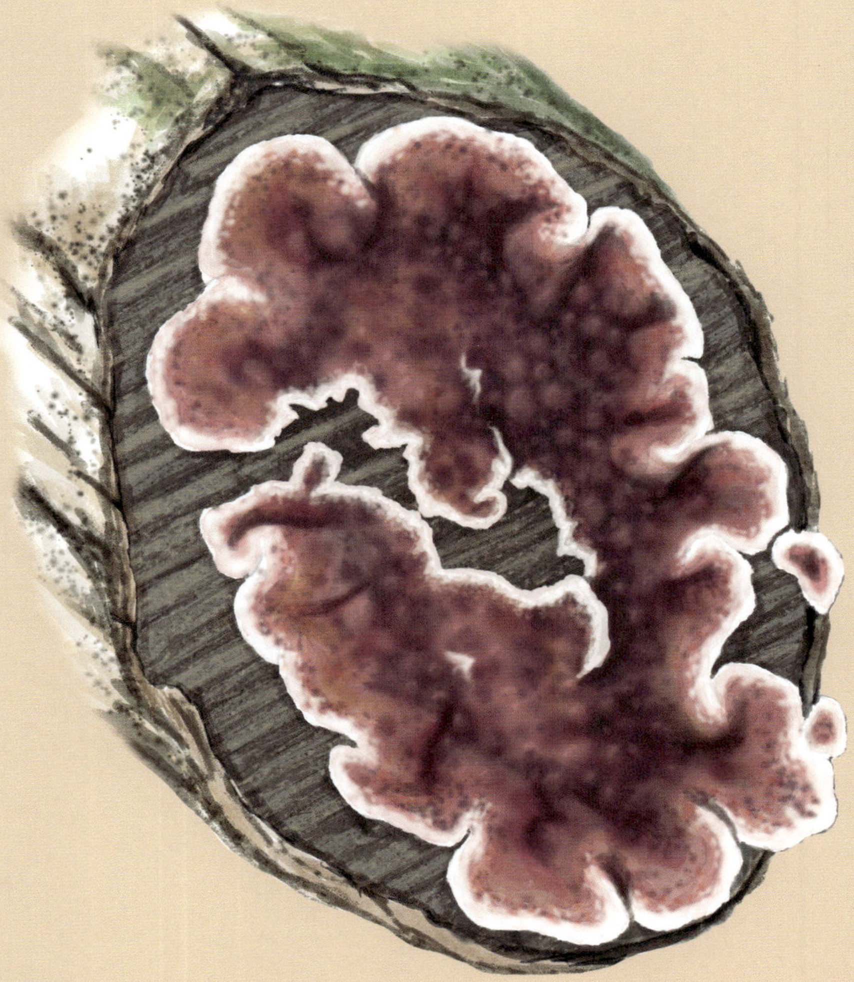

CHONDROSTEREUM PURPUREUM

Violetter Knorpelschichtpilz

FRUCHTKÖRPER Jung lebhaft violette Krusten, manchmal mit schmalen, oberseits zottig-filzigen Hutkanten (hier nicht zu sehen); junge Fruchtkörper sind unverwechselbar, alte Fruchtkörper verblassen und ähneln dann jenen anderer Arten. Unter dem Mikroskop erkennt man aus dem Hymenium ragende spindelförmige Zystiden (S. 176–177).

GRÖSSE Oft etwa 3–4 cm breite Flecken, die zu größeren zusammenwachsen können.

SPOREN Zylindrisch mit abgerundeten Enden, inamyloid (ohne Stärke).

ÖKOLOGIE UND ERSCHEINUNGSZEIT An Laubbäumen; verursacht v. a. an Kirsch- und Pflaumenbäumen sowie an Pappeln eine Krankheit, bei der sich die Blätter silbrig färben (»Silberblatt-« oder »Bleiglanz-Krankheit«), ganzjährig.

VERBREITUNG Auf der Nordhalbkugel häufig, auch in Australien und Neuseeland.

RINDENPILZE

Pilze, die krustenartige Fruchtkörper bilden, sind überwiegend Basidiomyceten. Aus den gemäßigten Breiten Europas wurden ungefähr 500 Arten wissenschaftlich beschrieben. Viele sind nicht näher miteinander verwandt. Die flächig ausgebreiteten (resupinaten) Fruchtkörper überziehen oft die Unterseite von Stämmen oder Ästen. Manche haben auch schmale Hutkanten oder andere charakteristische Merkmale – z. B. ihre Farbe oder Form –, die eine Bestimmung mit bloßem Auge ermöglichen, doch für die meisten ist dazu ein Mikroskop erforderlich. Rindenpilze können mit Stacheln, Zähnen, Warzen, Adern oder Falten versehen sein, doch findet man auch glatte, baumwollartige oder wachsartige Oberflächen. Die meisten dieser Pilze rufen im Holz eine Weißfäule, einige aber auch eine Braunfäule hervor (S. 120–121). Schließlich gibt es, vor allem in der Ordnung der Warzenpilzartigen (*Thelephorales*), auch Arten, die Mykorrhizen bilden (S. 60–61).

CLAVARIADELPHUS LIGULA

Zungen-Herkuleskeule

FRUCHTKÖRPER Die schmalen keulen- oder zungenförmigen Fruchtkörper sind anfangs cremeweiß oder gelblich und werden im Alter dunkler. Von der filzigen Stielbasis abgesehen, sind die Keulen zunächst glatt, können später aber etwas runzelig werden. Das Hymenium, d. h. die Fruchtschicht mit den Sporen tragenden Basidien, überzieht die Oberfläche.

GRÖSSE 3–12 cm hoch, an der dicksten Stelle bis 2 cm breit.

SPOREN Glatt, länglich-ellipsoid, inamyloid (ohne Stärke), Sporenpulver weiß bis blassgelb.

ÖKOLOGIE UND ERSCHEINUNGSZEIT Streuzersetzer in Nadelwäldern, das Myzel lässt Nadeln und Holzabfälle verklumpen. Sommer und Herbst.

VERBREITUNG In Europa, Nordamerika und Asien verbreitet, aber vielerorts selten. Steht in Deutschland als »gefährdet« auf der Roten Liste.

ROSETTEN- UND KORALLENFÖRMIGE BASIDIOMYCETEN

ROSETTEN- UND ZUNGENFÖRMIGE PILZE Mit weniger als 30 Arten in den gemäßigten Breiten Europas nur eine kleine Gruppe. Obwohl nicht näher miteinander verwandt, sind sie alle wie kleine Fächer oder Rosetten geformt. Die Sporen werden auf der glatten Unter- oder Außenseite gebildet. Einige Arten werden nur 1–2 cm hoch, andere bilden bis zu 40 cm breite, prächtige Rosetten. Erdwarzenpilze und Lederkorallen (*Thelephora*) leben mit den Wurzeln Höherer Pflanzen in Symbiose (Mykorrhizen, S. 60–61), die meisten anderen sind aber Zersetzer oder Moosparasiten.

KEULEN UND KORALLEN Keulen gehören zu den einfachsten Fruchtkörperformen im Reich der Pilze und haben sich unabhängig voneinander in den verschiedensten Verwandtschaftskreisen entwickelt. Daher sind von den rund 200 Arten in der gemäßigten Klimazone Europas viele nicht näher miteinander verwandt. Die einfachsten sind unter 5 mm hoch und nur Bruchteile eines Millimeters breit, unverzweigt oder nur leicht verzweigt. Einige wachsen gerade nach oben, andere unregelmäßig, wieder andere krümmen sich sogar nach unten. Es gibt große bis über 7 cm hohe und mehrere Zentimeter breite Keulen und stark verzweigte Formen, die Korallen ähneln (und deshalb auch so genannt werden). In welcher Beziehung diese Pilze zu den Höheren Pflanzen stehen, ist in vielen Fällen noch ungeklärt. Einige sind jedenfalls Streuzersetzer, andere bilden Ektomykorrhizen (S. 60–61) und wieder andere sind Pflanzenparasiten. Es gibt auch keulen- und zungenförmige Ascomyceten wie die Erdzungen (*Geoglossum*, S. 116).

THELEPHORA PALMATA

Stinkender Warzenpilz, Stinkende Lederkoralle

FRUCHTKÖRPER Der korallenartige Pilz bildet leicht abgeflachte Äste, die einem zentralen Strunk entspringen und sich wiederholt verzweigen. Anfangs weißlich, verfärbt er sich später grau bis schwarzbraun. Er riecht nach fauligem Kohl.

GRÖSSE Wird bis 7 cm hoch.

SPOREN Braun, eckig und warzig.

ÖKOLOGIE UND ERSCHEINUNGSZEIT Die Art bildet Mykorrhizen mit Nadelbäumen (S. 60–61). Die Fruchtkörper erscheinen vom Spätsommer bis zum Ende des Herbstes.

VERBREITUNG In Europa, Nordamerika, Japan und Australien weit verbreitet und recht häufig.

TYPHULA ERYTHROPUS

Rotbraunstieliges Sklerotienkeulchen

FRUCHTKÖRPER Eine der größeren *Typhula*-Arten. Die unverzweigte Keule hat einen rotbraun behaarten Stiel (Lupe!). Am weißen, zylindrischen Kopfteil werden die Sporen gebildet. Oft wächst der Pilz aus einem rotbraunen Sklerotium (Dauerfruchtform) hervor (S. 289).

GRÖSSE Etwa 2–3 cm hoch.

SPOREN Amyloid (enthalten Stärke).

ÖKOLOGIE UND ERSCHEINUNGSZEIT Wie andere Arten der Gattung *Typhula* auf abgestorbenen Blättern und Blattstielen von Laubbäumen. Die Fruchtkörper erscheinen im Herbst.

VERBREITUNG In Europa verbreitet und ziemlich häufig, aber leicht zu übersehen; im Norden generell seltener.

ASEROË RUBRA

Seeanemonenpilz

FRUCHTKÖRPER Der hohle Stiel bricht aus einem »Hexenei« hervor. Sechs bis zwölf tentakelförmige Arme breiten sich aus, an deren Ansätzen sich eine olivbraune bis schwarze Sporenmasse bildet, deren übler Geruch Insekten anlockt.

GRÖSSE Fruchtkörper: etwa 10 cm hoch, Arme bis 4 cm lang. Hexenei (S. 203): 3 cm Durchmesser.

SPOREN Ellipsoid, dunkel und glatt.

ÖKOLOGIE UND ERSCHEINUNGSZEIT Der Zersetzer von Pflanzenabfällen, Holzschnitzeln und Rindenmulch kommt in Gärten, Eukalyptuswäldern und sommergrünen bis halb immergrünen Wäldern häufig vor.

VERBREITUNG Häufig und verbreitet im östlichen Australien und Neuseeland, hat sich aber auch anderswo in wärmeren Gebieten ausgebreitet. Gelegentlich auch in Gewächshäusern.

BASIDIENFÜHRENDE INNENFRÜCHTLER (»BAUCHPILZE«)

STINKMORCHELN Junge Fruchtkörper sind kugelig oder eiförmig und ganz oder teilweise im Erdboden verborgen. Bei der Reife schiebt sich ein poröser Stiel heraus, an dessen Spitze eine dunkle, schleimige Sporenmasse ans Tageslicht befördert wird. Die Pilze riechen nach Aas und locken Insekten an (S. 56–57). Mit den echten Morcheln (*Morchella*, S. 48, 147) haben die Stinkmorcheln nichts zu tun.

BOVISTE, STÄUBLINGE UND ERDSTERNE Die meisten Arten dieses Organisationstyps werden zu den Agaricales gestellt, derselben Ordnung, zu der auch die Lamellenpilze gehören. In den kugel- oder zwiebelförmigen Fruchtkörpern reift eine staubartige Sporenmasse heran. Bei Druck – z. B. durch Regentropfen oder herabfallende Zweige – wird eine Sporenwolke freigesetzt (S. 56–57). Einige Gattungen sind stiellos, andere haben kurze, breite Stiele und einige wenige hohe und schlanke. Bei den Erdsternen (v. a. *Geastrum*-Arten) platzt die Außenhülle (Exoperidie) in Lappen auf, die sich zurückbiegen und die die Sporen enthaltende Innenkugel (Endoperidie, S. 204) emporheben. Bei anderen, wie den Hart- oder Kartoffelbovisten (*Scleroderma*), reißt die dicke Exoperidie bei der Reife auf. Die meisten Gattungen, darunter die Stäublinge (*Lycoperdon*), sind Zersetzer, andere, wie *Scleroderma*, bilden Mykorrhizen mit Baumwurzeln (S. 60).

NESTLINGE UND TEUERLINGE Alle Nestlinge gehören zur Gruppe der Agaricales und zersetzen Holz und Pflanzenabfälle. Ihre glatten, transparenten Sporen werden an Basidien (Sporenständern) im Inneren von speziellen Sporenbehältern (Peridiolen) gebildet, die in becherförmigen Gebilden liegen, sodass die Pilze insgesamt an winzige Vogelnester mit Eiern erinnern. Die Peridiolen werden meist durch auftreffende Regentropfen herausgeschleudert.

ASTRAEUS HYGROMETRICUS

Wetterstern

FRUCHTKÖRPER Die Sporen des Wettersterns entstehen innerhalb einer filzigen Innenkugel (Endoperidie). Bei hoher Feuchtigkeit wird diese von sich zurückkrümmenden 6 bis 15 gefleckten Lappen in die Höhe gehoben, die sich bei Trockenheit wieder über der Endoperidie schließen.

GRÖSSE Endoperidie: 1–3 cm im Durchmesser, ausgebreiteter Fruchtkörper bis 8 cm breit.

SPOREN Rundlich mit kleinen Warzen, Sporenpulver in Masse rotbraun.

ÖKOLOGIE UND ERSCHEINUNGSZEIT Der Pilz lebt in Mykorrhizapartnerschaft mit Eichen und Kiefern (S. 60–61). Man kann ihn das ganze Jahr über finden, frisch vor allem nach spät sommerlichen und herbstlichen Regenfällen.

VERBREITUNG In Europa, Nordamerika, Asien und Australien verbreitet, meidet aber zu kalte Regionen. In Deutschland vor allem im Osten und im Schwarzwald

NIDULARIA DEFORMIS
Vollgestopfter Nestling

FRUCHTKÖRPER Der Fruchtkörper hat eine kugelige Hülle (Peridie), in der sich abgeflachte eiförmige braune Sporenkapseln (Peridiolen) befinden.

GRÖSSE Fruchtkörper: 0,5–1 cm Durchmesser. Sporenpakete: 0,5–2 mm breit und 0,3 mm dick.

SPOREN Glatt, transparent oder weiß, ellipsoid, inamyloid (ohne Stärke).

ÖKOLOGIE UND ERSCHEINUNGSZEIT Vollgestopfte Nestlinge zersetzen nasses, morsches Holz von Nadel- und Laubbäumen. Sie erscheinen vom Sommer bis zu Beginn des Winters.

VERBREITUNG Hier und da in Europa, Nordamerika und Neuseeland. Viel häufiger und etwas größer sind die ähnlichen Teuerlinge (*Cyathus*, *Crucibulum*).

SPHAEROBOLUS STELLATUS
Kugelschneller

FRUCHTKÖRPER Die winzigen Pilze wachsen in Gruppen und ähneln blassen Kugeln oder Eiern. Bei der Reife platzen sie auf und schießen eine orangefarbene Sporenkugel ab.

GRÖSSE 1–3 mm im Durchmesser.

SPOREN Dickwandig und hell.

ÖKOLOGIE UND ERSCHEINUNGSZEIT Auf morschem Holz, toten Gras- und Kräuterstängeln und altem Dung. Vom Frühsommer bis zum Beginn des Winters.

VERBREITUNG In Europa, Nordamerika, Australien und Japan verbreitet und häufig, wegen der geringen Größe aber leicht zu übersehen.

EXIDIA GLANDULOSA UND E. NIGRICANS

Stoppeliger Drüsling und Warziger Drüsling (»Hexenbutter«)

FRUCHTKÖRPER Der Stoppelige Drüsling (*E. glandulosa*) ist unregelmäßig kreiselförmig und unterseits mit kleinen Warzen besetzt. Nah verwandt (und oft verwechselt) ist der Warzige Drüsling (*E. nigricans*, auch »Hexenbutter« genannt), der bei üppigem Vorkommen an ein Gehirn erinnert. Beide Arten schrumpfen bei Trockenheit zu spröden Krusten ein, quellen bei Regen aber wieder auf und setzen die Sporenproduktion fort.

GRÖSSE (*E. glandulosa*) 1–2 cm breit, (*E. nigricans*) 10 cm und mehr.

SPOREN Würstchenförmig, farblos.

ÖKOLOGIE UND ERSCHEINUNGSZEIT Beide Arten zehren feucht liegendes oder noch am Baum sitzendes Laubholz auf.

VERBREITUNG In Mitteleuropa ist der Warzige Drüsling die häufigere Art.

BASIDIOMYCETEN MIT ANDEREN FRUCHTKÖRPERN

GALLERTTRÄNEN Die Arten sind nah miteinander verwandt und gehören zur Ordnung Dacrymycetales (Gallerttränenartige). Die Fruchtkörper sind meist gelb und gallertig oder gummiartig. Die Sporen bildenden Zellen (Basidien) sind wie Stimmgabeln geformt (S. 176–177). An den sexuell gebildeten Sporen knospen ungeschlechtlich gebildete Sporen (Konidien). Alle Arten sind Holzzersetzer und Braunfäuleerreger (S. 120–121).

HÄNGENDE BECHER ODER RÖHREN (CYPHELLOIDE PILZE) Die meisten dieser Pilze gehören, wie auch viele Arten mit Hut und Stiel, zur Ordnung der Agaricales. Sie bilden kleine röhren-, becher- oder glockenförmige Fruchtkörper, die nach unten offen sind. Ihre Lamellen haben sie im Lauf der Evolution verloren. Die kleinsten Arten sind nur etwa 0,2 mm breit, die größten können 10 mm erreichen.

GELATINÖSE (GALLERTIGE) PILZE Gelatinöse Fruchtkörper gibt es in vielen Farben und Formen. Unter dem Mikroskop erkennt man bei einigen Arten septierte Basidien mit langen Fortsätzen (Sterigmata), an denen die Sporen sitzen (S. 289). Die meisten leben als Zersetzer oder parasitieren andere Pilze oder Pflanzen.

CALOCERA VISCOSA
Klebriger Hörnling

FRUCHTKÖRPER Der Klebrige Hörnling ist gummiartig-zäh und etwas schmierig, korallenartig, lebhaft orangegelb, mit geweihartigen, zwei- bis vierfachen Verzweigungen.

GRÖSSE Bis 10 cm hoch.

SPOREN Leicht gekrümmt bis würstchenförmig, inamyloid, enthalten Öltröpfchen, Sporenpulver weiß.

ÖKOLOGIE UND ERSCHEINUNGSZEIT Der Klebrige Hörnling zehrt Nadelholzstümpfe und im Boden vergrabene Holzreste auf. Die Fruchtkörper erscheinen meist im Sommer und Herbst.

VERBREITUNG In Nadelwäldern der Nordhalbkugel weit verbreitet und häufig.

TREMELLA MESENTERICA

Goldgelber Zitterling

FRUCHTKÖRPER Bei Feuchtigkeit ist dieser Pilz gelatinös. In längeren Regenperioden kann er stark ausblassen.

GRÖSSE Einzelne Fruchtkörper erreichen 2–8 cm Durchmesser.

SPOREN Die Basidiosporen sind inamyloid, das Sporenpulver ist weiß.

ÖKOLOGIE UND ERSCHEINUNGSZEIT Die Fruchtkörper erscheinen auf abgestorbenem Laubholz und durchbrechen dessen Rinde. Der Goldgelbe Zitterling ist kein Holzzersetzer, sondern parasitiert auf anderen Pilzarten (S. 102–103). Fruchtkörper gibt es das ganze Jahr über. Weil sie kühle, feuchte Witterung bevorzugen, sieht man sie aber im Spätfrühling und im Sommer seltener.

VERBREITUNG Auf allen Kontinenten mit Ausnahme der Antarktis verbreitet und häufig.

ALEURIA AURANTIA

Orangebecherling

FRUCHTKÖRPER Becher- oder schalenförmig, im Alter durch gegenseitigen Druck oft unregelmäßig mit welligem, stellenweise aufreißendem Rand. Meist in Gruppen wachsend und am Grund über Myzelstränge mit dem Boden verwachsen.

GRÖSSE Einzelne Becher 3–10 cm breit.

SPOREN Ellipsoid, mit netzartigen Graten ornamentiert, enthalten je zwei Öltröpfchen; Sporen weiß.

ÖKOLOGIE UND ERSCHEINUNGSZEIT Orangebecherlinge wachsen oft auf kiesigen Böden an Wegrändern in Parks und Wäldern. Die Fruchtkörper erscheinen im Sommer und Herbst oder sogar in milden Wintern.

VERBREITUNG Auf der Nordhalbkugel weit verbreitet und häufig.

ASCOMYCETEN (SCHLAUCHPILZE): BECHERLINGE, BECHERLORCHELN UND KERNPILZE

Die Pilze dieses Organisationstyps gehören zum Stamm der Ascomycota (Schlauchpilze, S. 48–49). Einige bilden Ektomykorrhizen, andere sind Parasiten oder zersetzen abgestorbene Teile von Pflanzen und Tieren. Ascomyceten bilden ihre Sporen in Asci (Schläuchen, S. 49), die oft von sterilen Hyphen (Paraphysen, S. 177) umgeben sind. Ihre Fruchtkörper sind z. T. mikroskopisch klein, z. T. aber auch sehr groß und treten in den unterschiedlichsten Formen auf. Es gibt neben kugeligen auch becher-, flaschen-, ohr-, kelch-, sattel- und wabenförmige Strukturen.

Bei vielen Schlauchpilzen schießen die reifen Fruchtkörper ihre Sporen ab. Das Hymenium, in dem sie gebildet werden, liegt bei einigen Gruppen frei, was die Freisetzung der Sporen erleichtert. Je nach Gattung oder Art ist es weiß, grau, schwarz oder braun bis violett, rosa, gelb, orange oder rot, seltener auch blau oder grün. Die Farbe kann bereits ein Hinweis auf die Art sein. Fachleute bestimmen Ascomyceten vorrangig nach mikroskopischen Merkmalen wie der Farbe, Größe und Ornamentation der Sporen (ob sie z. B. warzig oder stachelig sind). Sie prüfen, ob die Ascusspitze mit einem kleinen Deckel (Operculum) oder einem Porus versehen ist, ob die Ascuswand doppelt oder einfach ist und wie die Paraphysen angeordnet sind.

HELVELLA MACROPUS

Spindelsporige Becherlorchel, Grauer Langfüßer

FRUCHTKÖRPER Becheraußenseite und Stiel sind filzig behaart und matt, die Innenseite mit dem Hymenium grau und glänzend. Der Pilz ist nah mit der Frühjahrslorchel (*Gyromitra esculenta*) verwandt und deshalb wahrscheinlich ebenfalls giftig.

GRÖSSE Becher: 1–4 cm breit. Stiel: 1–5 cm lang.

SPOREN Ellipsoid bis spindelförmig, glatt, aber manchmal mit kleinen Warzen besetzt, Sporenpulver weiß.

ÖKOLOGIE UND ERSCHEINUNGSZEIT Einzeln oder in Gruppen auf nährstoffreichen Böden oder morschem Holz, oft in Laubwäldern; Frühsommer bis Herbst.

VERBREITUNG In Europa, Nordamerika und Asien verbreitet und häufig.

MICROSTOMA PROTRACTUM

Tulpenbecher

FRUCHTKÖRPER Die kelchförmigen Fruchtkörper wachsen oft büschelig und sind am Stielgrund mit einem gemeinsamen, tief ins Substrat reichenden Strunk verbunden. Der Becher ist anfangs rundlich mit einer zentralen Öffnung in der Mitte, verflacht aber später. Der Rand ist zackig gesäumt.

GRÖSSE Fruchtkörper 4 cm hoch, Becher bis 2,5 cm breit.

SPOREN Groß, dickwandig, Sporenpulver weiß.

ÖKOLOGIE UND ERSCHEINUNGSZEIT Die Fruchtkörper erscheinen nach der Schneeschmelze Ende des Winters und im zeitigen Frühjahr, oft in Au- oder Schluchtwäldern auf vergrabenen Holzresten und gut durchfeuchteten, nährstoffreichen Böden.

VERBREITUNG Selten, aber in Ost- und Nordeuropa, Nordamerika und Nordasien weit verbreitet; in Deutschland nur von wenigen Fundorten bekannt.

OTIDEA ONOTICA
Eselsohr

FRUCHTKÖRPER Die apricotfarbene Außenseite ist matt und leicht filzig, das Hymenium auf der Innenseite glatt und manchmal rosa gefleckt oder rosa getönt.

GRÖSSE Becher: 3–9 cm hoch, 1,5–4 cm breit; Stiel: wenn vorhanden bis 1 cm hoch.

SPOREN Weiß, glatt und ellipsoid mit zwei Öltropfen.

ÖKOLOGIE UND ERSCHEINUNGSZEIT Das Eselsohr wächst vor allem in Laubwäldern auf dem Erdboden. Nach unterschiedlichen Berichten ist es entweder Zersetzer oder Mykorrhizabildner. Die Fruchtkörper erscheinen vom späten Frühjahr bis in den Herbst.

VERBREITET In den gemäßigten Zonen Europas und Nordamerikas weit verbreitet und in Laubwaldgebieten ziemlich häufig.

XYLARIA POLYMORPHA
Vielgestaltige Holzkeule

FRUCHTKÖRPER Schneidet man die schwarzen, keuligen oder fingerförmigen Gebilde (Stromata) auf, wird das schneeweiße, faserig-fleischige Innere sichtbar. In dessen schwarzen Rand sind winzige, flaschenförmige Perithezien eingesenkt, die viele Asci mit jeweils 8 schwarzen Sporen enthalten (S. 49).

GRÖSSE Stromata: 3–8 cm lang, 1–3 cm breit.

SPOREN Glatt, dunkelbraun, spindel- oder bananenförmig, Sporenpulver schwarz.

ÖKOLOGIE UND ERSCHEINUNGSZEIT Charakteristischer Zersetzer von Laubholzstümpfen in Wäldern, Parks und Gärten, manchmal auch auf vergrabenem Holz. Die Fruchtkörper erscheinen meist im Sommer und Herbst.

VERBREITUNG Auf der Nordhalbkugel weit verbreitet und häufig.

Rosen-Seitling (*Pleurotus djamor*)

PILZANBAU

KAPITEL VII

SEIT JAHRHUNDERTEN wissen die Menschen, wie nahrhaft und gesund einige Pilzarten sind, aber erst seit relativ kurzer Zeit kultiviert man Speisepilze. Dieses Kapitel handelt davon, wie Pilze – darunter die von Feinschmeckern so geschätzten Trüffeln – früher in der Küche verwendet wurden und wie man sie anbaut.

Seit vielen Jahrtausenden spielen Pilze bei spirituellen Praktiken eine Rolle, und wegen ihres erdigen, herzhaften Geschmacks sind viele essbare Arten seit Jahrhunderten als Speisepilze geschätzt.

FRÜHE KULINARISCHE VERWENDUNG VON PILZEN

12 000 J.

Bei der Untersuchung menschlicher Zahnreste aus der Höhle von El Mirón im Kantabrischen Gebirge (Nordspanien) wurde nachgewiesen, dass die Menschen, die dort während des Paläolithikums (vor 18 000 bis 12 000 Jahren) lebten, u. a. auch bestimmte Pilze gegessen hatten, z. B. einige Röhrlingsarten. Es ist einer der ersten Belege dafür, dass Menschen Pilze nicht nur bei spirituellen Praktiken zu sich nahmen.

4500 J.

Hieroglyphen aus dem Alten Ägypten belegen, dass die Ägypter vor 4500 Jahren Hutpilze und Trüffeln aßen. Einer Legende nach waren die Pilze »Söhne der Götter« und konnten Unsterblichkeit verleihen. Ihr Genuss war daher den Angehörigen der königlichen Familien vorbehalten.

BEREITS DIE MENSCHEN IM ALTEN ÄGYPTEN VERWENDETEN HEFEPILZE BEIM BROTBACKEN.

SAMTFUSSRÜBLING IN DER NATUR

ENOKITAKE (IM DUNKELN GEZÜCHTETER VERWANDTER DES SAMTFUSSRÜBLINGS)

2200 J.

Ohrlappenpilze wie *Auricularia cornea* wurden in China bereits vor über 2200 Jahren kultiviert und sind bis heute wegen ihrer Bissfestigkeit geschätzte Bestandteile der chinesischen Küche. Seit Jahrhunderten züchtet man in China und Japan Enokitake, einen leicht süßlich schmeckenden Lamellenpilz (*Flammulina filiformis*). Neuerdings wird er vorwiegend unter Lichtabschluss kultiviert (siehe Bild oben).

2000 J.

Vor über 2000 Jahren begannen griechische Gärtner Pilze auf Dung zu züchten. Sie konnten auch schon im kleinen Rahmen bestimmte Holzpilze anbauen, darunter den nussig schmeckenden Südlichen Ackerling (*Cyclocybe aegerita*). Auch die Römer züchteten diesen Pilz, der bis heute in Südeuropa auf Märkten angeboten wird.

400 J.

Eine zufällige Entdeckung brachte die Champignonzucht im 17. Jahrhundert nach Paris. *Agaricus bisporus* wurde erstmals in den Palastgärten von Versailles angebaut. Mitte des 19. Jahrhunderts züchtete man ihn in den Katakomben und alten Steinbrüchen, was sich erst im 20. Jahrhundert mit dem Bau der Metro änderte.

Dank ihrer angenehm fleischigen Struktur und ihres aromareichen Geschmacks (»umami«) werden Pilze seit Jahrtausenden gegessen. Ungefähr 30 Arten (und viele Zuchtformen) werden heute weltweit angebaut – und das aus gutem Grund.

WESHALB ESSEN WIR ZUCHTPILZE?

Viele beliebte Speisepilze werden heute in industriellem Maßstab angebaut (S. 220–223), darunter der Zucht-Champignon (*Agaricus bisporus*) und der Austernseitling (*Pleurotus ostreatus*) sowie einige seiner Verwandten. Ihrer Konsistenz und Vielseitigkeit wegen sind Pilze wertvolle Bestandteile der vegetarischen und veganen Küche. Aus Myzelien werden Fleischersatzprodukte hergestellt (S. 272–273). Mikroskopisch kleine, einzellige Hefepilze werden zu Brotaufstrichen und mineralstoffreichen Hefeflocken verarbeitet.

NÄHRWERT Der Nährwert von Pilzen wird oft unterschätzt. Sie enthalten nur wenig Fett und Natrium, dafür aber viele Ballaststoffe, Vitamine (besonders B-Vitamine) sowie Mineralien wie Selen, Kupfer und Kalium (je nach Art in unterschiedlichen Mengen). Selen ist ein Antioxidans, Kupfer ist wichtig für Stoffwechselprozesse wie die Bildung von roten Blutkörperchen und Kalium für die Zellfunktionen. Eine Handvoll Zucht-Champignons enthält ähnlich viel Kalium wie eine Banane.

In den Zellmembranen der Pilze ist Ergosterol enthalten, das eine ähnliche Funktion wie Cholesterin in tierischen Zellen hat. Weil unser Körper Ergosterol aber nicht genauso verarbeitet wie Cholesterin, sind Pilzgerichte cholesterinfrei.

VEGANES VITAMIN D

Vitamin D ist für viele Prozesse im Körper wichtig. Er produziert es vor allem, wenn wir uns dem Sonnenlicht aussetzen, doch ist es auch in einigen Lebensmitteln enthalten. Pilze bilden Vitamin D über Ergosterol. Bestrahlt man Speisepilze mit ultraviolettem Licht, steigt ihr Vitamin-D-Gehalt, weil Ergosterol in eine Form von Vitamin D umgewandelt wird. Andere Lebensmittel, die viel Vitamin D enthalten, sind fettreicher Fisch und Eidotter, aber Pilze sind die einzige natürliche Quelle für Menschen, die sich vegan ernähren.

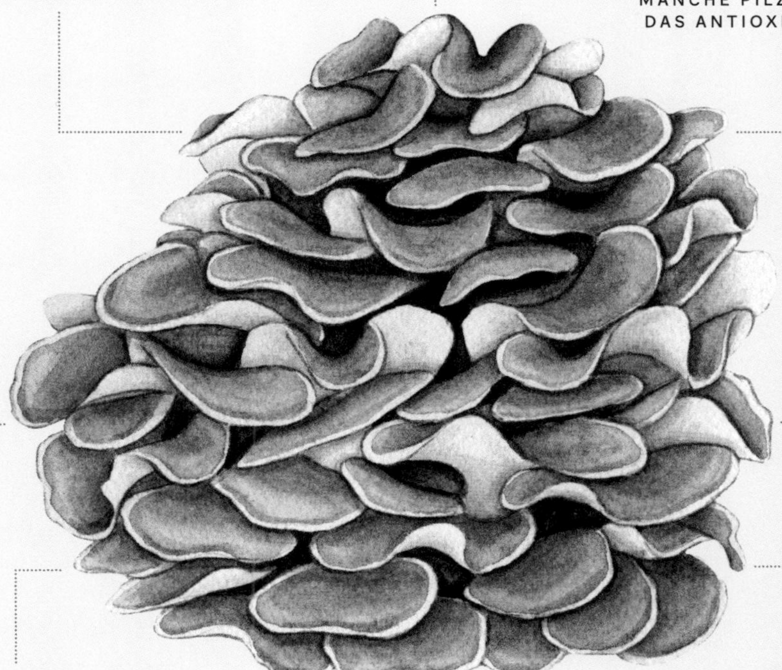
EINIGE PILZE ENTHALTEN GESUNDHEITSFÖRDERNDE VITAMINE UND MINERALSTOFFE.
MANCHE ARTEN ENTHALTEN VIEL VITAMIN D.
MANCHE PILZE ENTHALTEN DAS ANTIOXIDANS SELEN.
FETTARM
KEIN CHOLESTERIN
EINE ALTERNATIVE ZU FLEISCH
HERZHAFTER, OFT WÜRZIGER GESCHMACK (UMAMI)
EINIGE ARTEN ENTHALTEN STOFFE MIT ENTZÜNDUNGSHEMMENDEN EIGENSCHAFTEN.

Pilze sind anders als die meisten Nutzpflanzen relativ einfach anzubauen und der Markt für Zuchtpilze (kommerziell oder privat) boomt. Beim Anbau kommt es vor allem auf drei Dinge an: das Substrat, die Umweltbedingungen und die Pilzbrut.

PILZE ANBAUEN

VORSICHT
Es macht Spaß, Pilze selbst anzubauen. Beziehen Sie die Pilzbrut oder ein komplettes vorbereitetes Set bei einem seriösen Anbieter, damit sie keine ungenießbaren Pilze angedreht bekommen. Wenn Sie Pilze im Freiland züchten, können Sporen ungenießbarer oder giftiger Arten aus der Natur die essbare Art verdrängen. Haben Sie auch nur den geringsten Zweifel, holen Sie sich Rat bei Experten (Pilzberater, Pilzsachverständige). Einige Menschen reagieren empfindlich auf Pilze – probieren Sie daher von jeder neuen Art zunächst nur eine kleine Menge. Pilzsporen können, wie Pflanzenpollen, Allergien auslösen. Atmen Sie sie nicht ein und legen Sie Ihre Zucht an einem gut belüfteten Ort an. Manchmal gibt es im Handel auch Stämme, die weniger Sporen produzieren.

Saprobe Arten (Zersetzer, S. 39), die sich auf organischen Abfallstoffen in größeren Mengen regional anbauen lassen, müssen nicht über weite Strecken zu den Verbrauchern transportiert werden, was umweltfreundlicher ist. Andere Speisepilze zersetzen Holz. Der Shiitake (*Lentinula edodes*) etwa wird oft auf Baumstämmen kultiviert. Mykorrhizapilze (S. 60–61) wie Trüffeln sind schwieriger anzubauen, denn sie brauchen lebende Partnerbäume.

VORAUSSETZUNGEN FÜR DEN PILZANBAU Wenn Sie Pilze kultivieren wollen, sollten Sie vor allem drei Punkte bedenken: Pilze benötigen die jeweils richtigen Umweltbedingungen für die Bildung von Fruchtkörpern und jede Pilzart braucht das für sie geeignete Substrat. So benötigen Zucht-Champignons ein vorverdautes Substrat, andere Speisepilze dagegen nicht. Die dritte Voraussetzung besteht darin, dass Sie mit hochwertiger Pilzbrut in die Zucht einsteigen. Sie besteht aus einer Sporenkultur oder einem Myzel, das sterilisierte Getreidekörner oder Holzdübel durchzieht. Die Pilzbrut wird dann dem jeweiligen Substrat beigegeben. Der Pilz nimmt es an, wächst weiter, bildet weiteres Myzel und schließlich auch Fruchtkörper.

Rosen-Seitling
(*Pleurotus djamor*)
Man kann vorbereitete Sets kaufen, die bereits alle Voraussetzungen erfüllen. Der beliebte Pilz bildet dann viele rosa Fruchtkörper, die schon rein optisch ein Genuss sind.

*Die meisten von uns denken in diesem Zusammenhang zuerst an Zucht-Champignons (*Agaricus bisporus*), von dem es weiße und braune Formen gibt und die größeren Portobello-Pilze – alle gehören sie zu ein und derselben Art und werden auf die gleiche Weise angebaut.*

DER ANBAU VON ZUCHT-CHAMPIGNONS

Die Anbaumethoden für Zucht-Champignons sind in vielfacher Hinsicht immer noch dieselben wie im Frankreich des 19. Jahrhunderts – nur dass die kommerzielle Champignonzucht inzwischen in vielen Ländern der Welt praktiziert wird. Sie können Champignons auch zu Hause heranziehen und nach wenigen Wochen eigene Pilze ernten. Dafür sind im Handel verschiedene Pilzzuchtsets erhältlich. Sie enthalten von Myzel durchwachsenes Substrat, das mit einer Schicht Erde bedeckt wird und ggf. mit Wasser besprüht werden muss. Halten Sie sich dabei an die Anleitung des jeweiligen Herstellers.

DAS SUBSTRAT Alle Pilze brauchen ein Substrat, in dem das Myzel wachsen kann. Anders als andere Pilzarten, die kommerziell angebaut werden, benötigt der Zucht-Champignon Kompost, der schon teilweise zersetzt ist. Dafür muss das Rohsubstrat (meist Pferdemist und Stroh) von natürlich vorkommenden Mikroorganismen fermentiert werden. Das Ergebnis ist ein nährstoffreiches Substrat, in dem sich der Pilz gut entwickeln kann.

PILZBRUT Die Mutterbrut wird angesetzt, indem man sterilisiertes Hirsekorn mit dem Champignon-Myzel vermischt. Pilzbrut ist im Fachhandel erhältlich. Auch professionelle Pilzzüchter beziehen sie direkt von solchen Anbietern.

KOMMERZIELLER ANBAU VON ZUCHT-CHAMPIGNONS

1.

Agaricus bisporus wird meist in einem Substrat aus Pferdemist mit Weizenstroh gezüchtet. Diesem werden Getreideschrot, Stickstoff (oft in Form von Hühnermist) und Gips zugesetzt, um den pH-Wert stabil zu halten und zu verhindern, dass das Stroh verklebt.

2.

Wärmeliebende Mikroorganismen, die von Natur aus im Substrat vorkommen, fermentieren den nährstoffreichen Anteil des Komposts. Das kommt den Champignons zugute und reduziert das Risiko eines Befalls durch andere Pilzarten und Bakterien.

3.

Der klumpige gelbe Kompost wird gewässert. Wenn er die benötigte Temperatur hat, wird er im Abstand von 2–3 Wochen regelmäßig gewendet, bis eine dunkle, dichte, nach Ammoniak riechende Mischung entsteht.

4.

Die Mischung wird auf Paletten verteilt und pasteurisiert, um andere Pilzarten, Insekten und Fadenwürmer abzutöten. Nützliche Mikroorganismen, die zur Entfernung des Ammoniaks beitragen, werden dabei kaum geschädigt.

5.

Der Kompost wird abgekühlt und mit der Pilzbrut beimpft. Die Temperatur, die Feuchtigkeit und der Kohlendioxidgehalt werden kontrolliert (S. 53), um für das Myzel optimale Wachstumsbedingungen zu schaffen.

6.

Wenn das Myzel den Kompost durchwachsen hat (nach 7 bis 10 Tagen), wird er mit einer Schicht aus Torf und kalkhaltiger Erde bedeckt, um die Bildung von jungen Fruchtkörpern (Primordien) zu stimulieren (S. 45).

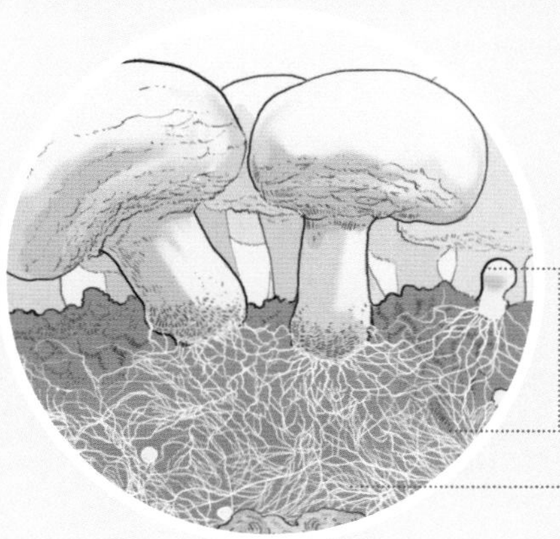

7.

Zwei bis drei Wochen später entwickeln sich erntereife Fruchtkörper, deren Entfernung das Wachstum weiterer Fruchtkörper anregt. Der gesamte Prozess dauert in professionellen Pilzzuchten ungefähr 14 Wochen.

IN DER DECKERDE SIND BEREITS MYZELSTRÄNGE UND PRIMORDIEN ZU SEHEN.

PILZKOMPOST, BESIEDELT VOM MYZEL VON *AGARICUS BISPORUS*

Einige essbare Pilze, wie Austernseitling und Shiitake, wachsen am besten auf Holzsubstraten ohne Dungbeigabe. Es sind verschiedene Sets erhältlich, mit denen man diese Pilze zu Hause züchten kann. Sie sollten jedoch vorsichtig sein, vor allem wenn Sie die Pilze im Freien anbauen.

ANBAU WEITERER SPEISEPILZE

AUSTERNSEITLINGE Sie gehören zu den Arten, die am schnellsten Fruchtkörper bilden und sind ein guter Einstieg für Anfänger. Pilzbrut kann man von Spezialanbietern beziehen. Die Pilze wachsen auf verschiedenen Substraten. Die Sets werden in sterilen Beuteln geliefert und bestehen aus vorbereitetem Substrat, das mit Pilzbrut beimpft wurde. Manchmal muss man es in Wasser einweichen und einem Kälteschock aussetzen, um die Fruchtkörperbildung anzuregen. Schlitzen Sie die Substratverpackung an verschiedenen Stellen auf, damit Luft eindringen kann, und besprühen Sie sie regelmäßig mit Wasser. Je nach Kulturmethode erntet man Austernseitlinge nach 2 bis 6 Wochen. Man kann die Pilzzucht in einem Gartenschuppen, im Keller oder sogar in einem gut belüfteten Schrank unterbringen, sollte aber in jedem Fall darauf achten, dass man die Sporen nicht einatmet (S. 220).

Kommerziell werden Austernseitlinge in Räumen angebaut, deren Temperatur regelmäßig kontrolliert wird. Sterilisiertes Substrat aus Weizenstroh und Holzabfällen wird mit Pilzbrut beimpft und zwei bis drei Wochen lang bebrütet, sodass sich das Myzel entwickeln kann. Dann wird es in Wasser eingeweicht, benötigt einen Kälteschock und muss der Luft ausgesetzt werden, um innerhalb von 7 bis 10 Tagen die Fruchtkörperbildung zu stimulieren. Temperatur und Feuchtigkeit werden sorgfältig kontrolliert, um den Ertrag zu optimieren.

SHIITAKE Die holzabbauende Art, die in Asien schon seit Jahrhunderten angebaut wird, bildet ihre Fruchtkörper bevorzugt an Substraten auf Sägemehlbasis oder an Baumstämmen (v. a. von Eiche, Birke und Erle). Erhältlich ist Pilzbrut in Getreidekörnern oder Holzdübeln. Man bohrt Löcher in frisch geschlagene Laubholzstämme und befüllt sie mit der Brut. Auch mit Myzel beimpfte Säcke mit Sägemehlsubstrat sind im Handel erhältlich. An Baumstämmen bilden Shiitake-Pilze meistens zwei Mal im Jahr, im Frühjahr und im Herbst, Fruchtkörper. Bei Sägemehlsäcken müssen Sie 2–3 Wochen nach der Impfung mit der Pilzbrut Schlitze in die Folienverpackung schneiden und den Sack oder Block 1–2 Tage in Wasser einweichen. Nach ein bis zwei Wochen können Sie dann erste Fruchtkörper ernten. In kommerziellen Zuchten werden sowohl Baumstämme als auch Substrate auf Sägemehlbasis verwendet und Temperatur und Feuchtigkeit kontinuierlich optimiert.

Shiitake
Die aus Ostasien stammende Art wird dort seit Jahrhunderten kultiviert und nicht nur zu Speisezwecken verwendet, sondern auch in der traditionellen chinesischen Medizin eingesetzt. Inzwischen wird der Shiitake weltweit kommerziell angebaut und in vielen Supermärkten und Bioläden angeboten.

Trüffeln gelten als Delikatesse, und das aus gutem Grund. Die erlesenen Knollen sind die teuersten Speisepilze, doch ihr Anbau erfordert Mut und Durchhaltevermögen.

TRÜFFELANBAU

Trüffeln sind unterirdisch wachsende Pilze, die Ektomykorrhizen mit den Bäumen in ihrer Nähe bilden (S. 60–61), z.B. mit Eichen, Buchen, Lärchen oder Haseln. Ihr Aroma wird in der Natur von Eichhörnchen, Kaninchen, Wildschweinen und anderen Tieren wahrgenommen. Sie graben die Pilze aus, fressen sie und verbreiten die Sporen mit ihrem Kot. Der Einsatz von Schweinen und Hunden bei der Trüffelsuche hat eine lange Tradition.

LANGSAMES WACHSTUM Weil Trüffeln Partnerbäume brauchen, wachsen sie nicht, wie viele andere Speisepilze, in Komposterde, auf Sägemehl oder an Baumstämmen. Viele Anbieter im Internet bieten mit Trüffeln beimpfte Bäumchen an. Es kann jedoch ein Jahrzehnt oder länger dauern, bis sich eine Mykorrhizapartnerschaft entwickelt und so weit ausgereift ist, dass es zur Fruchtkörperbildung kommt. Bis man zuverlässig Trüffeln ernten kann, gehen weitere 10 Jahre ins Land. Einige Züchter beimpfen den Boden mit Trüffelmyzel und pflanzen dann junge Bäume in diese Erde. Andere verpflanzen Schößlinge aus ihnen bekannten Trüffelhainen, von denen sie annehmen, dass sie bereits Mykorrhizen mit Trüffeln gebildet haben.

KOMMERZIELLER TRÜFFELANBAU In den USA, in Australien und Europa gibt es bereits Trüffelfarmen, und es werden immer mehr. Der Boden muss locker und krümelig, durchlässig und leicht alkalisch sein. Auch ein gemäßigtes Klima ist wichtig. Im kommerziellen Anbau werden die Wurzeln junger Bäume mit Trüffelsporen beimpft oder man setzt die jungen Bäume in Säcke mit beimpfter Erde. Im Alter von 2 bis 5 Jahren werden sie dann in einen geeigneten Boden gepflanzt. Es dauert meist 7 bis 10 Jahre, bis man die ersten Trüffeln ernten kann, und bis zu 20 Jahre, bis sich der Ertrag lohnt.

KOMMERZIELLER ANBAU VON TRÜFFELN

1.

Baumschösslinge werden in mit Erde gefüllte Kübel gepflanzt, die mit Trüffelsporen oder Trüffelmyzel durchsetzt ist.

2.

Die Schösslinge verbleiben 2–5 Jahre in den Kübeln und werden dann in größere mit zusätzlicher »Trüffelerde« umgetopft. Allmählich wachsen sie zu jungen Bäumen heran.

3.

Die Bäume werden reihenweise in Plantagen auf gut drainiertem, lockerem und kalkhaltigem Boden gepflanzt, also unter Bedingungen, die für die Trüffelzucht geeignet sind.

4.

Die Bäume werden jedes Jahr geschnitten und der Boden bewässert. Nach 7 bis 10 Jahren werden die ersten Trüffeln erscheinen. Ehe die Myzelien ihre volle Produktivität erreichen, können aber bis zu 20 Jahre vergehen.

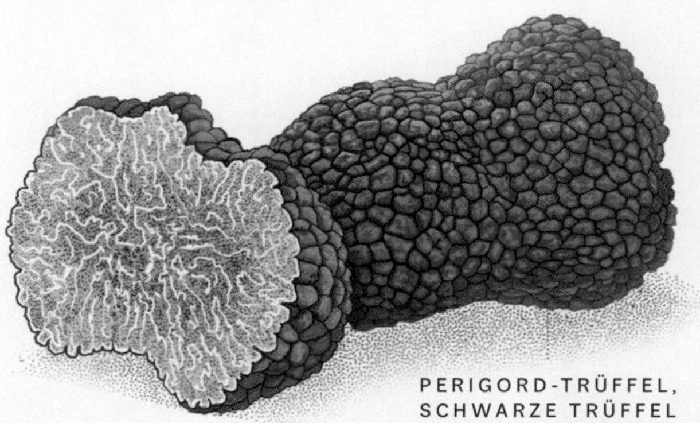

PERIGORD-TRÜFFEL, SCHWARZE TRÜFFEL (*TUBER MELANOSPORUM*)

5.

Die Trüffeln wachsen knapp unter der Erdoberfläche. Bei der Ernte ist darauf zu achten, dass keine Baumwurzeln beschädigt werden. Trüffelhunde erleichtern das Auffinden.

6.

Obwohl der Trüffelanbau sehr zeitintensiv ist, lohnt er sich. Die teuersten Trüffelarten erreichen Kilopreise von über 3000 Euro.

Fliegenpilz (*Amanita muscaria*)

KUNST, KULTUR UND RITUALE

KAPITEL VIII

AUF GEMÄLDEN und in der Volkskunst gibt es unzählige Pilzdarstellungen, und auch bei Ritualen und in der Musik spielen Pilze seit Jahrtausenden eine Rolle. Dieses Kapitel handelt davon, wie Pilze Volksglauben und Volkskunst inspirierten. Einst glaubten die Menschen, dass Pilze geheimnisvolle Kräfte besäßen, und viele Pilznamen beruhen noch heute auf Mythen und Legenden. Auch ihre Fähigkeit Musik zu produzieren ist ein Thema.

Wie von Zauberhand bewegt, brechen Pilze oft aus dem Boden hervor und faszinieren die Menschen seit Jahrhunderten. Kein Wunder, dass sie in Kultur und Folklore tief verwurzelt sind.

PILZMYTHEN UND PILZLEGENDEN

HEXENRINGE Im Volksglauben und in Legenden spielen Hexenringe (S. 136–139) eine große Rolle. In Österreich und einigen Regionen Frankreichs hielt man sie für magische Orte. Man erzählte sich, dass an solchen Stellen Drachen Feuer gespien oder mit Schlägen ihres Schwanzes die »verbrannten« Kreise verursacht hätten. Englische Volksmärchen erzählen von Reigen tanzenden Feen, die den ersehnten Regen feierten – immer im Kreis, bis das Gras unter ihren Füßen verwelkte. Ein englischer Aberglaube prophezeit, dass man für 100 Jahre zu Stein erstarrt, wenn man in einen Hexenring tritt. Badet ein junges Mädchen innerhalb eines Hexenrings im Tau, wird seine Haut unrein. So verbreitet waren solche Legenden dereinst, dass sogar Prospero in Shakespeares Schauspiel »Der Sturm« von Hexenringen spricht.

SPEISE DER GÖTTER Im antiken Griechenland waren Pilze Fruchtbarkeitssymbole. Welche Bedeutung sie in der griechischen Mythologie hatten, belegt ein Steinrelief: Nachdem sie in der Unterwelt gefangen gehalten worden war, wird die Göttin Persephone mit ihrer Mutter Demeter wiedervereint. In dieser fröhlichen Szene sind Pilze dargestellt, die möglicherweise die Wiedergeburt symbolisieren oder aber als Hinweis auf die halluzinogenen Eigenschaften bestimmter Pilzarten gedeutet werden könnten. Es gibt Vermutungen, dass halluzinogene Pilze die religiösen Rituale der Antike beeinflusst haben.

Anstößige Erscheinung
Wie es heißt, traute sich die britische Illustratorin und Autorin Beatrix Potter (1866–1943), von der eine Reihe früher Pilzdarstellungen bekannt ist, nicht, Stinkmorcheln zu malen, während die Tochter von Charles Darwin sie einsammelte und zerstörte, weil sie den Dienstboten die Peinlichkeit ihres Anblicks ersparen wollte. In viktorianischen Publikationen bildete man Stinkmorcheln bisweilen auf dem Kopf stehend ab. Auch gab es Menschen, die die Stinkmorchel (*Phallus impudicus*) ihrer Gestalt wegen fälschlicherweise für ein Aphrodisiakum hielten.

Königliches Gebäck
Nach einer englischen Legende flüchtete Alfred der Große, überrumpelt von einem plötzlichen Überfall der Dänen, in die Sümpfe von Somerset. Dort soll er beim Kuchenbacken eingeschlafen sein ... und daher lautet ein englischer Volksname für die harten, schwarzen Fruchtkörper des Kohligen Kugelpilzes (*Daldinia concentrica*) in Erinnerung an die verbrannten Kuchen »King Alfred´s Cakes«.

Ein Glückspilz
Der Glänzende Lackporling (*Ganoderma lucidum*), der in Japan als Reishi (»göttlicher« oder »spiritueller« Pilz) bekannt ist, während ihn die Chinesen Ling Zhi (»Baum des Lebens«) nennen, sollte Gesundheit und Glück bringen.

VEREHRTE PILZE Die meisten Pilzdarstellungen in China, Japan und Korea zeigen bis heute die roten, fächerförmigen Fruchtkörper des Glänzenden Lackporlings (*Ganoderma lucidum*) mit ihren wie gedrechselt erscheinenden Stielen. Man sieht sie auf Reliefs an Tempelwänden, an Statuen, in Gemälden, auf Zeichnungen und als Holzschnitzerei in Ruyi-Zeptern (Talismanen). In der Verbotenen Stadt und im Sommerpalast in Peking schmücken Darstellungen des Glänzenden Lackporlings das Zepter des Kaisers, Möbel und andere Gegenstände.

DER PILZ DES WEIHNACHTSMANNS Der Fliegenpilz (*Amanita muscaria*, S. 239, 241–243) mit seinem auffallend roten, weiß gepunkteten Hut ist vielleicht der weltweit berühmteste Pilz. Er kommt in vielen Legenden und Märchen vor. Es gibt Vermutungen, dass die Figur des Weihnachtsmanns im rot-weißen Mantel auf schamanische Rituale sibirischer Völker zurückgeht, bei denen der Fliegenpilz eine wichtige Rolle spielte.

Schamanen hängten Fliegenpilze in Kiefern auf, um sie zu trocknen und im Winter zu verschenken. Man vermutet, dass der Mantel des Weihnachtsmanns rot und weiß ist, weil einst Schamanen Hirschfelle mit rot und weiß gefleckten Umhängen trugen. Das fliegende Rentier wird auf Halluzinationen nach dem Genuss rauschgifthaltiger Fliegenpilze zurückgeführt.

Fliegenpilze erscheinen wie durch Zauberhand unter Birken, Kiefern und anderen Bäumen, ähnlich wie die Geschenke, die »plötzlich« unter dem Weihnachtsbaum liegen. Mit ihren roten, weiß gepunkteten Hüten sind sie in Europa beliebte Motive auf Grußkarten und Weihnachtsschmuck.

TÖDLICHER PILZ

Napoleon soll in seinem Exil auf der Insel St. Helena an einem Magengeschwür gestorben sein. Es gibt aber auch die These, ein Pilz sei für seinen Tod zumindest mitverantwortlich. Vielleicht atmete der ehemalige französische Herrscher giftige Gase ein, weil der Arsenpilz (*Scopulariopsis brevicaulis*) das »Schweinfurter Grün«, mit dem die Tapeten seines Hauses gestrichen waren, befallen und dabei toxische Arsenverbindungen freigesetzt hatte.

Auch die Kunst hat sich der Pilze mit ihren vielfältigen Formen und Farben angenommen – auf prähistorischen Höhlenmalereien findet man ebenso Pilzdarstellungen wie auf Briefmarken im 20. Jahrhundert. Sie hatten spirituelle Bedeutung und standen als Nahrungsmittel in hoher Wertschätzung.

PILZE IN DER KUNST

ALTE KUNSTWERKE Einige prähistorische Höhlenmalereien im Gebirge Tassili N'Ajjer in Nordafrika zeigen Pilzdarstellungen. In Guatemala entstanden im Neolithikum steinerne Götterstatuen in Pilzgestalt. Auf Münzen aus dem indischen Königreich Magadha Janapada sind Pilze neben dem Lebensbaum abgebildet. All dies sind Zeugnisse für die hohe Verehrung, die Pilze bei unseren Vorfahren genossen.

RENAISSANCE BIS BAROCK Viele Maler der Renaissance stellten Pilze dar, meist Porlinge an Bäumen oder büschelig wachsende Hutpilze auf dem Waldboden – ein Zeichen für zunehmendes Interesse an Pilzen in jener Zeit. Auch die Künstler des Barocks wurden von ihnen inspiriert, vor allem in Italien, wo man Pilze oft auf Stillleben verewigte. Bartolomeo Arbotori (1595–1676) malte gern den Kaiserling (*Amanita caesarea*, S. 97) und den Steinpilz (*Boletus edulis*). In der asiatischen Kunst wurde damals oft der Ling Zhi oder Reishi (*Ganoderma lucidum*, S. 232–233) dargestellt.

ROMANTIK UND SPÄTER In der Romantik stieg das allgemeine Interesse an der Natur sprunghaft an. Amateurmyologen trugen Informationen zusammen, indem sie Pilze schon vor Ort beschrieben, zeichneten oder malten und sie dann getrocknet aufbewahrten. Zu den schönsten Illustrationen gehören jene von Anna Maria Hussey (1805–1853) und Beatrix Potter (S. 231), die über 300 Pilze und Flechten malte, vorwiegend aus Schottland und dem Lake District. In Deutschland war schon 1762–1764 ein den Pilzen aus der Umgebung von Regensburg gewidmetes Tafelwerk des Botanikers Jacob Christian Schaeffer (1718–1790) erschienen.

BRIEFMARKEN

Die ersten Briefmarken mit Pilzabbildungen wurden in Rumänien gedruckt. 100 Jahre zuvor, im Jahr 1840, war in England mit der »Penny Black« die erste Briefmarke ausgegeben worden. Zur Erinnerung an den Erfolg des Antibiotikums Penizillin (S. 252–253) schmückte 1967 mit *Penicillium* erstmals ein Pilz ein englisches Postwertzeichen. Heute werden Briefmarken mit Pilzmotiven von Philatelisten in aller Welt gesammelt.

Pilze in der Renaissance
Giuseppe Arcimboldo (1526–1598) arrangierte in seinem Gemälde »Herbst« von 1573 Früchte, Gemüse, Blätter und Pilze zu einem Männerkopf. Ein Lamellenpilz stellt das Ohr dar.

Auch in der Musik spielen Pilze eine Rolle – eine größere sogar, als Sie vielleicht glauben. Geigen aus von Pilzen befallenem Holz gehören zu den besten Saiteninstrumenten der Welt. Und es gibt Sporen, die musizieren.

PILZMUSIK

SPOREN ZUM KLINGEN BRINGEN Pilze setzen ihre Sporen in die Atmosphäre frei, damit ihre Nachkommen neue Lebensräume besiedeln können (S. 54–55). Wie sie das tun, ist allerdings von Art zu Art unterschiedlich und lässt sich kreativ in Musik umwandeln. Im Normalfall sieht man die Sporenfreisetzung nicht. Schickt man jedoch einen Laserstrahl unter einem sporulierenden Pilzhut vorbei, werden die winzigen ausfallenden Sporen sichtbar. Der Sound-Designer Yann Seznec und der Mykologe Patrick Hickey im schottischen Edinburgh entwickelten ein System, das Töne erzeugt, wenn die freigesetzten Sporen durch den Laserstrahl fallen. Es erklingt eine zart klimpernde Pilz-Musik.

GEIGEN AUS »MYCOWOOD« Aus Holz, das von den Weißfäuleerregern *Physisporinus vitreus* (Wässriger Porling) und *Schizophyllum commune* (Spaltblättling) teilweise zersetzt wurde, kann man Geigen mit hervorragenden akustischen Eigenschaften bauen, die jenen der weltberühmten Stradivari-Violinen gleichkommen. Antonio Stradivari, ein Geigenbauer aus der Barockzeit, schuf seine Instrumente bis zur Mitte des 18. Jahrhunderts aus Fichtenholz, das in den italienischen Alpen geschlagen wurde. Diese Bäume hatten die »Kleine Eiszeit« überstanden. Ihr Holz war chemisch einheitlicher (homogener) als das von Bäumen aus wärmeren Klimazonen, wovon die Klangeigenschaften der Instrumente profitierten. Die Homogenität des Holzes und die außerordentlichen handwerklichen Fähigkeiten Stradivaris machten seine Violinen einzigartig. Mit Pilzen kann man ähnliche Effekte hervorrufen – begabte Musiker können also darauf hoffen, dass ihnen künftig qualitativ hochstehende »Mycowood«-Violinen zu erschwinglicheren Preisen zur Verfügung stehen werden.

Spaltblättling (*Schizophyllum commune*)
Durch kontrollierten Befall mit den Weißfäuleerregern *Physisporinus vitreus* und *Schizophyllum commune* (oben) kann Holz entstehen, das ähnliche akustische Eigenschaften besitzt wie das Holz, das die Geigenbauer der Barockzeit verwendeten.

In vielen ***Märchen*** *und Kinderbüchern sitzen* ***Feen*** *und* ***Elfen*** *auf den Hüten von* ***Fliegenpilzen*** *oder leben in Pilzhäusern.*

Literatinnen und Literaten ließen sich von Pilzen inspirieren. Es gibt dafür viele Beispiele – in Gedichten, Kinderbüchern, Krimis und Romanen der Weltliteratur.

PILZE IN DER LITERATUR

LEUCHTENDE PILZE Im ältesten überlieferten angelsächsischen Heldenepos Beowulf findet sich ein Hinweis darauf, dass manche Pilze leuchten (S. 124–125): »Über ihm der frostige Wald, fest verwurzelt, wirft Schatten auf die Wellen. Nachts ist ein seltsames Wunder zu sehen, Feuer auf dem Wasser.« Im Mittelalter hielt man leuchtende Pilze oder leuchtendes Holz – hier wahrscheinlich ein Exemplar, das sich im Wasser spiegelte – für Botschafter aus einer anderen Welt.

PILZE ALS ZEICHEN DES VERFALLS Durch Pilze verursachter Tod und Verfall inspirierte im 19. Jahrhundert u. a. den britischen Schriftsteller Charles Dickens. In seinem Roman »Große Erwartungen« scheinen das verfallende Haus und die vermodernde Hochzeitsdekoration von Miss Havisham auch den Verfall der Herzen der Oberschicht zu versinnbildlichen, die die bittere Armut ihrer Zeit ignoriert. Weit weniger schwermütig illustriert der Comic »Fungus the Bogeyman« (1977) von Raymond Briggs den Sittenverfall. Der Humor gründet auf den schmutzaffinen Hauptcharakteren Fungus (Pilz), seiner Frau Mildew (Mehltau) und seinem Sohn Mould (Schimmelpilz). Und in dem Roman »Versuch über den Pilznarren« (2013) des Nobelpreisträgers Peter Handke ist der Titelheld den Pilzen schlichtweg »verfallen«.

HALLUZINOGENE PILZE In »Alice im Wunderland« von Lewis Carroll (1865) trifft Alice eine große blaue Raupe, die auf einem Pilzhut sitzt und eine Wasserpfeife raucht. Als sie im hohen Gras verschwindet, sagt sie: »Eine Seite lässt dich größer werden und die andere kleiner« – eine Anspielung auf halluzinogene Arten wie Fliegenpilz (*Amanita muscaria*) und Spitzkegeliger Kahlkopf (*Psilocybe semilanceata*, S. 260–261), deren Inhaltsstoffe die Wahrnehmung verändern. Wesentlich drastischer zeigt Martin Suters Roman »Die Dunkle Seite des Mondes« (2000), was unter Pilzdrogeneinfluss mit einem geschehen kann.

Lärchen-Baumschwamm
(*Laricifomes officinalis*)
Der Pilz wächst im Gebirge an alten Lärchen und bildet säulenförmige Fruchtkörper, die über einen Meter hoch werden können. Die indigenen Völker der nordamerikanischen Westküste nannten ihn »Brot der Geister« und schnitzten Masken, Figuren mit spiritueller Bedeutung und andere Kunstwerke aus ihm, die integrale Bestandteile schamanischer Rituale waren. Man schrieb ihnen übernatürliche Kräfte zu. Starb der Schamane, stellte man die Figuren am Kopfende seines Grabes auf – wahrscheinlich, um böse Mächte fernzuhalten. Bei uns ist der Pilz seiner Inhaltsstoffe wegen auch als »Apothekerschwamm« bekannt und steht als »vom Aussterben bedroht« auf der Roten Liste.

In vielen Regionen der Welt findet man Jahrhunderte alte Pilzsymbole. Einige Pilze wurden sogar angebetet und bildeten die Grundlage uralter Zeremonien und Rituale.

ZEREMONIEN UND RITUALE

HÖHLENMALEREIEN Einer der ältesten Hinweise darauf, dass Menschen bei spirituellen Handlungen Pilze zu sich nahmen, ist über 9000 Jahre alt. Prähistorische Malereien in Höhlen der algerischen Gebirgskette Tassili N'Ajjer zeigen tanzende Figuren. In den Händen halten sie Pilze, von denen Lichtstrahlen ausgehen, die auf die Köpfe der Tänzer treffen – vielleicht eine frühe Darstellung der halluzinogenen Wirkung von Pilze. Andere Zeichnungen scheinen Göttergestalten abzubilden, aus deren Körpern Pilze hervorwachsen.

PILZE AUS STEIN Im nördlichen Zentralamerika fand man rätselhafte pilzförmige Steine, die vermutlich mehr als 2500 Jahre alt sind. Sie sind geformt wie die halluzinogenen Arten *Psilocybe semilanceata* (Spitzkegeliger Kahlkopf, S. 260–261) und *Amanita muscaria* (Fliegenpilz, S. 242–243). Der Stiel stellt eine Gottheit dar, der Pilzhut eine Kopfbedeckung, und manchmal ist die Basis mit Skulpturen kleinerer Pilze geschmückt. Generell zeigen solche Skulpturen, welche Rolle Pilze in der Kultur der indigenen Völker spielten.

ÜBERNATÜRLICHE KRÄFTE Der Zunderschwamm (*Fomes fomentarius*), der in Europa, Nordamerika, Asien und Afrika vorkommt, bildet große Fruchtkörper, die wie Pferdehufe geformt sind (S. 250). Das Volk der Chanten im westlichen Sibirien verbrannte Zunderschwämme an den Eingängen zu ihren Grabkammern. Der Rauch sollte verhindern, dass die Toten Einfluss auf die Lebenden nahmen.

RITUALE DER ALTEN WELT Im alten hinduistischen Text Rigveda ist von »soma« die Rede, einem kräftigenden Getränk aus einer roten Pflanze, die weder Blätter, Blüten noch Wurzeln, aber fleischige Stiele hat. In einem Artikel (»Soma of the Aryans – an ancient hallucinogen?«, 1971) stellte der Ethnomykologe Robert Gordon Wasson die These auf, dass es sich bei der »Pflanze« um einen Fliegenpilz handelt. Im Rigveda sind Indra, der König der Götter, und der Feuergott Agni mit dem wertvollen Elixier abgebildet, das Unsterblichkeit und Stärke verleihen sollte.

Ein anderer Gott, der im Hinduismus verehrt wird, ist Shiva, der Beschützer. Oft wird er mit einem Pilz in der Hand dargestellt. Aus der Harappa-Kultur im Tal des Indus kennt man Statuetten weiblicher Fruchtbarkeitsgöttinnen, deren Köpfe mit Fliegenpilzen geschmückt sind. Auch hier lässt sich vermuten, dass der Pilz eine spirituelle Bedeutung hatte.

RITUALE SIBIRISCHER SCHAMANEN In Sibirien kam dem Fliegenpilz seiner halluzinogenen Eigenschaften wegen große Bedeutung bei schamanischen Ritualen zu. Das Halluzinogen, das im Hut gebildet wird, verändert sich im menschlichen Körper nicht, sondern wird mit dem Urin wieder ausgeschieden. Es gibt Überlieferungen von Schamanen, die den Pilz aßen und anschließend in ein Gefäß urinierten, damit auch andere Mitglieder der Gemeinschaft den Urin trinken konnten. Fliegenpilze waren zudem ein begehrtes Handelsgut (siehe rechts).

PILZE IN DER NEUEN WELT Auf vielen Kunstgegenständen aus dem vorkolumbischen Nordamerika, z. B. auf Keramikgefäßen und Masken, sind Fliegenpilze abgebildet. Dies weist darauf hin, dass zwischen den frühen Kulturen der Neuen Welt und dem halluzinogenen Pilz eine tief verwurzelte Beziehung bestand. Es gibt auch die Vermutung, dass bei frühen Wanderungsbewegungen zwischen Nordasien und Nordamerika – zu einer Zeit, als die Kontinente durch Schelfeis verbunden waren – bereits etablierte kulturelle, zeremonielle und rituelle Praktiken mit Fliegenpilzen in die Neue Welt eingeführt wurden.

Alles hängt zusammen
Für die indigenen Völker im nördlichen Sibirien waren Birkenholz, Fliegenpilze und Rentiere Handelswaren von großer Bedeutung und miteinander verbunden: Die Birke lieferte Bau- und Feuerholz, der Fliegenpilz bildet Mykorrhizen mit Birken und ist in deren Nähe zu finden, das Rentier frisst Birkenrinde. Oft führten die Menschen auch getrocknete Pilze in Birkenholzkästen mit sich, die ihrerseits in Rentierfelle eingewickelt waren.

Pilze wurden seit Jahrtausenden als Nahrungs- und Heilmittel sowie in religiösen Zeremonien verwendet. Auch für Boviste fanden unsere Vorfahren Anwendungsmöglichkeiten – als Baumaterial, zum Feuermachen und sogar zum Einrauchen von Bienen.

VOM WERT DER BOVISTE IN FRÜHEREN ZEITEN

INDIGENE VÖLKER NORDAMERIKAS Die Fruchtkörper von Bovisten sind meist rund oder rundlich. Ihr zunächst weißes, schwammartiges Inneres reift zu einer braunen, staubartigen Masse aus Tausenden von Pilzsporen heran, die schließlich freigesetzt werden.

Für die Stämme der nordamerikanischen Blackfoot waren Boviste himmlische Gebilde, die sie »ka-ka-taos« oder »herabgefallene Sterne« nannten. Man trocknete die hochgeschätzten Pilze und verwendete sie beim Feuermachen als eine Art Zunder. Der Rauch sollte auch Unheil abwehren und Bienen betäuben, um Honig ernten zu können. Auch Tipis wurden mit Bovistdarstellungen geschmückt.

Ähnlich wie das lederig-zähe Gewebe des Zunderschwamms (*Fomes fomentarius*, S. 250) schwelen Boviste lange Zeit im Lagerfeuer und halten deshalb wilde Tiere fern. Für die Stämme in den Prärien, wo es nur sehr wenig Holz gab, waren diese Pilze von unschätzbarem Wert.

NEOLITHISCHE GEMEINSCHAFTEN Bei archäologischen Ausgrabungen in der neolithischen Siedlung Skara Brae auf einer der schottischen Orkney-Inseln fand man Hinweise darauf, dass die einstigen Bewohner reife Boviste nutzten.

BOVISTE BEI DEN RÖMERN

Reife Exemplare des Schwärzenden Bovists (*Bovista nigrescens*) und des Hasen-Stäublings (*Calvatia utriformis*) fand man bei Ausgrabungen am Kastell Vindolanda in Northumberland (England). Sie waren mehr als 1900 Jahre alt. Wahrscheinlich waren die Pilze ihrer hämostatischen Eigenschaften wegen gesammelt worden und wurden zur Stillung von Blutungen herangezogen. Unreife Fruchtkörper wurden wahrscheinlich gegessen oder man spielte mit ihnen eine Art Pingpong.

Reste des Schwärzenden Bovists (*Bovista nigrescens*) fanden sich, vermutlich als Teil der Isolierung und zum besseren Schutz vor Stürmen, zusammen mit Knochen, Muschelschalen, Getreidekörnern und Lehm in den Mauerfugen ihrer Häuser.

Wie auch Birkenporlinge (*Fomitopsis betulina*, S. 250) dienten Boviste zur Stillung von Blutungen, während junge Fruchtkörper wahrscheinlich gegessen wurden. In glimmenden Fruchtkörpern lässt sich zudem Feuer von Ort zu Ort transportieren. Die Verwendung dieser Pilze im Neolithikum erinnerte an ähnliche Praktiken wie bei den nordamerikanischen Blackfoot-Stämmen.

Rätselhafte Steinkugeln, die man in Skara Brae ausgrub, symbolisieren möglicherweise Boviste und lassen vermuten, dass die Pilze verehrt wurden. Sie erinnern an die alten Pilzsteine der Maya-Zivilisation in Mittelamerika.

Schwärzender Bovist
(*Bovista nigrescens*)
Der junge Fruchtkörper ist weiß und nahezu kugelrund. Später färbt er sich violettbraun. Die Sporenwolken werden durch eine scheitelständig aufreißende Öffnung entlassen. Der Fruchtkörper ist mit einem Myzelstrang im Boden verankert, der jedoch leicht abreißt, sodass der alte Pilz vom Wind verweht wird und seine Sporen weiter verteilen kann.

Zunderschwamm (*Fomes fomentarius*)

HEILEN

KAPITEL IX

BEREITS VOR JAHRTAUSENDEN wurden Pilze zur Behandlung verschiedenster Krankheiten herangezogen. Heute basieren viele wichtige Arzneimittel, vom Penizillin und anderen Antibiotika bis hin zu cholesterinsenkenden Medikamenten, auf Pilzen und man forscht an pilzlichen Inhaltsstoffen, die vielleicht zur Behandlung bestimmter Krebsarten und psychischer Erkrankungen geeignet sind.

Schmetterlingstramete (*Trametes versicolor*)
Dieser Porling kann 8 cm breit werden und ist weltweit verbreitet. In der Traditionellen Chinesischen Medizin (TCM) behandelt man mit ihm Infektionen und Entzündungen. Seine Form und die bunten Farbzonen erinnern entfernt an einen Schmetterling – daher der deutsche Name.

Pilze hatten und haben bei indigenen Völkern nicht nur spirituelle Bedeutung. Seit frühesten Zeiten sah man in ihnen Eigenschaften, die zur Heilung von körperlichen und seelischen Gebrechen beitragen konnten.

ALTE HEILMITTEL

TSCHAGA Den Schiefen Schillerporling (*Inonotus obliquus*) nennt man auch »Geschenk der Götter« oder »Pilz der Unsterblichkeit«. Seit Jahrtausenden schätzt man ihn in Russland, Sibirien, Korea und China. Er kommt in den borealen Wäldern der Nordhalbkugel vor und wächst an lebenden Bäumen, bei uns vornehmlich an Birken. Unter »Tschaga« versteht man seine sterile, schwarze Form, das Sklerotium (S. 289), das aus der Rinde hervorbricht und ein wenig an Braunkohlebriketts erinnert. Es enthält Inhaltsstoffe, von denen man glaubt, dass sie unter anderem Krebs, Entzündungen und Diabetes entgegenwirken und Antioxidantien sind. In pulverisierter Form gewinnt man aus Tschaga Tee oder man verarbeitet es zu Seifen, Lotionen und anderen Essenzen.

GANODERMA LUCIDUM Den Glänzenden Lackporling, der in China Ling Zhi und in Japan Reishi genannt wird, verwendet man seit mindestens 4000 Jahren in der Traditionellen Chinesischen und Japanischen Medizin. In der Traditionellen Chinesischen Medizin bereitet man aus ihm Essenzen zu, die das Wohlbefinden steigern sollen, besonders bei Erkrankungen der Leber, der Nieren und Lunge, bei Schlaflosigkeit, Magengeschwüren und Nervenschmerzen. Extrakte in Hautcremes sollen als Sonnenschutz wirken und mit dem Öl, das aus den Fruchtkörpern extrahiert wird, kann man Warzen und Flecken auf der Haut behandeln. Vermutlich wirkt es als Antihistaminikum und beruhigt die Haut.

SHIITAKE-PILZ Der Shiitake (*Lentinula edodes,* S. 220) wächst an totem oder geschädigtem Holz von Edelkastanien oder Eichen und ist ein inzwischen weltweit bekannter Speisepilz, der auch in Supermärkten angeboten wird.

Ein Grund dafür, dass er in großem Stil angebaut wird, liegt auch darin, dass er seit Jahrhunderten in der Traditionellen Chinesischen und Japanischen Medizin Verwendung findet. Der Pilz enthält das wasserlösliche Polysaccharid Lentinan, das das Immunsystem stärken soll. In der TCM behandelt man mit dem gemahlenen Pilz Arthritis, hohe Cholesterinwerte und Diabetes. Außerdem soll er die körperliche Ausdauer fördern.

BIRKENPORLING Die Fruchtkörper des Birkenporlings (*Fomitopsis betulina,* S. 269) enthalten antimikrobielle Stoffe, denen man tumor- und entzündungshemmende Wirkungen zuschreibt. Man fand den Pilz im Reisegepäck des Gletschermanns Ötzi, der vor 5000 Jahren in der Jungsteinzeit lebte und dessen mumifizierter Körper 1991 in den Ötztaler Alpen entdeckt wurde.

Die Menschen der Steinzeit pressten den Porling vermutlich auf Wunden, um Blutungen zu stillen. Weil er noch andere Heilkräfte besitzt, war er wahrscheinlich ein wichtiger Bestandteil des neolithischen »Erste-Hilfe-Koffers«. Dünne Pilzstreifen verwendete man offenbar wie Pflaster, um Schürfwunden und schlimmere Verletzungen zu behandeln. Außerdem bereitete man aus Birkenporlingen kräftigende Tees und Tinkturen mit entzündungshemmenden Eigenschaften.

Zunderschwamm (*Fomes fomentarius*)
Dieser Pilz wächst an Birken, Buchen und anderen Laubbäumen. Seine Fruchtkörper ähneln von der Form her an einen Pferdehuf. Aus einer wergartigen Gewebeschicht im Inneren lässt sich »Zunder« herstellen, der beim Feuermachen hilft, aber auch eine Art Pilzleder liefert, das zu Kappen und Handtaschen verarbeitet wird (S. 271).

Chinesischer Raupenpilz
(*Ophiocordyceps sinensis*)
Der Ascomycet aus der Gruppe der Kernkeulen infiziert im Sommer Schmetterlingsraupen, die die Wurzeln von Gräsern und Kräutern fressen. Der Pilz zehrt die Raupe langsam auf. Der Fruchtkörper erscheint erst im darauffolgenden Frühjahr. In Tibet nennt man ihn »Winterwurm-Sommergras«.

RAUPENPILZE *Ophiocordyceps*-Arten befallen Insekten oder andere Pilze. Die Raupenkernkeule (*Ophiocordyceps sinensis*) befällt Wurzelbohrer-Raupen, tötet und mumifiziert sie. Ihr dunkler, gestielter Fruchtkörper bricht aus dem Kopf der Raupenmumie hervor. Extrakte aus dem Pilz werden in der Traditionellen Chinesischen Medizin verabreicht, um das Yin und Yang wieder in Einklang zu bringen. Im alten China war dieser Pilz dem Kaiser und seinem Hofstaat vorbehalten. Heute ist er sehr begehrt und teuer. Jedes Jahr werden so viele Fruchtkörper gesammelt, dass die Art inzwischen in ihrer Existenz bedroht ist (S. 113).

ZUNDERSCHWAMM (*Fomes fomentarius*). Traditionell verwendete man ihn als Zunder zum Feuermachen. Man fand über 8000 Jahre alte Reste in mesolithischen Grabungsstätten. Ötzi, der Gletschermann, führte außer dem Birkenporling (S. 250) auch den Zunderschwamm mit sich. Der Arzt Hippokrates beschrieb im 5. vorchristlichen Jahrhundert seine kauterisierende Wirkung. Später galt er als »Pilz der Chirurgen«, und angeblich versorgten österreichische Bauern im 18. Jahrhundert Wunden mit Zunder-Verbänden. In Nordeuropa nutzten Zahnärzte und Chirurgen Zunder zur Blutstillung. In Europa, Westsibirien und Indien soll er mit Jod zur Abdeckung von Wunden eingesetzt worden sein.

Wer wäre je darauf gekommen, dass ausgerechnet ein Schimmelpilz, der in einer Petrischale eine Bakterienkultur kontaminierte, die Medizingeschichte verändern würde? Der Ascomycet Penicillium rubens *tat genau das.*

DIE GESCHICHTE DES PENIZILLINS

PENICILLIUM (MITTE) TÖTET DIE BAKTERIEN IN SEINER UMGEBUNG AB.

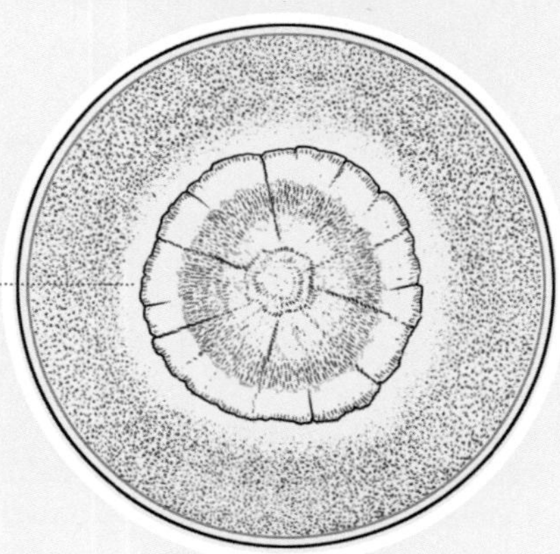

1928

Bei der Rückkehr aus dem Urlaub bemerkte Alexander Fleming, dass die Petrischalen mit Bakterienkulturen in seinem Labor mit einem Pilz kontaminiert waren, der offenbar alle Bakterien in seiner Umgebung abgetötet hatte.

1928

Flemings Kollege, der Mykologe Charles la Touche, bestimmte den Pilz. Er wurde als *Penicillium rubens* bekannt.

1939

Howard Florey und Ernst Chain gelang es, Penizillin in Massenproduktion herzustellen.

1945

bestätigte Dorothy Hodgkin die chemische Struktur des Antibiotikums.

***Penicillium* in Vergrößerung**
Unter dem Mikroskop betrachtet, erinnern die Sporen tragenden Strukturen von *Penicillium* an kleine Pinsel. Sie sind mehrfach verzweigt und tragen an ihren Spitzen kettenartig aufgereihte rundliche Konidien.

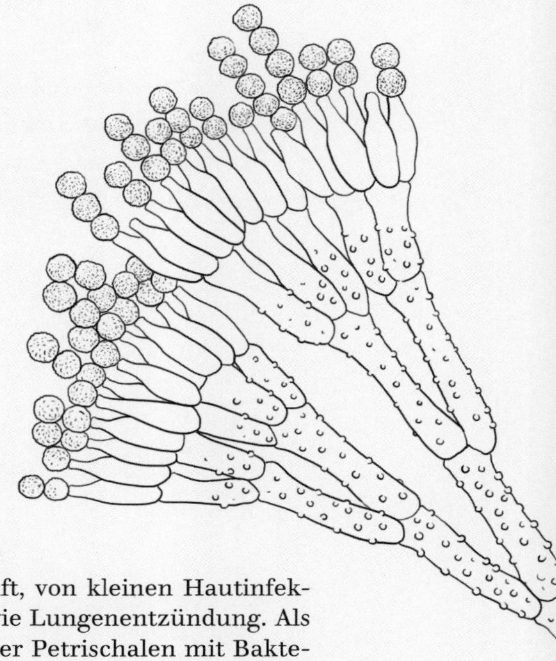

Das »Wundermittel« Penizillin wurde zufällig entdeckt. 1928 erforschte der Mediziner Alexander Fleming das Bakterium *Staphylococcus aureus,* das verschiedene Krankheitsbilder hervorruft, von kleinen Hautinfektionen bis hin zu lebensbedrohlichen Krankheiten wie Lungenentzündung. Als er aus dem Urlaub zurückkam, sah er, dass einige der Petrischalen mit Bakterienkulturen, die er auf seinem Labortisch zurückgelassen hatte, mit einem Pilz kontaminiert waren. Seine Enttäuschung verflog, als er bemerkte, dass der Pilz offenbar die Bakterien in seiner Umgebung abgetötet hatte.

ZUFÄLLIGE ENTDECKUNG Fleming kannte sich mit Pilzen nicht aus und fragte daher einen Kollegen, den Mykologen Charles La Touche, um Rat. Dessen Labor, das sich nur ein Stockwerk tiefer befand, war darauf spezialisiert, Pilze aus Staubproben zu kultivieren.

Wahrscheinlich hatten Sporen aus dem Labor von La Touche die Bakterienkulturen in Flemings Labor kontaminiert. Hätten sich die beiden Labore nicht im selben Haus befunden und hätte Fleming seine Petrischalen nicht stehen gelassen, wäre das wichtigste Antibiotikum in der Geschichte der Medizin vielleicht niemals entdeckt worden.

EIN RICHTUNGSWECHSEL IN DER MEDIZIN Penizilline wirken besonders gut gegen *Staphylococcus* und andere Bakterien, in deren Zellwänden sich viele Peptidoglykane befinden, Polymere aus Zuckern und Aminosäuren. Das Antibiotikum bindet an einem Enzym, das für die Ausbildung von Bindungen in den Peptidoglykanen mitverantwortlich ist. Es behindert somit die Ausbildung der Bakterienzellwände, sodass die Bakterien schließlich absterben. Penizillin wurde als Wundermittel bekannt, mit dem man ansonsten tödlich verlaufende Erkrankungen wie eine Sepsis behandeln konnte. Die massenhafte Verwendung der Antibiotika führte jedoch zur Entwicklung resistenter Bakterienstämme, die heute eine große Gefahr für die menschliche Gesundheit darstellen.

Der Körper wehrt Fremdkörper wie Bakterien und Viren ab. Dieselbe Reaktion kann aber auch dazu führen, dass transplantierte Organe abgestoßen werden. Cyclosporin, ein Arzneistoff aus einem Pilz, kann dazu beitragen, dass Transplantationen erfolgreicher verlaufen.

DIE GESCHICHTE DES CYCLOSPORINS

EIN BODENPILZ TÖTET INSEKTEN
Tolypocladium inflatum ist ein Schlauchpilz, den man überall im Boden und in der Laubstreu findet. In der Natur ist er ein Zersetzer (S. 38–39), aber er kann auch Insekten wie Mistkäferlarven infizieren. Zur sexuellen Fortpflanzung (S. 18–19) müssen die Hyphen innerhalb des Insektenkörpers mit einem Partner verschmelzen. Als Krankheitserreger nutzt *Tolypocladium inflatum* das Cyclosporin zur Unterdrückung des Immunsystems der Wirtslarve. So kann er in ihr Gewebe eindringen und sich dort vermehren.

EINE ZUFALLSENTDECKUNG Die Wissenschaft ist immer auf der Suche nach neuen von Mikroorganismen gebildeten Stoffen, die in der Medizin eingesetzt werden können. Auch Proben aus der Umwelt, wie Industrieabwässer oder Bodenproben, werden untersucht. Ende der 1960er-Jahre sammelte ein Schweizer Pharmaunternehmen Bodenproben, um nach neuen Antibiotika zu suchen. In einer norwegischen Probe entdeckte das Team einen Pilz, der viele interessante Stoffe bilden konnte, darunter einen mit immunsupprimierenden Eigenschaften. Man nannte die Pilzart *Tolypocladium inflatum* und den interessanten Stoff Cyclosporin.

WIE WIRKT CYCLOSPORIN? Cyclosporin unterdrückt bestimmte weiße Blutkörperchen, die sogenannten T-Zellen, die Teil der Immunabwehr des Körpers sind: Beim Auftreten von Fremdkörpern wie eindringenden Mikroorganismen, einem fremden Herz oder einer neuen Niere lösen sie mit chemischen Signalen die Abwehrreaktion des Körpers aus. Da Cyclosporin verhindert, dass das Immunsystem diese chemischen Signale produziert, wird es nach Organtransplantationen zur Unterdrückung von Abstoßungsreaktionen verabreicht.

Bevor ***Cyclosporin*** *zur Verfügung stand, waren weltweit nur sehr wenige medizinische Zentren in der Lage,* ***Organtransplantationen*** *durchzuführen, und die Überlebensraten waren sehr niedrig. Dank eines* ***Pilzes*** *änderte sich das.*

Paclitaxel (Taxol), das aus der Pazifischen Eibe extrahiert wird, ist ein wirkungsvolles Medikament bei Krebserkrankungen. Die Extraktion ist jedoch zeitaufwendig und man braucht dazu große Mengen an Eibenrinde oder Nadeln. Könnte ein Pilz helfen?

PILZE IM KAMPF GEGEN KREBS

In Rindenextrakten der Pazifischen Eibe (*Taxus brevifolia*) fand man einen Inhaltsstoff, der für menschliche Krebszellen hochgiftig ist. Man nannte ihn nach dem Baum, aus dem er extrahiert wurde, Taxol. Es dauerte mehrere Jahre, bis man ihn reinigen und seine chemische Struktur analysieren konnte. Taxol verhindert die Zellteilung. Normalerweise werden die Mikrotubuli des Zellskeletts bei der Teilung ab- und danach wieder aufgebaut. Ist Taxol anwesend, werden vermehrt Mikrotubuli gebildet, die die Zellteilung verhindern. Wenn sich Zellen nicht mehr teilen können, kommt es zum programmierten Zelltod (Apoptose) und der Tumor wächst nicht weiter.

ENDOPHYTISCHE PILZE ALS RETTER Der Bedarf an Taxol ist hoch und es gibt zu wenige Eiben, um es in ausreichenden Mengen extrahieren zu können. Eiben wachsen unglaublich langsam und die Extraktion dauert lange. Die Fachleute fanden schließlich heraus, dass auch ein endophytischer Pilz (S. 68–69), der im Gewebe der Eibe lebt, Taxol bildet. Ließe es sich industriell aus gezüchteten Pilzen extrahieren, wäre dies eine Alternative zum momentanen Verfahren. Man könnte mit relativ geringen Kosten große Mengen gewinnen. Da keine Bäume gefällt werden müssten, wäre die Produktion auch erheblich umweltfreundlicher.

WESHALB BILDEN DIESE PILZE TAXOL?

Eiben können viele Seitenäste bilden, und immer, wenn eine Knospe die Rinde durchbricht, können Krankheitserreger eindringen. Im Gewebe der Eibe leben »freundliche« endophytische Pilze wie *Paraconiothyrium*, die ähnlich wie die Immunzellen des Menschen arbeiten: Sie erkennen die potenziellen Gefahren und setzen an der Wundstelle Taxol frei, sodass die Eibe die Angreifer besser abwehren kann. Der endophytische Pilz tut dies, um seine eigene Nische zu schützen und sorgt gleichzeitig dafür, dass sein Wirt länger lebt.

Taxol wird freigesetzt, wenn eine Knospe erscheint.
Holzzersetzende Pilze (im Querschnitt in der Illustration gelb) können dort eindringen, wo eine neue Knospe die Rinde durchbricht. Endophytische Pilze (blau), die im Baum leben, reagieren auf chemische Signale (violett), die vom Baum ausgesendet werden, sobald ein holzzersetzender Pilz ihn infiziert. Die Endophytien setzen Taxol in Paketen (rot) frei, die den Eindringling in Schach halten.

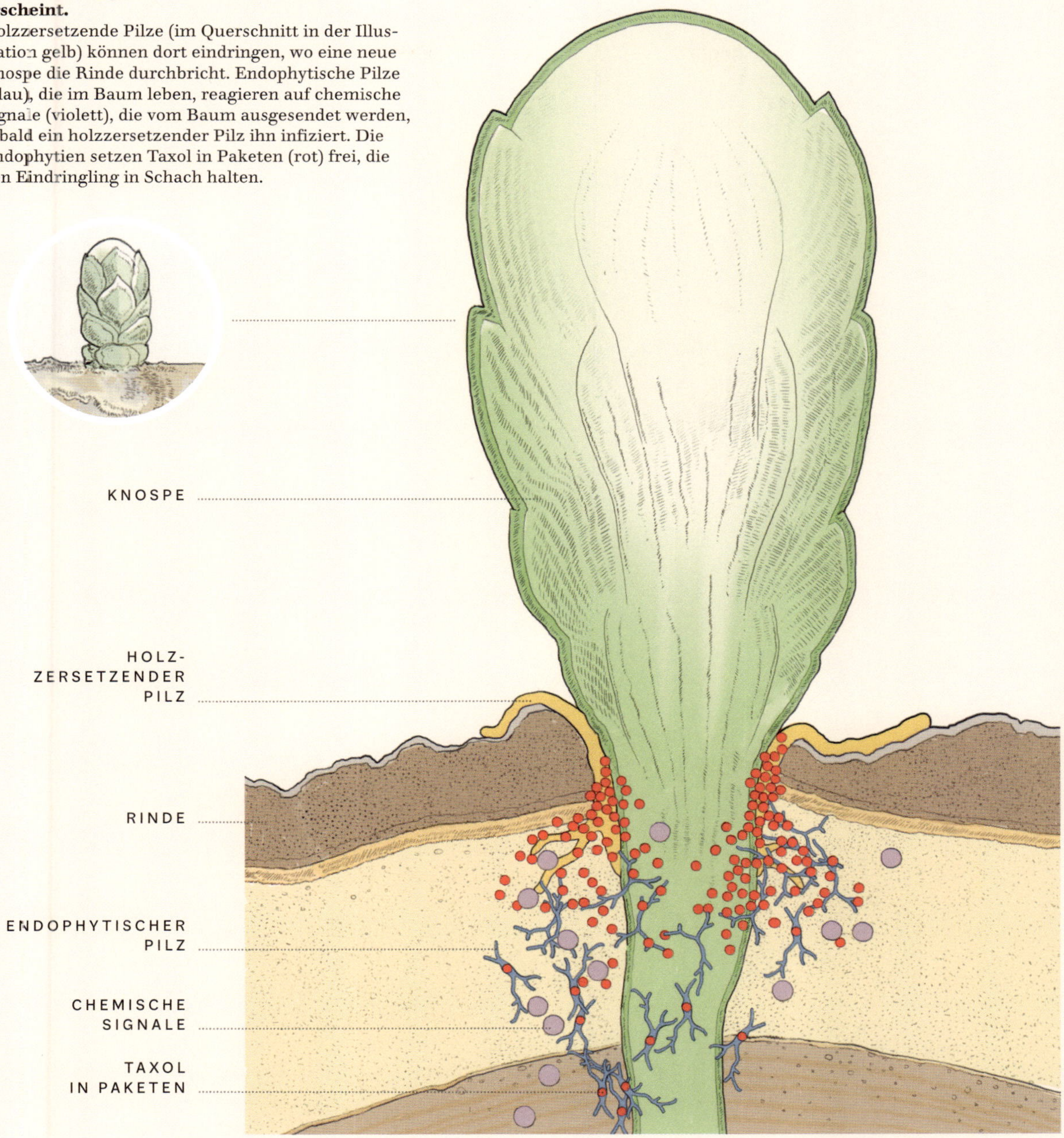

Mysteriöse schwarze Gebilde wachsen in Getreideähren. Der tödliche und halluzinogene Mutterkornpilz war jahrhundertelang eine Plage. Heute entdeckt die Wissenschaft seinen medizinischen Wert.

DER MUTTERKORNPILZ UND LSD

Der Purpurbraune Mutterkornpilz (*Claviceps purpurea*) ist ein Schlauchpilz, der Gräser infiziert und gesunde Früchte durch auffallend harte schwarze Strukturen ersetzt. Wenn man diese Sklerotien unabsichtlich zu sich nimmt, führt das zu einem Zustand, den man als Ergotismus bezeichnet (abgeleitet vom französischen Wort »argot« = Sporn am Fuß eines Hahns, der dem Sklerotium ähnelt). Der Pilz kann Halluzinationen auslösen, Gewebenekrosen verursachen und sogar tödlich sein. Die älteste bekannte Erwähnung des Mutterkornpilzes findet sich auf einer assyrischen Keilschrifttafel um 600 v. Chr., wo der Pilz als eine »schädliche und giftige Pustel in der Kornähre« beschrieben wird. Im Mittelalter wurden ganz Dörfer vom »Antoniusfeuer« heimgesucht, nachdem sie mit durch Mutterkorn kontaminiertes Roggenbrot gegessen hatten. Angeblich spielten diese Phänomene auch bei den Hexenprozessen von Salem (Neuengland) im 17. Jahrhundert eine Rolle. Einige Historiker vermuten, dass Menschen, von denen man glaubte, sie seien verhext worden, in Wirklichkeit an Ergotismus litten. Weil heute die Getreideernte sorgfältig kontrolliert wird, kommt es nur noch selten zu Vergiftungen.

WESHALB BILDET DER PILZ DAUERSTADIEN?

Dauerstadien von Pilzen nennt man auch Sklerotien. Viele Pilzarten bilden solche Strukturen, um Austrocknung, Schäden durch UV-Licht, Angriffe von Mikroorganismen und, im Fall der Krankheitserreger an Pflanzen, die momentane Abwesenheit einer geeigneten Wirtspflanze zu überstehen. *Claviceps purpurea* bildet Sklerotien, mit denen der Pilz den Winter im Boden überdauert, bis im Frühjahr das Getreide wieder wächst und der Infektionskreislauf aufs Neue beginnen kann.

MEDIZINISCHER WERT Obwohl die Dauerstadien (Sklerotien) des Mutterkornpilzes giftig sind, wenn man sie isst, sind sie eine wahre Schatzgrube für Alkaloide. Diese Stoffe werden von Pflanzen, Pilzen und anderen Lebewesen gebildet. Das Aufregende an den Mutterkornalkaloiden ist, dass sie in ihrer chemischen Struktur Botenstoffen (Neurotransmittern) ähneln wie Serotonin, die im menschlichen Körper gebildet werden. Dies bedeutet, dass man sie verabreichen kann, um chemische Botschaften des Körpers nachzuahmen. Bisher behandelt man mit ihnen Migräne und die Parkinson-Krankheit. Einer der bemerkenswertesten Stoffe, die man im Mutterkornpilz fand, ist LSD. Eine kontrollierte Verabreichung ist für die Behandlung bestimmter psychischer Erkrankungen vielversprechend.

VERBREITUNG DES PILZES Der Pilz infiziert junge Getreideblüten und bildet unzählige ungeschlechtliche Sporen (S. 54–55), die vom Regen und von Insekten verbreitet werden und für weitere Infektionen sorgen. Schließlich wird die Sporenbildung eingestellt und anstelle des Getreidekorns bildet sich ein schwarzes Sklerotium. Es wird entweder zusammen mit dem gesunden Getreide geerntet oder fällt auf den Boden und überwintert bis zum nächsten Frühjahr.

Mutterkornpilz an Roggen
Im Frühjahr bilden sich an den zu Boden gefallenen Sklerotien rotbraune, ungefähr 1–2 cm hohe, gestielte Fruchtkörper. In deren rundlichen »Köpfchen« befinden sich die winzigen Perithezien, in denen Asci und Sporen entstehen. Die Freisetzung der Sporen erfolgt genau dann, wenn sich an den Roggenpflanzen Blüten bilden. Der Kreislauf der Infektion schließt sich.

Der Spitzkegelige Kahlkopf (Psilocybe semilanceata) *mit seinem auffallend zugespitzten Hut kommt vor allem in extensiv genutzten Wiesen vor. Er gehört zu jenen Pilzen, die Psilocybin bilden, eine psychoaktive Substanz, die die Behandlung psychischer Erkrankungen revolutionieren könnte.*

PSILOCYBIN UND PSYCHISCHE KRANKHEITEN

Psilocybin ist ein sekundärer Metabolit, der als chemischer Abwehrstoff gebildet wird. Als psychoaktiver Stoff, der das Gehirn beeinflusst, spielt er nach Ansicht einiger Forschender bei bestimmten Interaktionen zwischen Pilzen und Insekten eine Rolle. Er verändert das Verhalten des Insekts, das dem Pilz als Wirt dient, sodass sich die Pilzsporen effektiver verbreiten können. Derselbe Wissenschaftler, der LSD entdeckte (S. 258–259), beobachtete, dass Menschen nach der Einnahme von Psilocybin Halluzinationen bekamen, die einige Stunden lang anhielten. Die visuelle und die akustische Wahrnehmung sind erhöht und euphorische Zustände stellen sich ein. Der Stoff dockt im Körper an denselben Rezeptoren an wie der Neurotransmitter Serotonin und aktiviert auf diese Weise die Serotoninreaktion. Serotonin spielt eine wichtige Rolle, wenn sich unsere Stimmung aufhellt und wir uns glücklich fühlen.

MEDIZINISCHE FORSCHUNG In den 1960er-Jahren begann man die Wirkung von Psilocybin zu erforschen, um Psychosen und andere psychische Erkrankungen zu behandeln. Weil Psilocybin aber auch als Freizeitdroge konsumiert wird, wurden die medizinischen Versuche eingestellt. Strenge Gesetze verboten das Sammeln, den Anbau und den Konsum der Psilocybe-Arten und sind noch heute vielerorts in Kraft, darunter auch in Deutschland.

Fünfzig Jahre später begann man erneut mit der kontrollierten und individuell angepassten Verabreichung von Psilocybin, um Angststörungen, Depressionen und andere psychische Krankheiten zu behandeln. Allerdings gibt es noch große Wissenslücken, sowohl über den möglichen therapeutischen Nutzen als auch über die Gefahren und Nebenwirkungen, die auftreten können. Welches Potenzial der Stoff tatsächlich hat, wird erst die Zukunft zeigen.

Spitzkegeliger Kahlkopf (*Psilocybe semilanceata*)
Die Art gehört zu den Pilzen, die den psychoaktiven Wirkstoff Psilocybin bilden.

Bilder des Gehirns bei Psilocybin-Einnahme
Mit funktioneller Magnetresonanztomographie (fMRT) kann man Durchblutungsveränderungen verschiedener Gehirnareale nach Einnahme von Psilocybin sichtbar machen. Die Bilder zeigen, dass die Durchblutung in Anwesenheit der Droge (unten links) geringer ist (rote Färbung) und deshalb die Aktivität und Vernetzung wichtiger Gehirnareale im Vergleich mit einem Placebo (unten rechts) abnimmt. Die geringere Durchblutung trägt vermutlich dazu bei, dass der Patient eine Enthemmung auf kognitiver Ebene erlebt.

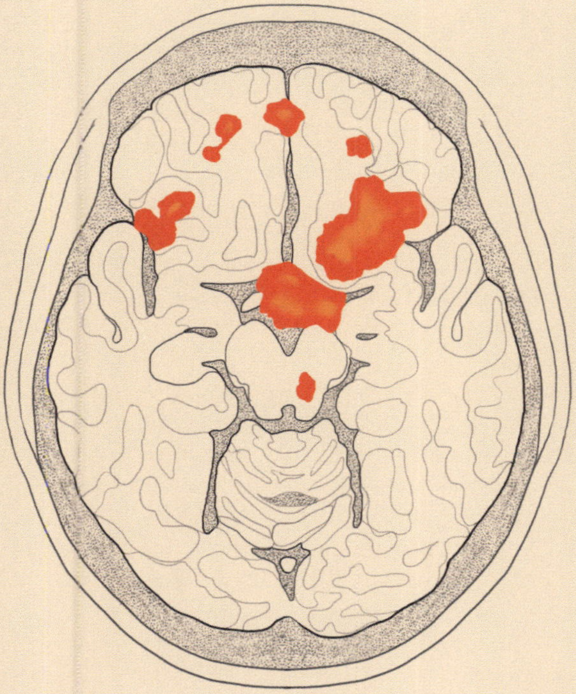

NACH PSILOCYBIN-EINNAHME

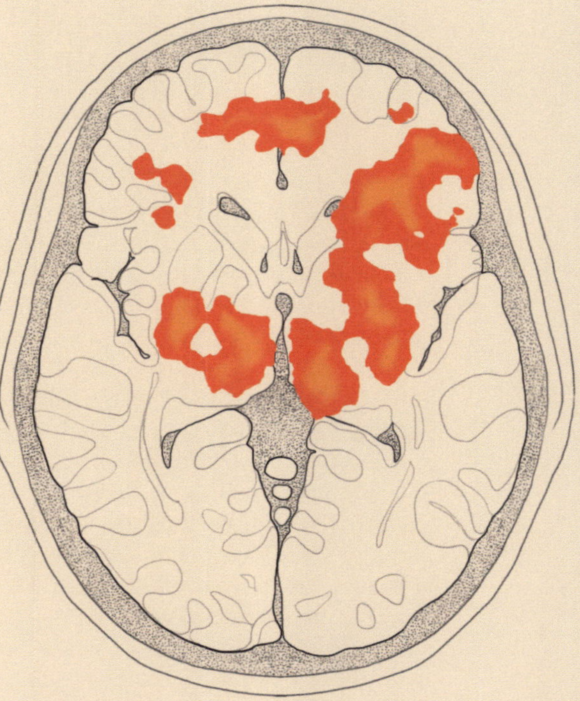

NACH PLACEBO-EINNAHME

Cholesterin kommt im Blut und in Nahrungsmitteln vor und ist für das Funktionieren der Zellen unbedingt notwendig. Zu viel Cholesterin kann jedoch zu kardiovaskulären Erkrankungen führen. Pilze können dazu beitragen, den Cholesterinspiegel im Blut unter Kontrolle zu halten.

HOHE CHOLESTERINWERTE SENKEN

Cholesterin ist ein fettartiger Stoff, der im Blut von Lipoproteinen transportiert wird. High Density Lipoproteins (HDLs) sind »gut«, denn sie entfernen Cholesterin aus dem Körper, während Low Density Lipoproteins (LDLs) »böse« sind, weil sie Cholesterin durch den Körper transportieren. Zu viel LDL-Cholesterin kann sich in den Blutgefäßen ablagern. Bei Menschen mit hohen LDL-Cholesterinwerten ist daher das Risiko, Herz-Kreislauf-Erkrankungen zu bekommen, höher.

DIE SUCHE NACH STATINEN In den 1970er-Jahren begann man in Tokio, angeregt durch Flemings Entdeckung des Penizillins (S. 252–253), Tausende von Pilzkulturen auf Inhaltsstoffe zu untersuchen. Es ging darum, biochemische Prozesse zu blockieren, die die Leber zur Bildung von Cholesterin anregen. Einige Pilzarten bilden sogenannte Statine, um Konkurrenten abzuwehren. Statine binden ein Enzym, das an der Bildung von Cholesterin beteiligt ist, sodass der Prozess zum Stillstand kommt. Das erste Statin, das man identifizieren konnte, war Compactin (heute unter dem Namen Mevastatin bekannt), das vom Pilz *Penicillium citrinum* gebildet wird. Das Produkt gelangte aber nie auf den Markt, da man es bei den Versuchen in zu hohen Konzentrationen einsetzte. Ende der 1970er-Jahre jedoch identifizierte man ein zweites Statin mit ähnlicher Struktur (Lovastatin) in *Aspergillus terreus*. Ende der 1980er-Jahre war Lovastatin im Handel erhältlich.

*Als die Suche nach Stoffen begann, die den **Cholesterinspiegel** im Blut senken und das Risiko für **Herzerkrankungen** verringern können, wandte sich die **Forschung** den Pilzen zu.*

Blutroter Hautkopf (*Cortinarius sanguineus*)

VERWENDUNG

KAPITEL X

BEI VIELEN ALLTÄGLICHEN DINGEN, die wir als selbstverständlich betrachten, sind Pilze im Spiel: Mit Farbstoffen aus Pilzen färben wir unsere Kleidung, Pilze helfen uns, unser Zuhause sauber zu halten und versorgen uns mit Käse, Wein und Sojasoße. Pilze könnten sich auch als Schlüssel zu einer »grüneren« Zukunft erweisen, da sie uns nachhaltige Produktionsverfahren und Materialien liefern wie Verpackungen, neue Baustoffe und Papier. Sogar unseren Plastikmüll können sie zersetzen.

Unter einer Technologie versteht man Methoden, Geräte oder Systeme, mit denen man wissenschaftliche Erkenntnisse in die Praxis umsetzt. Technologien, an denen Pilze beteiligt sind, gibt es bereits seit Jahrhunderten. Doch das enorme Potenzial der Pilze als Ressource ist noch immer weitgehend ungenutzt.

MYKOTECHNOLOGIE

SUPERMATERIAL MYZEL Die Netzwerke aus Pilzhyphen sind ein wahres »Supermaterial«. Pilzmyzel ist sehr fein, aber robust. Wegen des Biopolymers Chitin (S. 16–17) in den Zellwänden ist es wasserfest und bricht nicht, wenn es unter Druck gerät. Ein entsprechend koordiniertes Hyphenwachstum ist überdies sehr stabil – deshalb brechen manche Fruchtkörper aus dem Asphalt hervor oder heben Pflastersteine an. Mit geeigneten Pilzarten und unter den richtigen Wachstumsbedingungen lässt sich das Wachstum von Myzelien so beeinflussen, dass sie bestimmte Stoffe kopieren. So lassen sich aus ihnen z. B. nachhaltige Baustoffe, Verpackungsmaterialien (S. 268–269), Lampenschirme und Möbel herstellen. Auch mit Textilfasern und veganen Lederalternativen (S. 270–271) versorgen uns die Pilzhyphen. Man kann sie sogar dazu bringen, zu fleischartigen Strukturen heranzuwachsen.

HEFEN UND ENZYME Winzige einzellige Pilze wie die Hefe *Saccharomyces cerevisiae* setzt man seit Jahrhunderten beim Brauen und Backen ein. Weil Hefezellen eukaryotische Zellen sind (S. 16–17), verfügen sie außerdem über die »Maschinerie«, menschliches Genmaterial in Proteine zu übersetzen. Deshalb eignen sie sich zur Herstellung pharmakologisch wirksamer Stoffe wie Insulin. Das Insulin-Gen wird in ein Plasmid eingefügt, einen ringförmigen DNA-Abschnitt. Das Gen wird in eine Hefezelle übertragen und die Hefezellen produzieren menschliches Insulin. Hefen kann man auch einsetzen, um Hepatitis-Impfstoffe und Humanalbumin zu produzieren, ein Protein, mit dem man schwere Blutverluste und Verbrennungen behandelt.

Pilze bilden erstaunlich viele Enzyme und andere chemische Stoffe, mit denen sie organisches Material zersetzen. In der Industrie werden sie oft als umweltfreundlichere Alternative zu bisherigen Methoden eingesetzt (S. 276–277). Bestimmte Pilzarten bilden sogar Enzyme, die Plastik so stark zersetzen, dass kein Mikroplastik zurückbleibt – eine Eigenschaft, die uns bei der Beseitigung der enormen Mengen problematischer Plastikabfälle helfen könnte.

Enzyme aus Pilzen tragen darüber hinaus dazu bei, ausgelaufenes Erdöl zu zersetzen. Pilze nehmen Uran und andere gesundheitsgefährdende radioaktive Stoffe auf. Nutzt man diese Eigenschaften, können uns Pilze dabei helfen, unsere Zukunft ökologischer zu gestalten (S. 280–281).

Myzel
Hier wächst Myzel aus einem Holzblock mit einer Oberfläche von 2 × 2 cm. Die einzelnen Filamente haben sich zu zugfesten Strängen angeordnet (S. 36–37, 118–119). Myzel kann bei verschiedenen Technologien eingesetzt werden, von der Herstellung von Fleischersatz bis hin zur Fertigung biologisch abbaubarer Verbundstoffe.

Pilze wachsen praktisch überall, auch auf Abfällen. Myzel kann man ohne chemische Zusätze oder hohe Temperaturen in jede Form wachsen lassen. So lassen sich Baumaterialien, Verbundstoffe und Verpackungen herstellen.

MYZEL IN EINER NACHHALTIGEN WELT

Weil Materialien auf Myzelbasis umweltfreundlich und biologisch abbaubar sind, sind sie eine gute Wahl für Firmen, die eine Kreislaufwirtschaft anstreben. Aber Myzel ist nicht nur ein ökologisches Material, sondern wegen des Chitins (S. 16) in seinen Zellwänden reißfest, stabil und bis zu einem gewissen Grad feuerfest. Dank hydrophober Proteine in den Zellwänden ist es außerdem Wasser abweisend.

DIE ZUKUNFT IST PILZBESTIMMT Man kann aus Pilzmaterialien Verbundstoffe, Stühle, Lampenschirme und andere Produkte herstellen. Kleidung aus Pilzmaterialien (S. 270–271) ist biologisch abbaubar. Kein Wunder, dass Myzel als »Supermaterial« der Zukunft gepriesen wird. Die Eigenschaften der Produkte hängen vom Herstellungsprozess, dem Substrat, auf dem der Pilz wächst und der jeweiligen Pilzart ab. Der Zunderschwamm (*Fomes fomentarius*) beiswpielsweise wird zur Herstellung von Stühlen und anderen Produkten auf Durchforstungsholz kultiviert.

Verpackungen aus Pilzmyzel sind Alternativen zu Plastikverpackungen. CO_2-neutrale Baumaterialien aus Pilzen könnten die bisherigen Verbundstoffe ersetzen. Den essbaren Austernseitling (*Pleurotus ostreatus*), den Zunderschwamm (*Fomes fomentarius*) und den Glänzenden Lackporling (auch Reishi oder Ling Zhi, *Ganoderma lucidum*) kultiviert man bereits erfolgreich auf Getreideabfällen und anderen Pflanzenmaterialien, um Verbundstoffe herzustellen, die ähnlich stabil sind und vergleichbare dämmende und elektrisch isolierende Eigenschaften haben wie konventionelle Baustoffe.

HERSTELLUNG VON PILZPAPIER

BIRKENPORLING
(*FOMITOPSIS BETULINA*)

1.
Die Fruchtkörper vieler baumbewohnender Porlinge wie jene des Birkenporlings (*Fomitopsis betulina*) sind faserig. Man kann aus ihnen Papier herstellen.

2.
Die Fruchtkörper werden in Wasser eingeweicht, in Stücke geschnitten und anschließend in einem Mixer zu einer Pulpe zerkleinert.

3.
Die Pulpe wird über einem Auffanggefäß für das ablaufende Wasser in einen Papierschöpfrahmen gegossen. Dann bedeckt man sie mit einer Lage Löschpapier, dreht sie um, legt sie auf eine Unterlage und entfernt den Rahmen.

4.
Nun deckt man auch die jetzt oben liegende Seite mit Löschpapier ab und presst das gesamte Pilzpapier.

5.
Hat das Löschpapier den größten Teil des Wassers aufgesaugt, kann man den Pilzpapierbogen an der Luft trocknen lassen oder mit einem Föhn bearbeiten.

6.
Pilzpapier ähnelt Papier, das aus Holz hergestellt wurde, aber es besteht nicht aus Zellulose, sondern aus Chitin.

7.
Je nachdem, welche Pigmente der Pilz bildet, aus dem es hergestellt wurde, kann das Pilzpapier unterschiedlich getönt sein.

Blutroter Hautkopf (*Cortinarius sanguineus*)
Dieser kaum verwechselbare kleine Pilz (hier vergrößert dargestellt) hat einen dunkelroten Hut, der anfangs konvex ist und später abflacht. Am schlanken blutroten Stiel sind oft Reste einer spinnwebartigen Cortina zu erkennen, die für die Gattung typisch sind. Der Blutrote Hautkopf bildet Mykorrhizen mit Nadelbäumen (S. 60–61). Aus den Fruchtkörpern (und denen einiger nah verwandter Arten) lassen sich rosa, rote und violette Farbstoffe gewinnen.

FARBSTOFFE AUS PILZEN
Flechten (S. 70–71) und andere Pilze bilden viele Naturfarbstoffe, mit denen man seit Jahrhunderten Woll- und Seidenstoffe einfärbt. Mit dem Nadelholz-Braunporling (*Phaeolus schweinitzii*, S. 195) lassen sich verschiedene Farbtöne erzielen, während der Zimtfarbene Weichporling (*Hapalopilus nidulans*) ausschließlich violett färbt. Der Grünblättrige Schwefelkopf (*Hypholoma fasciculare*, S. 127) enthält leuchtend gelb färbende und der Habichtspilz (*Sarcodon imbricatus*) blaugrüne Farbstoffe.

Die bunten Farben, ungewöhnlichen Konsistenzen, Dimensionen und Formen der Pilze und Flechten inspirieren die Menschen seit Jahrtausenden. Aber erst in jüngster Zeit haben Pilze auch die Laufstege erobert.

MODE AUS MYZEL

Myzel kann zu nachhaltigen Materialien wie Lederalternativen verarbeitet werden und enthält natürliche Farbstoffe. Modedesigner und -designerinnen auf der ganzen Welt sind deshalb auf das faszinierende Reich der Pilze aufmerksam geworden. So präsentierte Stella McCartney mit ihrer Kollektion »Mushrooms are the future« luxuriöse Taschen aus Pilzleder.

GEWEBE AUS MYZEL Um Kleidung und modische Accessoires herzustellen, kultiviert man Myzel auf einer entsprechenden Form aus Textilien oder Abfallstoffen. Das Hyphengewebe entwickelt sich so in vorgegebener Weise. Das nahtlose Kleidungsstück oder Accessoire muss man weder zuschneiden noch nähen, weshalb auch keine Stoffreste anfallen. Das Pilzgewebe lässt sich mit Naturfarbstoffen einfärben, ist elastisch und vollständig kompostierbar.

Seit Jahrhunderten stellt man in osteuropäischen Ländern wie Rumänien, aber auch in Nordamerika aus den Fruchtkörpern des Zunderschwamms (*Fomes fomentarius*, S. 250) ein wildlederartiges Material her, das auch Amadou genannt wird. Es wird zu Hüten, Gürteln und anderen Kleidungsstücken sowie zu Taschen verarbeitet. Heute kultiviert man den Pilz in großen, betretbaren Inkubatoren unter kontrollierten Temperaturen auf Sägemehl und anderen Holzrückständen. Die Fruchtkörper werden geerntet und weiterverarbeitet. Amadou ist natürlicherweise antimikrobiell, isoliert gut, ist leicht und flexibel und daher eine ideale, biologisch abbaubare vegane Alternative zu Leder.

Pilze bestehen aus dicht verwobenen Hyphen, die dem Fruchtkörper seine fleischähnliche Struktur verleihen. Der Fleischersatz namens Pilzprotein, den man in großen Mengen produzieren kann, hat dieselbe Struktur.

FLEISCHERSATZ AUS MYZEL

Seit Jahrhunderten verleihen Pilze fleischlosen Gerichten Struktur. Aber erst in den 1960er-Jahren, als man sich ernsthaft Sorgen machte, ob uns ausreichend tierische Proteine zur Verfügung stehen, um die Weltbevölkerung vor allem in ärmeren Ländern ernähren zu können, suchte man nach alternativen Eiweißquellen. Die Forschung wandte sich den Pilzen zu: Man versuchte die Hyphenstruktur zu kopieren, die für die fleischartige Konsistenz der Pilzfruchtkörper verantwortlich war.

Man suchte zunächst nach einem essbaren und gut verträglichen Fadenpilz, den man in einem Bioreaktor kultivieren kann, um fleischähnliches Pilzmyzel zu produzieren. Dafür wurden mehr als 3000 Pilzarten aus Bodenproben getestet, die man weltweit gesammelt hat. Am vielversprechendsten war ein Schlauchpilz, den man aus Bodenproben isolierte, die man in der Nähe von High Wycombe in England gesammelt hatte: *Fusarium venenatum*.

POSITIVE AUSWIRKUNGEN AUF DIE GESUNDHEIT In Pilzprotein sind alle essenziellen Aminosäuren enthalten, es ist fettarm und enthält kein Cholesterin. Deshalb ist es eine kalorienarme Alternative zu Fleisch. Es fügt sich ein in eine gesundheitsbewusste Lebensweise, weil es das »böse« Cholesterin vermutlich reduziert. Ersetzt man eine Fleischmahlzeit pro Woche durch Pilzprotein, trägt dies außerdem dazu bei, die Treibhausgasemissionen zu vermindern und damit die Umwelt zu schützen.

WIE PILZPROTEIN KULTIVIERT WIRD

1.

Fusarium venenatum wird unter Bedingungen kultiviert, die verhindern, dass sich die Hyphen zu stark verzweigen. Es bilden sich einheitliche Fäden.

2.

Dies geschieht in großen Bioreaktoren. Luftbläschen werden in das Behältnis geleitet. Man verwendet keine mechanischen Mixer, weil sonst die Hyphen beschädigt würden.

3.

Während das Myzel wächst, wird es ständig mit einer Bewegtbett-Filtrationstechnik geerntet. Die Hyphen richten sich dabei so aus, dass das Gewebe der Struktur von Fleisch ähnelt.

4.

Anfangs erinnert das geerntete Pilzmyzel an rohen Teig.

5.

RNA (Nukleinsäure) wird entfernt und anschließend Ei oder Agar zugegeben, damit sich die Hyphen verbinden und das Pilzprotein die gewünschte fleischähnliche Struktur bekommt. Nun können auch Aromastoffe zugegeben werden.

6.

Die gewürzte Masse wird erhitzt, anschließend wieder abgekühlt und in Stücke geschnitten oder feiner zerkleinert, je nachdem, welches Produkt man aus ihm herstellen will.

7.

Das Produkt wird nun eingefroren. Eiskristalle bilden sich und drücken die Hyphen zusammen, sodass die Struktur noch fleischähnlicher wird.

8.

Man erntet das Myzel rund einen Monat lang, bis die Hyphen sich zu stark verzweigen. Dann beginnt ein neuer Durchlauf mit frischer Pilzbrut.

Wahrscheinlich wissen Sie, dass Hefepilze beim Backen von Brot und der Fermentation von Bier und Wein Verwendung finden, und vielleicht haben Sie auch gehört, dass Pilze zu Fleischersatz verarbeitet werden. Doch schaut man genauer hin, erkennt man, dass die Pilze bei der Nahrungsmittelproduktion eine noch viel größere Rolle spielen.

PILZE IN DER LEBENSMITTELHERSTELLUNG

Nicht nur essbare Pilzarten wie der Shiitake, Austernseitlinge und Zucht-Champignons (S. 222–223) versorgen uns mit Lebensmitteln. Pilze sind dabei, wenn Weichkäse reift, und verleihen Blauschimmelkäse Geschmack, Struktur und Farbe. Bei der Herstellung von Sojasoße, Tempeh, Kefir, Kombucha, Miso und sogar Kaffee tragen sie zum Fermentationsprozess bei. Pilze bilden Zitronensäure, die vielen kohlensäurehaltigen Getränken zugesetzt wird, und auch bei der Schokoladenherstellung spielen sie eine wichtige Rolle.

PILZE UND SCHOKOLADE Der tropische Kakaobaum *Theobroma cacao* bildet während des ganzen Jahres zarte rosa Blüten direkt am Stamm und an den Ästen. Nach der Bestäubung durch Insekten können sich die Früchte entwickeln. An einigen Bäumen bilden sich alljährlich mehr als 50 Früchte, und jede Frucht enthält in etwa die Menge an Samen, die man für eine 100 Gramm schwere Schokoladentafel benötigt. Ohne Mykorrhizapartnerschaften mit Pilzen könnten die Kakaobäume nicht so viele Früchte bilden. Später sorgen mikroskopisch kleine Hefepilze bei der Fermentation der Kakaosamen für den charakteristischen Geschmack der Schokolade.

DIE ROLLE VON PILZEN BEI DER SCHOKOLADENHERSTELLUNG

MYKORRHIZAPILZE LIEFERN WASSER UND NÄHRSTOFFE, SODASS DER KAKAOBAUM BESSER WACHSEN KANN.

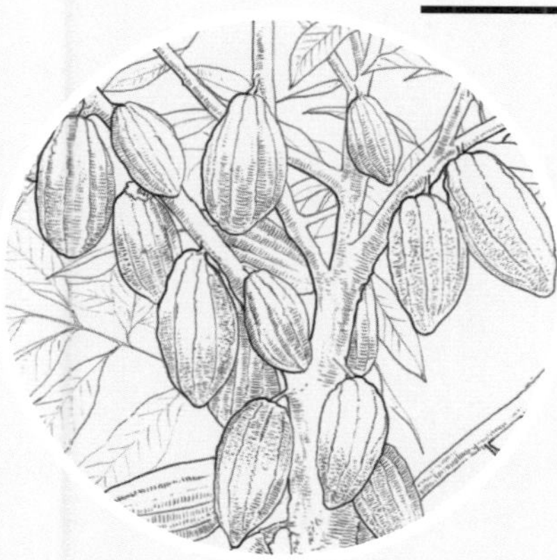

1.

Mykorrhizapilze (S. 60–61) der Gattungen *Acaulospora, Gigaspora* und *Glomus* bilden Partnerschaften mit dem Kakaobaum und versorgen ihn mit Wasser und Nährstoffen. Im Gegenzug liefert ihnen der Baum Zucker, der bei der Fotosynthese entsteht.

2.

Auch am Geschmacksprofil der Schokolade sind Pilze beteiligt. Hefen wie *Saccharomyces cerevisiae, Issatchenkia orientalis* und *Kluyveromyces marxianus* sind nötig, um den Fermentationsprozess des süßen Fruchtfleischs in Gang zu setzen.

3.

Hefen zersetzen Zucker wie Pektine. Es entsteht ein Saft, der abfließt. Zwischen den Samen bilden sich Hohlräume, in die nun Luft (Sauerstoff) eindringen kann.

4.

Die Hefen bieten die perfekte Umgebung für aerobe Bakterien. Diese zerlegen Ethanol, das bei der Fermentation durch die Hefen als Nebenprodukt anfällt.

HEFEPILZE FERMENTIEREN DAS FRUCHTFLEISCH, DAS DIE KAKAOSAMEN UMGIBT.

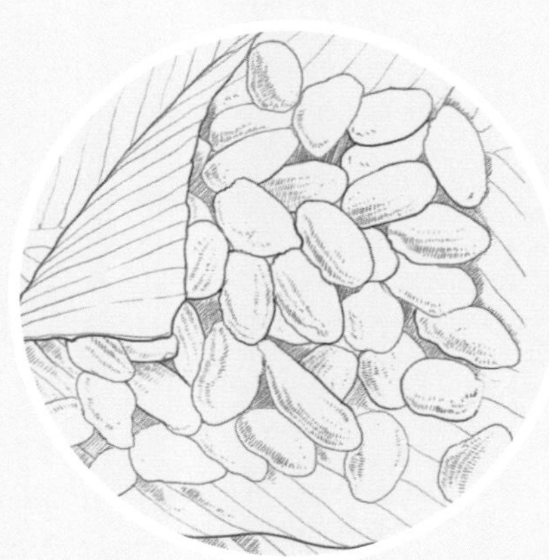

5.

Hefen bilden Stoffe, die der Schokolade ihren guten Geschmack verleihen. Oft sind sie typisch für eine bestimmte Anbauregion.

6.

Ohne Mykorrhizapartnerschaften und mikroskopisch kleine Hefen gäbe es die Schokolade, so wie wir sie kennen, nicht.

Pilze bilden viele Enzyme, die abgestorbene Blätter und andere organische Materie zersetzen. Man kann diese Enzyme in großen Mengen künstlich produzieren. Sie werden bei der Herstellung vieler Gegenstände des täglichen Gebrauchs eingesetzt, von Modeartikeln bis hin zu Waschmitteln.

PILZE FÜR DEN HAUSGEBRAUCH

BIOLOGISCHE ENZYME Pilze kann man auf preisgünstigen Substraten kultivieren, darunter auf Reststoffen pflanzlichen und tierischen Ursprungs. So lassen sich große Mengen von Enzymen herstellen. Sie sind Biokatalysatoren, die die Reaktionsgeschwindigkeit erhöhen. Verschiedene Pilzenzyme werden in der Lebensmittelindustrie und in Molkereien eingesetzt. Auch bei der Herstellung von Stoffen, Papier, Waschmitteln, Medikamenten, Tierfutter und Biotreibstoffen kommen sie zum Einsatz. Pilzenzyme sind umweltfreundlicher als chemische Katalysatoren, weil sie ohne Korrosion, Hitze und hohe Druckbelastung auskommen. Die Nebenprodukte ihrer Reaktionen sind in der Regel ungiftig.

ZELLULASEN UND AMYLASEN Eine Gruppe von Pilzenzymen, die Zellulasen, brechen Zellulose auf, einen Hauptbestandteil pflanzlicher Zellwände. Diese Pilzenzyme werden bei der Herstellung von Stone washed Jeans eingesetzt (siehe links).

Etwa 90 Prozent der Wasch- und Reinigungsmittel, die wir im Haushalt verwenden, enthalten Amylasen aus Pilzen. Diese Enzyme zerlegen Stärke in einzelne Zucker. Auch Lipasen aus Pilzen, die Fette, und Proteasen, die Proteine zerlegen, sind in Haushaltsprodukten enthalten. Die Enzyme werden z. B. von *Aspergillus*- und *Rhizopus*-Arten gebildet.

HERSTELLUNG VON STONE WASHED JEANSSTOFFEN

Jeansstoffe im Stone-washed-Look kamen um 1980 in Mode. Die Stoffe werden zusammen mit Bimssteinen gewaschen, die Farbpartikel vom Stoff reiben. Bei dieser Prozedur wurden allerdings oft sowohl die Waschmaschinen als auch die Stoffe ruiniert. Außerdem musste man die gebrauchten Bimssteine nachher wieder entfernen. Heute erzielt man den typischen abgetragenen Look mit Enzymen, die die farbigen Partikelfasern ablösen. Der Pilz *Trichoderma reesei* bildet die dafür nötigen Zellulasen und der Herstellungsprozess ist viel umweltfreundlicher.

WIE MAN PILZENZYME FÜR WASCH-UND REINIGUNGSMITTEL ISOLIERT.

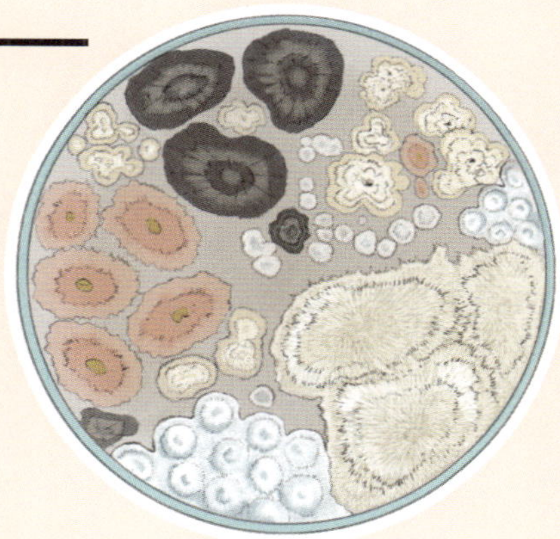

KULTURMEDIUM
MIT VESCHIEDENEN PILZEN
AUS EINER BODENPROBE

1.

Proben aus der Umwelt werden nach Pilzarten durchsucht, die größere Mengen an geeigneten Enzymen liefern können. Dazu gehören Proteasen (die Eiweißschmutz lösen), Lipasen (für Fett- und Ölflecken) und Amylasen (für stärkehaltigen Schmutz).

2.

Die für industrielle Verfahren vielversprechendsten Arten werden auf Agar kultiviert. Die besten Stämme züchtet man dann in Schüttelkolben und misst die entstehenden Enzymmengen.

3.

Pilzkulturen, die viele Enzyme bilden, werden in kleinen Bioreaktoren weitergezüchtet, um herauszufinden, ob sie auch zur Produktion größerer Mengen geeignet sind. Danach führen die Wissenschaftler einen Testlauf durch.

4.

Geeignete Pilze werden in einem großen Fermenter unter optimalen Wachstumsbedingungen kultiviert, sodass größere Enzymmengen produziert werden können.

5.

Schließlich wird das Kulturmedium entnommen und man reinigt die Enzyme, um sie in industriellen Fertigungsprozessen einsetzen zu können.

Schädlinge können Nutzpflanzen verheerend schädigen, aber auch wir Menschen richten mit Schädlingsbekämpfungsmitteln viel Schaden an. Zum Glück gibt es einige Pilze, die diverse Schädlinge stark dezimieren können. Die Nebenwirkungen ihres Einsatzes sind erheblich umweltverträglicher.

PILZE ALS SCHÄDLINGSBEKÄMPFER

Seit vielen Jahren werden chemische Insekten- und Unkrautvernichtungsmittel eingesetzt. Sie mögen zwar oft ihren Zweck erfüllen, sind aber sowohl für die Umwelt als auch für unsere Gesundheit schädlich. Getreidekrankheiten können zudem resistent gegen die ausgebrachten Pestizide werden, sodass es am Ende noch schwieriger wird, sie wieder loszuwerden. Als Alternative zur chemischen Keule empfehlen sich Mikroorganismen wie Pilze.

INSEKTENBEFALL Heuschrecken und andere Nutzpflanzen fressende Insekten richten weltweit enorme Schäden an. Der Einsatz entomopathogener Pilze (S. 88–89), die diese Schädlinge töten, ist eine ebenso sichere wie umweltfreundliche Alternative zu giftigen Chemikalien, weil außer den Schadinsekten keine anderen Lebewesen getötet werden. Pilze, die Insekten töten, wie *Beauveria bassiana*, *Lecanicillium muscarium* und *Metarhizium anisopliae*, lassen sich in großem Stil züchten und vermehren. Sie werden bereits zur biologischen Schädlingsbekämpfung eingesetzt. Man vermischt die Sporen mit einer Trägersubstanz, bevor man sie ausbringt. Oft werden sie versprüht.

UNKRÄUTER Phytoparasitische Pilze lassen sich gegen Unkräuter einsetzen, solange die gewählte Art nur eine bestimmte Pflanze befällt. Der Große Knorpellattich zum Beispiel ist in bewässertem Farmland, in Weizenanbaugebieten und auf Weideland in Nordame-

PILZ GEGEN PILZ

Pilze, die in Pflanzenzellen leben (S. 68–69), kann man als biologische Schädlingsbekämpfer gegen Pilzarten einsetzen, die Pflanzenkrankheiten hervorrufen (Phytoparasiten). Der Pilz *Colletotrichum gloeosporioides* beispielsweise lebt in gesunden Kakaoblättern. Er dezimiert den phytopathogenen Basidiomyceten *Moniliophthora roreri*, indem er dessen Wachstum blockiert – vielleicht, weil er mit dem Krankheitserreger um seine Nische konkurriert oder weil er wachstumshemmende Stoffe bildet.

rika und Australien ein Unkraut. Mit dem Rostpilz *Puccinia chondrillina* kann man ihn unter Kontrolle bringen. Da dieser Pilz ein begrenztes Wirtsspektrum hat, bringt er das Unkraut zum Absterben, befällt aber keine anderen Pflanzen.

Biologische Unkrautbekämpfung
Puccinia chondrillina ist ein Rostpilz, den man als Unkrautbekämpfung gegen den Großen Knorpellattich einsetzt. Wenn der Pilz das Unkraut infiziert, bilden sich rostrote Flecken auf den Blättern und Stängeln, die die Fotosyntheseleistung herabsetzen und das Unkraut verwelken lassen.

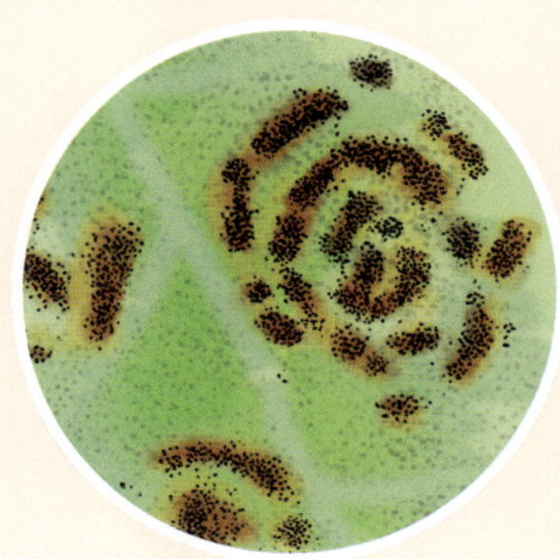

Pilze können zur Lösung unseres Müllproblems beitragen. Bei der sogenannten Mykosanierung setzen Pilze Enzyme frei, die fast alle Arten von Abfällen zersetzen können – von ausgelaufenem Erdöl über giftige Chemikalien bis hin zu Einwegartikeln aus Plastik.

WIEDERBEGRÜNUNG DER ERDE

PLASTIKMÜLL BESEITIGEN Wenn wir weiterhin so viel Plastik verbrauchen wie bisher, wird die Plastikmenge in den Ozeanen bald mehr wiegen als alle Meeresfische zusammengenommen. Bestimmte Pilze könnten zur Lösung des Problems beitragen. *Aspergillus tubingensis*, den man auf einer Müllhalde in Pakistan isoliert hat, kann Polyurethan zersetzen, das u.a. zur Dämmung von Kühlschränken verwendet wird. *Penicillium simplicissimum*, der in verrottenden Pflanzen gefunden wurde, zersetzt Polyethylen, das Einwegplastik von Tragetüten. Inzwischen wird auch untersucht, ob Pilze Mundschutzmasken und Schutzhandschuhe mit Plastikanteil zersetzen können.

GEFÄHRLICHE ABFÄLLE Das Isotop Uran-235 wird in Kernkraftwerken und in moderner Munition verwendet. Wenn es z.B. bei einer kriegerischen Auseinandersetzung in den Boden gelangt, ist dieser für sehr lange Zeit radioaktiv belastet. Mykorrhizapilze (S. 60–61) und einige häufige Bodenpilze können dazu beitragen, gefährliche Urankontaminationen zu reinigen, indem sie deren Strahlung verringern oder die radioaktiven Partikel einfangen und in ihre Hyphen aufnehmen.

VERGANGENHEIT, GEGENWART UND ZUKUNFT Pilze trugen dazu bei, dass vor 450 Mio. Jahren die Pflanzen das Festland besiedeln konnten. Heute sind mehr als 90 Prozent aller Pflanzen auf Partnerschaften mit Pilzen angewiesen, die sie u.a. mit Wasser und Mineralstoffen versorgen. Zersetzer schufen einst die ersten Böden an Land und sind noch heute die besten Wiederverwerter abgestorbener Pflanzen und toter Tiere. Sie setzen wertvolle Nährstoffe für Pflanzen und andere Organismen frei. Ohne Pilze würden die Ökosysteme der Erde nicht funktionieren und die belebte Welt, wie wir sie kennen, gäbe es nicht.

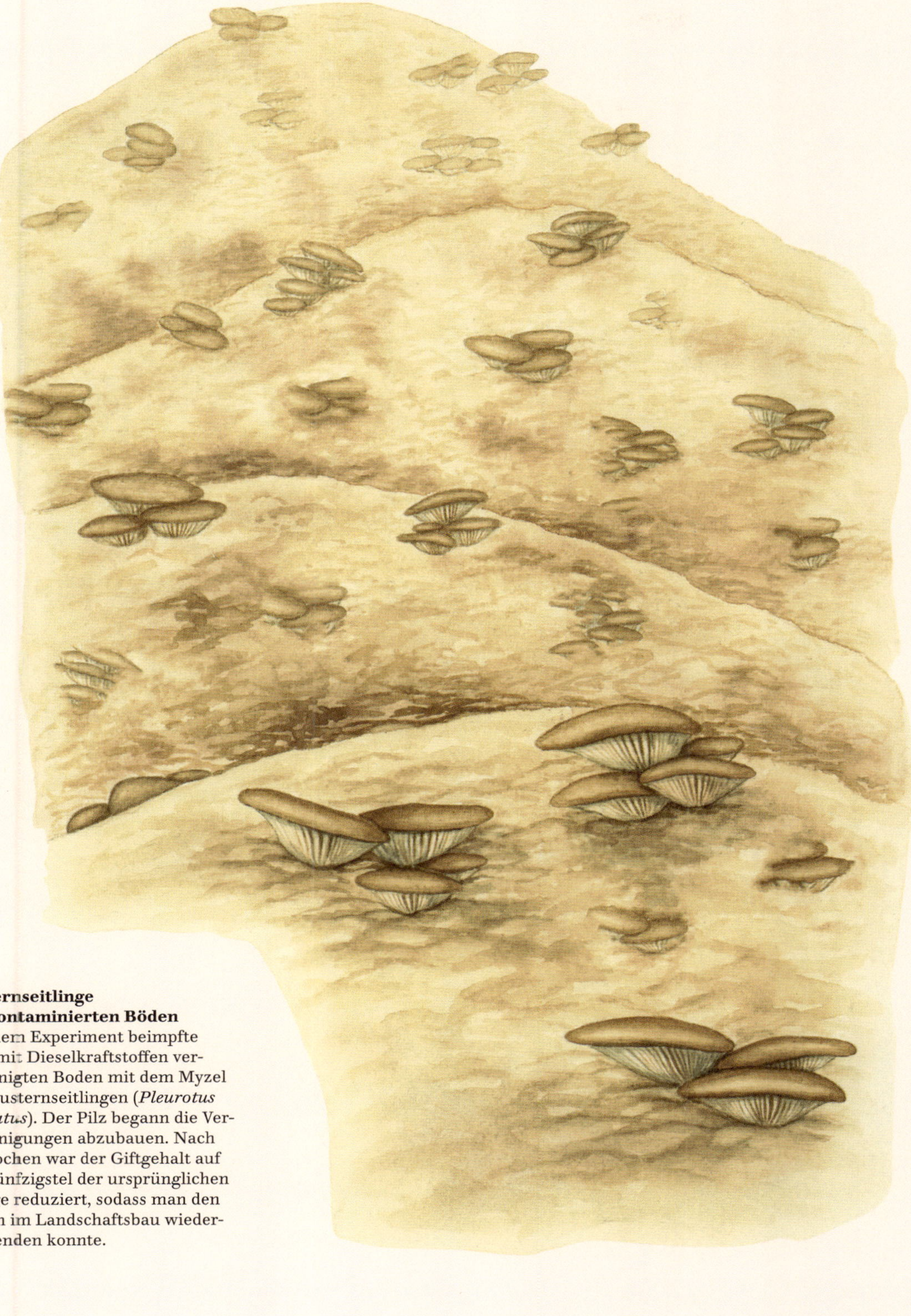

Austernseitlinge auf kontaminierten Böden
In einem Experiment beimpfte man mit Dieselkraftstoffen verunreinigten Boden mit dem Myzel von Austernseitlingen (*Pleurotus ostreatus*). Der Pilz begann die Verunreinigungen abzubauen. Nach 16 Wochen war der Giftgehalt auf ein Fünfzigstel der ursprünglichen Menge reduziert, sodass man den Boden im Landschaftsbau wiederverwenden konnte.

Zunächst werden allgemeine Bücher zur Biologie der Pilze vorgestellt. Dann folgen Literaturempfehlungen und Quellenangaben zu einzelnen Kapitel des Buchs.

WEITERFÜHRENDE LITERATUR UND ANDERE QUELLEN

Allgemeine Einführung:
Boddy L. & Coleman M. (2010) *From Another Kingdom: the Amazing World of Fungi*. Royal Botanic Garden Edinburgh.

O'Reilly P. (2022) *Fascinated by Fungi*. Coch-y-Bonddu Books Ltd.

Piepenbring M. (2015) *Introduction to Mycology in the Tropics*. The American Phytopathological Association, USA.
Eine schön illustrierte Einführung in die Biologie der Pilze. Viele Beispiele tropischer Pilze, die Grundlagen gelten jedoch für alle Regionen.

Pouliot A. (2018) *The Allure of Fungi*. CSIRO Publishing.

Roberts P. & Evans S. (2011) *The Book of Fungi*. Ivy Press.

Seifert K. (2022) *The Hidden Kingdom of Fungi: Exploring the Microscopic World in Our Forests, Homes, and Bodies*. Greystone Books.

Sheldrake M. (2021) *Entangled Life: How Fungi Make Our Worlds, Change Our Minds, and Shape Our Futures*. Bodley Head.

Ausführlichere Fachbücher:
Boddy L. (2021) *Fungi and Trees: their Complex Relationships*. The Arboriculture Association, Stroud.
Grundlagen der Biologie der Pilze werden anhand vieler Pilzarten beispielhaft erläutert, die mit lebenden Bäumen und Totholz assoziiert sind.

Kendrick B. (2017) *The Fifth Kingdom: An Introduction to Mycology*. Hackett Publishing Company, Inc. (4. Auflage).

Moore D., Robson G.D. & Trinci A.P.J. (2020) *21st Century Guidebook to Fungi*. Cambridge University Press.

Watkinson S.C., Boddy L. & Money N.P. (2015) *The Fungi*. Academic Press.

KAPTIEL I: ENTDECKEN

Nagy L.G. et al. *Fungal Tree of Life: Macroscopic Diversity of Fungi*. **group.szbk.u-szeged.hu/sysbiol/nagy-laszlo-lab-poster.html**
Poster zum Download. Weitere Informationen zu: Der Aufstieg des Reichs der Pilze, S. 12–13; Wer gehört zum Reich der Pilze? S. 14–15

Puginier C., Keller J. & Delaux P.-M. (2022) Plant–microbe interactions that have impacted plant terrestrializations. *Plant Physiology*, 190, 72–74. doi: 10.1093/plphys/kiac258.

Weitere Informationen zu: Urzeitliche Lebensgemeinschaften, S. 28–29.

Stephenson S. L. & Stempen H. (2000) *Myxomycetes: a Handbook of Slime Moulds*. Timber Press.

Strullu-Derrien C. et al. (2018) The origin and evolution of mycorrhizal symbioses: from palaeomycology to phylogenomics. *New Phytologist*, 220, 1012–1030.
Weitere Informationen zu: Pilze der Urzeit, S. 26–27; Urzeitliche Lebensgemeinschaften, S. 28–29.

Watling R. (2010) The hidden kingdom. In: Boddy L. & Coleman M., S.24–33.
Weitere Informationen zu vielen Themen dieses Kapitels.

Wu B., Hussain M., Zhang W., Stadler M., Liu X. & Xiang M. (2019) Current insights into fungal species diversity and perspective on naming the environmental DNA sequences of fungi. *Mycology*, 10(3):127–140. doi: 10.1080/21501203.2019.1614106.
Weitere Informationen zu: Was der Name sagt, S. 22–23; Wie viele Pilzarten gibt es? S. 24–25.

KAPITEL II: LEBENSWEISE

Aleklett K. & Boddy L. (2021) Fungal behaviour: a new frontier in behavioural ecology. *Trends in Ecology and Evolution*. 36(9):787–796. doi: 10.1016/j.tree.2021.05.006.
Weitere Informationen zu: Sinne des Myzels, S. 40–41; Verhalten und Gedächtnis, S. 42–43.

Watkinson S.C., Boddy L., & Money N.P. (2015) *The Fungi*. Academic Press.
Weitere Informationen zu vielen Themen dieses Kapitels.

KAPITEL III: INTERAKTIONEN

Boddy L. (2021) Beneficial relationships between fungi and trees. In: Boddy, S. 66–83.
Weitere Informationen zu: Lebensgemeinschaften, S. 60–61; Wood Wide Web, S. 62–63; Verborgene Pilze: Endophyten, S. 68–69; Flechten, S. 70–71.

Boddy L. (2021) Fungi that harm trees. In: Boddy, S. 124–151.
Weitere Informationen zu: Pilze verändern Landschaften, S. 78–79; Pilzkrankheiten auf dem Vormarsch, S. 80–81.

Boddy L. (2021) Interactions among tree-associated fungi and with other organisms. In: Boddy, S. 124–151.
Weitere Informationen zu: Partnerschaften mit Wirbellosen, S. 82–83; Fressen und gefressen werden, S. 86–87; Partnerschaften mit Vögeln und Säugetieren, S. 84–85; Pilze und Bakterien, S. 100–101; Pilzkriege, S. 102–103.

Boddy L. (2015) Interactions between fungi and other microbes. In Watkinson et al., S. 337–360.
Weitere Informationen zu: Pilze und Bakterien, S. 100–101; Pilzkriege, S. 102–103.

Boddy L. (2015) Interactions with humans and other animals. In Watkinson et al., S. 293–336.
Weitere Informationen zu: Partnerschaften mit Wirbellosen, S. 82–83; Fressen und gefressen werden, S. 86–87; Mumien und Zombies, S. 88–89; Amphibien und Säugetiere sterben, S. 90–91; Allergien, S. 94–95; Pilzgifte, S. 96–97; Pilzerkrankungen des Menschen, S. 98–99.

Boddy L. (2015) Pathogens of autotrophs. In Watkinson et al., S. 245–292.
Weitere Informationen zu: Pilzkrankheiten und Nutzpflanzen, S. 72–73; Rettung der Bananen, S. 74–75; Albtraum der Gärtner, S. 76–77; Pilze verändern Landschaften, S. 78–79; Pilzkrankheiten auf dem Vormarsch, S. 80–81.

Boddy L. (2014) Soils of war. *New Scientist* 224, 42–45.
Weitere Informationen zu: Mumien und Zombies, S. 88–89; Pilzkriege, S. 102–103.

Boddy L., Dyer P. & Helfer S. (2010) Plant pests and perfect partners. In: Boddy L. & Coleman M., S. 51–65.
Weitere Informationen zu: Lebensgemeinschaften, S. 60–61; Wood Wide Web, S. 62–63; Pflanzen, die tricksen, S. 64–65; Flechten S. 70–71; Verborgene Pilze: Endophyten, S. 68–69; Pilzkrankheiten und Nutzpflanzen, S. 72–73.

Cui L., Morris A., & Ghedin E. (2013) The human mycobiome in health and disease. *Genome Medicine* 5, 63. doi: 10.1186/gm467.
Weitere Informationen zu: Das Mykobiom des Menschen, S. 92–93.

Combes M., Weber J.F., & Boddy L. (2022) So what is ash dieback? *Small Woods*, Summer, 14–16.
Weitere Informationen zu: Pilzkrankheiten auf dem Vormarsch, S. 80–81.

Deveau A. et al. (2018). Bacterial–fungal interactions: ecology, mechanisms and challenges. *FEMS Microbiology Reviews*, 42(3), 335–352.
Weitere Informationen zu: Pilze und Bakterien, S. 100–101.

Elliott T.F., Jusino M.A., & Vernes K. (2020) Ornithomycology: an overlooked field of study. The ecological significance of symbiotic associations between birds and fungi. bou.org.uk/blog-elliott-ornithomycology/
Weitere Informationen zu: Partnerschaften mit Vögeln und Säugetieren, S. 84–85.

Evans H.C. & Boddy L. (2010) Animal slayers, saviours and socialists. In: Boddy L & Coleman M., S. 67–81.
Weitere Informationen zu: Partnerschaften mit Wirbellosen, S.82–83; Mumien und Zombies, S. 88–89.

Fisher M.C. et al. (2012) Emerging fungal threats to animal, plant and ecosystem health. *Nature* 484, 186–194.
Weitere Informationen zu: Pilzkrankheiten auf dem Vormarsch, S. 80–81.

Hiscox J.A., O'Leary J., & Boddy L. (2018) Pilzkriege: basidiomycete battles in wood decay. *Studies in Mycology* 89, 117–124.
Weitere Informationen zu: Pilzkriege, S. 102–103.

Kolmer J.A., Ordonez M.E., & Groth J.V. (2009). The Rust Fungi. In: *Encyclopedia of Life Sciences* (ELS). John Wiley & Sons. doi: 10.1002/9780470015902.a0021264.
Weitere Informationen zu: Pilzkrankheiten und Nutzpflanzen, S. 72–73.

Kumar P., Mahato D.K., Kamle M., Mohanta T.K., & Kang S.G. (2017). Aflatoxins: A Global Concern for Food Safety, Human Health and Their Management. *Frontiers in Microbiology*, 7. doi: 10.3389/fmicb.2016.02170
Weitere Informationen zu: Pilzgifte, S. 96–97.

Lucas J.A. (2020) *Plant Pathology and Plant Pathogens*. John Wiley & Sons.
Weitere Informationen zu: Pilzkrankheiten der Nutzpflanzen, S. 72–73; Albtraum der Gärtner, S. 76–77.

Oldridge S.G., Pegler D.N., & Spooner B.M. (1989) *Wild Mushroom and Toadstool Poisoning*. Royal Botanic Gardens, Kew.
Weitere Informationen zu: Pilzgifte, S. 96–97.

Purvis W. (2000) *Lichens*. Smithsonian.
Weitere Informationen zu: Flechten, S. 70–71.

Rodriguez R.J., White J.F., Arnold A.E., & Redman R.S. (2009) Fungal endophytes: diversity and functional roles. *New Phytologist*, 182, 314–330. doi: 10.1111/j.1469-8137.2009.02773.x.

Smith S.E. & Read D.J. (2008) *Mycorrhizal Symbiosis*. Elsevier.
Weitere Informationen zu: Lebensgemeinschaften, S. 60–61; Wood Wide Web, S. 62–63; Pflanzen, die tricksen, S. 64–65.

Watkinson S.C .(2015) Mutualistic symbiosis between fungi and autotrophs. In: Watkinson et al., S. 205–243.
Weitere Informationen zu: Lebensgemeinschaften, S. 60–61; Wood Wide Web, S. 62–63; Verborgene Pilze: Endophyten, S. 68–69.

Watling R. (1995) *Children and Toxic Fungi: The Essential Medical Guide to Fungal Poisoning in Children*. Royal Botanic Garden Edinburgh.
Weitere Informationen zu: Pilzgifte, S. 96–97.

KAPITEL IV: VERÄNDERUNGEN

Die folgenden Quellen enthalten weitere Informationen zu vielen Themen dieses Kapitels:

Boddy L. (2021) Environmental change. In: Boddy S. 226–251.

Boddy L. (2015) Fungi, ecosystems, and global change. In: Watkinson et al., S. 361–400.

Boddy L. et al. (2014) Climate variation effects on fungal distribution and fruiting. *Fungal Ecology* 10, 20–33.

Minter D. (2010) Safeguarding the future. In: Boddy L. & Coleman M., S. 143–153.

Vellinga E.C., Wolfe B.E., & Pringle A. (2009) Global patterns of ectomycorrhizal introductions. *New Phytologist*, 118, S. 960–973.

KAPITEL V: DRAUSSEN

Anderson P. (2021) Grasslands and CHEGD Fungi. **cieem.net/grasslands-and-chegd-fungi/**
Weitere Informationen zu: Naturbelassene Wiesen, S. 140–141.

Bechara T.J.H. (2015) Bioluminescence: A fungal nightlight with an internal timer. *Current Biology*, 25(7), R283–R285.
Weitere Informationen zu: Leuchtende Pilze, S. 124–125.

Boddy L. (2021) *Fungi and Trees: their Complex Relationships*. The Arboriculture Association.
Weitere Informationen zu: Pilzspuren im Wald, S. 118–119; Spuren der Zersetzung, S. 120–121; Alte und bewirtschaftete Wälder, S. 126–127; Alte Bäume, S. 130–131; An Ästen und Zweigen, S. 132–133; Hexenringe im Wald, S. 136–137.

Dix N. J. & Webster J. (1995) Phoenicoid fungi. In: *Fungal Ecology*. Chapman & Hall.
Weitere Informationen zu: Pilze, die Feuer lieben, S. 146–147.

Fox S. et al. (2022) Fire as a driver of fungal diversity – A synthesis of current knowledge, *Mycologia*, 114(2), 215–241. doi: 10.1080/00275514.2021.2024422.
Weitere Informationen zu: Pilze, die Feuer lieben, S. 146–147.

Green et al. (2011) Extremely low lichen growth rates in Taylor Valley, Dry Valleys, continental Antarctica. *Polar Biology* 35, 535–541.
Weitere Informationen zu: Antarktis und Arktis, S. 156–157.

Griffith G.W. & Roderick K. (2008) Saprotropic basidiomycetes in grasslands. In: Boddy L., Frankland J.C., & Van West P. (eds) *Ecology of Saprotrophic Basidiomycetes*. Academic Press.
Weitere Informationen zu: Naturbelassene Wiesen, S. 140–141.

Kuo H.-C. et al. (2014) Secret lifestyles of *Neurospora crassa*. *Scientific Reports*, 4, 5135. doi: 10.1038/srep05135.
Weitere Informationen zu: Pilze, die Feuer lieben, S. 146–147.

Lodge D.J. & Cantrell S. (1995) Fungal communities in wet tropical forests; variation in time and space. *Canadian Journal of Botany*, 73. doi: 10.1139/b95-402.
Weitere Informationen zu: Tropische Regenwälder, S. 128–129.

Newsham et al. (2021) Regional diversity of maritime Antarctic soil fungi and predicted responses of guilds and growth forms to climate change. *Frontiers in Microbiology*, 11, 615659. doi: 10.3389/fmicb.2020.615659.
Weitere Informationen zu: Antarktis und Arktis, S. 156–157.

Putzke J. et al. (2011) Agaricales (Basidiomycota) fungi in the South Shetland Islands, Antarctica. In INCT-APA Annual Activity Report Science Highlights Thematic Area 2. doi: 10.4322/apa.2014.065.
Weitere Informationen zu: Antarktis und Arktis, S. 156–157.

Spooner B. & Roberts P. (2005) Dunes and heathland. In: *Fungi*. Collins, S. 290–307.
Weitere Informationen zu: Sanddünen, S. 154–155.

Spooner B. & Roberts P. (2005) Freshwater. In: *Fungi*. Collins, S. 308–329.
Weitere Informationen zu: Süßwasserpilze, S. 150–151; Feuchtgebiete, S. 148–149.

Spooner B & Roberts P (2005) Grass and grassland. In: *Fungi*. Collins, S. 213–234.
Weitere Informationen zu: Hexenringe in Wiesen und Rasen, S.138–139; Naturbelassene Wiesen, S. 140–141; Gärten und Rasen, S.142–143.

Spooner B. & Roberts P. (2005) Marine and salt marsh. In: *Fungi*. Collins, S. 330–348.
Weitere Informationen zu: Meere und Ozeane, S. 152–153.

Spooner B. & Roberts P. (2005) Specialised natural habitats. In: *Fungi*. Collins, S. 349–392.
Weitere Informationen zu: Dung von Weitetieren, S. 144–145; Pilze, die Feuer lieben, S. 146–147; Antarktis und Arktis, S. 156–157; Höhlen und Bergwerke, S. 158–159.

Online-Quellen

Fungi in Svalbard (2018). Learning Arctic Biology website. **learningarcticbiology.info/learning-arctic-biology/species-and-adaptations/fungi/fungi-in-svalbard/**
Weitere Informationen zu: Antarktis und Arktis, S. 156–157.

Rainforest. **education.nationalgeographic.org/resource/rain-forest**
Weitere Informationen zu: Tropische Regenwälder, S. 128–129.

Rainforest canopy structure. **rainforests.mongabay.com/0202.htm**
Weitere Informationen zu: Tropische Regenwälder, S. 128–129.

Wax cap grassland fungi – a guide to identification and management. PlantLife **https://www.plantlife.org.uk/wp-content/uploads/2023/03/Waxcaps_Grassland-FungiGuideManagement.pdf**
Weitere Informationen zu: Naturbelassene Wiesen, S. 140–141.

KAPITEL VI: FINDEN

Die Organisationstypen, die in diesem Kapitel vorgestellt werden, basieren auf den Organisationstypen, die Læssøe & Petersen (2019) beschreiben. Ihr Bestimmungsschlüssel gilt für europäische Pilze in der gemäßigten Klimazone, die Organisationstypen gelten jedoch weltweit. In jeder Region kommen jedoch bestimmte Pilzarten vor. Sie sollten deshalb Literatur für die Region zu Rate ziehen, in der Sie unterwegs sind. Experten bieten Bestimmungskurse an. Mykologische Gesellschaften wie die Deutsche Mykologische Gesellschaft informieren über Gruppen vor Ort, Bestimmungskurse und andere Veranstaltungen. Auch in den Sozialen Medien wird Hilfe beim Bestimmen und beim Mikroskopieren und Anfärben angeboten, denn diese Methoden sind zur Artbestimmung oft notwendig. Die hier aufgeführten Quellen sind nur eine Auswahl und wir bevorzugen keine bestimmte Literatur oder Gruppe. Wir garantieren auch nicht, dass die Informationen korrekt sind und übernehmen keinerlei Haftung für Schäden und Unfälle, die durch die Anleitungen entstehen.

Bestimmungsbücher

Buczacki S. (2012) *Collins Fungi Guide*. Collins.

Humphries D., Wright C. (2021) *Fungi on Trees: A Photographic Reference*. The Arboriculture Association.

Læssøe T. & Petersen J.H. (2019) *Fungi of Temperate Europe*. Volumes 1 and 2. Princeton University Press.

Phillips R. (2006) *Mushrooms*. Pan.

Online-Ressourcen
British Mycological Society. **britmycolsoc.org.uk**
Bildungsangebote, Informationen zu Veranstaltungen und zu einigen lokalen Gruppen, die an mykologischen Themen interessiert sind.

British Mycological Society Facebook group. **facebook.com/groups/18843741618**

Colour chart. **mycokey.com/MycokeyDK/DKkeysPDFs/DanishMycologicalSocietycolourchart.pdf**
Petersen J.H. 1996. The Danish Mycological Society's Colour-chart.
Eine Farbkarte als PDF zum Download; sie kann bei der Bestimmung von Pilzen und den Namen der Arten hilfreich sein.

Cornell mushroom blog **blog.mycology.cornell.edu/**
Hier bekommt man Hilfe bei der genauen Bestimmung von Pilzarten.

First Nature. **first-nature.com**

Detaillierte Beschreibungen vieler europäischer Pilzarten und einiger Arten, die in Nordamerika vorkommen.

Fungi Education. **fungieducation.org/**
Eine Einführung in verschiedene Themen; ein Anliegen ist es, Kinder für die Welt der Pilze zu begeistern.

Fungi of Great Britain and Ireland. **fungi.myspecies.info/**
Literatur, Projekte und viele Informationen.

Global Biodiversity Information Facility. **gbif.org/species/5**
Karten zur weltweiten Verbreitung vieler Pilzarten.

Diese Quelle wurde in Kombination mit anderen verwendet, um Informationen über die Verbreitung von Arten bereitzustellen. Beachten Sie jedoch, dass die Datenbanken auf Eingaben von Beobachtern angewiesen sind, deren Bestimmung nicht immer korrekt ist. Einige der Angaben sind widersprüchlich.

iNaturalist.org. **inaturalist.org/**

Eine Adresse, um bei der Bestimmung Hilfe zu bekommen und mit anderen zu kommunizieren.

Index Fungorum. **indexfungorum.org/names/names.asp**
Hier finden Sie aktuelle wissenschaftliche Namen und Synonyme.

iSpot Nature. **ispotnature.org.**
Hier bekommen Sie Hilfe bei der Bestimmung und können mit anderen kommunizieren.

Mushroomexpert.com. **mushroomexpert.com/**
Informationen zur Pilzforschung und Bestimmung.

MycoBank. **mycobank.org**
Online-Datenbank für mykologisch Interessierte.

Mycological Society of America online teaching resources. **msafungi.org/website-and-useful-resources**
Verschiedene Bildungsangebote, auch Links zu Videos.

MycoWeb **mykoweb.com/**
Verschiedene Bildungsmaterialien, Literatur und Beschreibungen nordamerikanischer Pilzarten.

North American Mycological Association. **namyco.org**

Eine umfassende Ressource, die auch Bildungsmaterialien zur Verfügung stellt und über weitere Gruppen mykologisch Interessierter informiert.

SciStarter Citizen science blog. **blog.scistarter.org/2022/08/the-largest-ever-fungi-bioblitz-is-here/**
Informationen zu Citizen-Science-Projekten in Nordamerika.

Species Fungorum. **speciesfungorum.org/**
Eine globale Datenbank, die über aktuelle Artnamen und ihre Beziehung zu älteren Namen informiert.

The Fungarium Kew. **kew.org/science/collections-and-resources/collections/fungarium**
Informationen zur Sammlung der Pilze (Fungarium) in Kew Gardens.

Tom Volks mushrooms. **botit.botany.wisc.edu/toms_fungi/**
Website des verstorbenen renommierten amerikanischen Mykologen Tom Volk.

UK Fungus Day. **ukfungusday.co.uk/**
Alljährlich findet im Vereinigten Königreich der »Tag der Pilze« statt. Die Website informiert über Veranstaltungen in diesem Rahmen.

KAPITEL VII: ANBAUEN

Weitere Informationen zu vielen Themen des Kapitels:

Hickey P. (2010) Growing edible fungi. In: Boddy L & Coleman M (eds) *From Another Kingdom: the Amazing World of Fungi*, pp.121–129. Royal Botanic Garden Edinburgh.

Stamets P. (1996) *Growing Gourmet and Medicinal Mushrooms*. Ten Speed Press.

KAPITEL VIII: FEIERN

Weitere Informationen zu vielen Themen des Kapitels:

Harding P. (2008) *Mushroom Miscellany*. Collins.

Kiernan H. (2010) Fungal monsters in Science Fiction. In Boddy L. & Coleman M., S. 105–119.

Rutter G. (2010) Fungi and humanity. In Boddy L. & Coleman M., S. 93–103.

Spooner B. & Roberts P. (2005) Folklore and Traditional use. In: *Fungi*. Collins, S. 454–475.

KAPITEL IX: HEILEN

Weitere Informationen zu vielen Themen des Kapitels:

Atila F, Owaid MN, & Shariati MA (2021) The nutritional and medical benefits of *Agaricus bisporus*: A review. *Journal of Microbiology, Biotechnology and Food Sciences*, 7, 281–286.

Lowe H. et al. (2021) The therapeutic potential of psilocybin. *Molecules*, 26, 2948. doi: 10.3390/molecules26102948.

Miller H. (2001) The Story of Taxol: Nature and Politics in the Pursuit of an Anti-Cancer Drug. *Nature Medicine*, 7, 148. doi: 10.1038/84570.

Rogers R (2011) *The Fungal Pharmacy: The complete guide to medicinal mushrooms and lichens of North America*. North Atlantic Books.

KAPITEL X: VERWENDUNG

Weitere Informationen zu vielen Themen des Kapitels:

Agrawal BJ (2017) Bio-stoning of denim: An environmental-friendly approach. *Current Trends in Biomedical Engineering & Biosciences*, 3(3), 45–47.

Hyde KD et al. (2019) The amazing potential of fungi: 50 ways we can exploit fungi industrially. *Fungal Diversity*, 97(1), 1–136.

Money N.P. (2015) Fungi and biotechnology. In: Watkinson et al., S. 401–424.

Niego et al. (2023) The contribution of fungi to the global economy. *Fungal Diversity*. doi.org/10.1007.s13225-023-00520-9.

Schwan R.F. & Wheals A.E. (2004) The Microbiology of Cocoa Fermentation and its Role in Chocolate Quality, *Critical Reviews in Food Science and Nutrition*, 44(4), 205–221. doi: 10.1080/10408690490464104.

Spooner B. & Roberts P. (2005) Food and technology. In: *Fungi*. Collins, S. 456–514.

The supermarket challenge: **davidmoore.org.uk/assets/fungi4schools/Documentation/POSTERS/display_posters/Supermarket_challenge02.pdf**
Die Poster vermitteln, in welchen Lebensmitteln Pilze oder von Pilzen produzierte Stoffe enthalten sind und welche Lebensmittel mit der Hilfe von Pilzen hergestellt werden.

Wainwright M. (2010). Amazing chemists. In: Boddy L. & Coleman M, S. 83–91.

GLOSSAR

amyloid (Sporen) Stärke enthaltend (Blaufärbung mit Jodreagenzien).

angeheftet (Lamellen) schmal am Stiel angewachsen.

angewachsen (Lamellen) breit am Stiel angewachsen.

Ascospore Sexuell gebildete Sporen der Schlauchpilze (Ascomyceten).

Basidie (Pl. Basidien) Zellen im Fruchtkörper eines Ständerpilzes, an denen die Basidiosporen gebildet werden.

Basidiospore Sexuell gebildete Sporen der Ständerpilze (Basidiomyceten).

biotroph Ein Pilz, der einen Teil seiner Nährstoffe oder sämtliche Nährstoffe von einem anderen Lebewesen bezieht, mit dem er eine Lebensgemeinschaft bildet. Manchmal schädigt ein Partner den anderen, in anderen Fällen haben beide Partner Vorteile.

Buckel Ein runder Höcker in der Hutmitte eines Ständerpilzes.

Ektomykorrhiza Eine Form der Symbiose zwischen einem Pilz und den Feinwurzeln eines Baums.

ellipsoid (Sporen) oval geformt.

Endophyt Ein Mikroorganismus, der in einer Pflanze lebt.

Eukaryot Ein Lebewesen, dessen Zellen einen Kern besitzen; zu den Eukaryoten gehören unter anderem die Pflanzen, Tiere und Pilze.

Flechte Eine Lebensgemeinschaft aus einer oder mehreren Pilzarten (Mykobionten) und einer oder mehreren Algenarten oder Cyanobakterienarten (Fotobionten). Die Algen und/oder Cyanobakterien leben zwischen den Hyphen des Pilzes.

Fotobiont So bezeichnet man die Alge oder das Cyanobakterium, das der Partner einer Flechte ist. Der Fotobiont betreibt Fotosynthese, um Zucker herzustellen, die er mit dem Pilzpartner (dem Mykobionten) teilt.

frei (Lamellen) nicht mit dem Stiel verbunden.

Fruchtkörper Vielzellige Pilzarten bilden unterschiedlich geformte Fruchtkörper, wie becher- oder konsolenförmige Gebilde oder solche mit Hut und Stiel. In den Fruchtkörpern findet die sexuelle Sporenbildung statt.

Fruchtschicht (Hymenium) Teil des Fruchtkörpers eines Schlauch- oder Ständerpilzes, in dem sich die Sporen bildenden Zellen befinden.

Gattung (genus, pl. genera) Dieser taxonomische Rang fasst in der Biologie Arten zusammen, die evolutionär sehr nah verwandt sind. Pilze haben wie alle Arten einen zweiteiligen wissenschaftlichen Namen. Der erste ist der Gattungsname und der zweite der Artname, wie z. B. *Agaricus campestris* (Wiesen-Champignon), *Agaricus bi*sporus (Zucht-Champignon), und *Agaricus arvensis* (Weißer Anis-Champignon).

herablaufend (Lamellen) Die Lamellen setzen sich auf dem Stiel fort.

Hymenium *siehe* Fruchtschicht.

Hyphen Fein verzweigte fadenförmige Strukturen, die bei den meisten Pilzen von Septen unterteilt werden.

Kieselalgen (Diatomeen) Einzellige unbegeißelte Algen, die Fotosynthese betreiben und zarte, gemusterte Schalen aus Siliziumdioxid besitzen.

Lamellen Senkrecht dünne, plattenförmige Strukturen, die unter dem Hut eines Pilzes hängen. An den Lamellen werden die Sporen gebildet.

Metabolit Ein chemischer Stoff, der als Zwischenstufe oder Abbauprodukt von Stoffwechselvorgängen wie der Zersetzung von Nahrung entsteht.

Mykobiont Der Pilzpartner einer Flechte.

Myzel (Pl. Myzelien) Ein Netzwerk aus Hyphen, das bei den meisten Pilzarten der wichtigste Teil ist.

Myzelstrang Zusammenschluss vieler Hyphen zu einem mit bloßem Auge sichtbaren, wurzelähnlichen Strang; Myzelstränge wachsen oft aus Holzstücken in der Laubstreu.

Operculum Ein Deckel, wie z. B. an der Spitze eines Schlauchs (Ascus), der sich öffnet, um die Sporen freizusetzen.

ornamentiert (Sporen) dekorative Strukturen wie z. B. Leisten oder Warzen auf der Oberfläche.

Paraphysen Unterschiedlich geformte Hyphen zwischen den Sporen bildenden Schläuchen diverser Ascomyceten.

Perithecium (Pl. Perithecien) So bezeichnet man kleine flaschen- oder birnenförmige Kammern im Hymenium einiger Schlauchpilze und Flechten.

Pilz Pilze sind weder Pflanze noch Tiere, sondern bilden ein eigenes Reich, zu dem unter anderem die Hefepilze, Schimmelpilze und Flechten gehören.

resupinat hutkantenlos dem Substrat anliegend, krustenförmig.

Rhizomorphen So bezeichnet man Hyphen, die einen robusten, dicken Strang bilden, der an der Spitze wächst. Rhizomorphen sind meistens rot, braun oder schwarz und ähneln Wurzeln.

Schlauch (Ascus, Pl. Asci) Schlauchförmige Zellen im Fruchtkörper eines Ascomyceten, in denen die Ascosporen gebildet werden.

Schlauchpilz Ein Pilz, der zur Gruppe Ascomycota gehört.

Schnallenbildung (bei Basidiomyceten) Eine Hyphe bildet eine Ausstülpung, die sich nach hinten wendet und hinter einer neu gebildeten Querwand mit der Ausgangszelle fusioniert.

Septum (Pl. Septen) Querwände, die die Hyphen in Kompartimente unterteilen und v. a. bei Schlauch- und Ständerpilzen vorkommen. Auch einige Vertreter anderer Pilzgruppen bilden Septen aus.

Sklerotium Dauerform eines Pilzes, die sich aus einer Masse von Hyphen bildet; ein Sklerotium hat eine dicke schützende Rinde, die dazu beiträgt, dass der Pilz schwierige Bedingungen überdauern kann.

Sporen Die Zellen, mit denen sich Pilze fortpflanzen; man kann sie mit den Samen von Blütenpflanzen vergleichen. Es gibt zwei Typen: 1. ungeschlechtlich gebildete Sporen, die genetisch mit der Elternzelle identisch sind und an Myzelien gebildet werden können, ohne dass eine Verschmelzung zweier kompatibler Hyphen stattgefunden hat (manchmal bilden sie sich auch nach der Verschmelzung von Hyphen). 2. Sexuell gebildete Sporen enthalten eine Mischung der Gene von beiden Elternpilzen und entstehen nach der Verschmelzung von Hyphen.

Ständerpilz Ein Pilz, der zur Gruppe Basidiomycota gehört; die Fruchtkörper vieler Ständerpilze bestehen aus Hut und Stiel.

Sterigmen Auswüchse der Basidien (Sporenständer), an denen die Basidiosporen entstehen.

Stroma (Pl. Stromata) Ein robustes platten-, kugel- oder keulenförmiges Hyphengeflecht einiger Schlauchpilze, in das kleine rundliche oder flaschenförmige Perithezien eingebettet sind.

Substrat Das Material, auf und in dem ein Pilz wächst und von dem er sich ernährt.

Trüffeln Rundliche, meist unterirdisch wachsende Fruchtkörper, wie sie von einigen Schlauchpilzen und wenigen Ständerpilzen gebildet werden.

Volva Eine sackartige Struktur, die bei einigen Hutpilzen die Basis des Stiels umgibt. Man bezeichnet sie auch als Scheide.

Zystide (Pl. Zystiden) Diese Zellen befinden sich bei den Fruchtkörpern der Ständerpilze zwischen den Basidien und haben oft eine charakteristische Form, die bei der Bestimmung hilfreich ist.

REGISTER DER PILZE

Großer Blut-Helmling
(*Mycena haematopus*)

REGISTER

DIE AUTORINNEN

LYNNE BODDY MBE ist Professorin an der Cardiff University und erforscht die Ökologie der Pilze. Sie hat mehr als 300 wissenschaftliche Publikationen veröffentlicht, ist Autorin von drei akademischen Büchern über Pilze und hat das Kinderbuch *Humongous Fungus* (DK) geschrieben. Sie war Präsidentin der British Mycological Society und hat zahlreiche Auszeichnungen von wissenschaftlichen Gesellschaften bekommen, sowohl in England wie in anderen Ländern. Lynne war mehrfach im Radio zu hören und im Fernsehen zu sehen, unter anderem in *Deep Down and Dirty*, *The One Show* und *Winter Watch* (BBC) und *Sunday Brunch* (Channel 4).

ALI ASHBY ist Biologin. Auch sie erforscht Pilze und teilt ihre Faszination für die Vielfalt und Komplexität dieser Lebewesen mit Interessierten aller Altersgruppen. Als ehemalige Stipendiatin der Royal Society of Biology (RSB) erforschte sie in der Abteilung »Plant Sciences« der Universität Cambridge die sexuelle Entwicklung der Pilze und Pilzerkrankungen von Nutzpflanzen. Ali ist Mitglied der Royal Society of Biology (RSB) und der British Mycological Society (BMS). Als Beiratsmitglied der BMS und Vorsitzende des »Fungal Education and Outreach Committe« war sie maßgeblich daran beteiligt, den »Fungus Day« ins Leben zu rufen, der alljährlich in ganz England stattfindet. Sie engagiert sich in der Bildungsarbeit und hat vor Kurzem das Buch *Unravelling the Fungus Among Us* geschrieben.

Totentrompete
(*Craterellus cornucopioides*)

DANK UND BILDNACHWEIS

Der Dank der Autorinnen geht an alle, die während ihrer wissenschaftlichen Laufbahn mit ihnen über Pilze diskutiert haben. Bei Gesprächen mit Kolleginnen und Freunden, Akademikerinnen, Lehrenden, Geschäftspartnerinnen, Schulklassen und der Öffentlichkeit wurde uns bewusst, wie interessiert die Menschen am Reich der Pilze sind. Der Wunsch, ihre Neugierde zu befriedigen, motivierte uns, dieses Buch zu schreiben. Auch unseren Familien möchten wir für ihre Unterstützung danken, besonders für ihre Anregungen zur Themenauswahl. Weil es so viel Faszinierendes über Pilze zu erzählen gibt, war die Auswahl eine Herausforderung.

Außerdem danken wir all den Kollegen und Kolleginnen, die uns Fotos und sonstige Bilder bereitstellten, die die Vorlagen für die Illustrationen waren. Ein besonderer Dank an Pat O'Reilly und First Nature. Auch möchten wir Thomas Læssøe und Jens H. Petersen für ihre informativen Bände *Fungi of Temperate Europe* danken, die die Grundlage für die Organisationstypen im Kapitel »Finden« sind. Dem Redaktionsteam von DK einen besonderen Dank für die unermüdliche Arbeit und Geduld. Alice und Jane herzlichen Dank für die brillante Redaktion, Vicky für die wunderbare Gestaltung der Seiten, Barbara und Sophie für ihr Verständnis und ihre guten Lösungsvorschläge, wenn Herausforderungen zu bewältigen waren. Nicht zuletzt gilt unser Dank Stuart, Aman und Dan, deren wundervolle Illustrationen dieses Buch lebendig machen.

Ein herzliches Dankeschön außerdem an Rich Wright, der einige der Texte zu Merkmalen einzelner Arten und die Aktualität der wissenschaftlichen Namen bei »Species Fungorum« überprüft hat. Danke an Kevin Newsham für seine Beiträge zu Pilzen der Arktis und Antarktis, Piter Crittenden für Beiträge zu den Flechten und Paul Kirk für aktuelle Informationen zur Anzahl der wissenschaftlich beschriebenen Pilzarten.

DK DANKT:

Der Verlag dankt Dawn Titmus für die Lektoratsassistenz, Ruth Ellis für das Register und Amy Cox, Louise Brigenshaw und Marianne Markham für das Design.

BILDNACHWEIS

Der Verlag dankt folgenden Personen und Organisationen für die freundliche Genehmigung zum Abdruck von Illustrationen und Fotos:
(Abkürzungen: o = oben; u = unten; m = Mitte; g = ganz; l = links; r = rechts)

Ali Ashby: 173; **Aman Sagoo:** 1, 2, 4, 6, 8, 10, 20, 22, 25, 34, 38, 40u, 47, 48, 52, 57, 58, 64, 66, 70–71, 76–77, 78–79, 83, 85, 86, 96, 102–103, 104, 107, 108 gor, 108gol, 110–111, 112, 114, 116, 118–119, 121, 124, 127, 128, 130–131, 132, 135, 137, 138, 141, 143, 144, 147, 148, 153, 155, 157, 159, 160, 163, 165, 167, 170, 174gor, 174ur, 178, 214, 217, 219, 221, 225, 228, 231, 232, 237, 240, 243, 245, 246, 248, 250, 251, 261go, 264, 269, 270, 281; **Dan Crisp:** 180, 182, 183, 184, 185, 186, 187, 188, 190, 191, 192, 194, 195, 196, 198, 200, 201, 202, 204, 205, 206, 208, 209, 210, 212, 213; **Getty Images:** Corbis Historical / Photo Josse / Leemage 235; **Science Photo Library:** Richard Bizley (nach seiner Vorlage) 29gor; **Stuart Jackson-Carter:** 117, 19, 27, 29, 37, 40t, 40l, 43, 45, 50–51, 55, 63, 68, 69, 72–73, 75, 81, 89, 92, 95, 101, 108u, 122, 151, 171, 174gol, 174ul, 177, 223, 227, 252, 253, 257, 259, 261ul, 261ur, 267, 275, 277, 279

VERWEISE:

43 Dowson, Christopher & Rayner, Alan & Boddy, Lynne. (1986) Outgrowth Patterns of Mycelial Cord-forming Basidiomycetes from and between Woody Resource Units in Soil. *Microbiology*-sgm. 132. 203-211. 10.1099/00221287-132-1-203. Nach Fig. 2, S. 206.

55 Mit freundlicher Genehmigung von Prof. Dr. Meike Piepenbring.

108 Vellinga, E. C., Wolfe, B. E. und Pringle, A. (2009) Global patterns of ectomycorrhizal introductions. *New Phytologist*. 181: 960-973. https://doi.org/10.1111/j.1469-8137.2008.02728.x. Nach Fig. 3 (Karte).

151 Oliveira Fiuza, Patrcia & Cantillo, Taimy & Gulis, Vladislav & Gusmao, Luis. (2017) Ingoldian fungi of Brazil: Some new records and a review including a checklist and a key. *Phytotaxa*. 306. 171–200. 10.11646/phytotaxa.306.3.1. Nach Fig. 4.

177 Kirk, P. M., Cannon, P. F., Minter, D. W. & Stalpers, J. A. (2008) *Dictionary of the Fungi*, 10th edition. Wallingford: CABI Publishing. ISBN-10: 0851998267, ISBN-13: 978-0851998268. Reproduced with permission of the Licensor through PLSclear. Nach Fig. 10A , S. 81 und Fig. 14, S. 189.

177 Nach Vorlagen aus: Moore, D., Robson, G. D. & Trinci, A. P. J. (2020). *21st Century Guidebook to Fungi*, 2nd Edition. Siehe S. 576. Cambridge, UK: Cambridge University Press. ISBN: 9781108745680 (Basidium B).

Lektorat Sophie Blackman, Ruth O'Rourke,
Alice Horne, Jane Simmonds, Katie Cowan
Gestaltung und Bildredaktion Barbara Zuniga, Heather Blagden,
Maxine Pedliham, Vicky Read, Giulia Garbin
Illustrationen Aman Sagoo, Stuart Jackson-Carter, Dan Crisp
Umschlaggestaltung Abi Gain
Herstellung Tony Phipps, Samantha Cross
Text Lynne Boddy, Ali Ashby

Für die deutsche Ausgabe:
Projektbetreuung Dr. Kerstin Schlieker
Herstellungskoordination Claudia Rode
Herstellung Sabine Hüttenkofer

Titel der englischen Originalausgabe: Fungi

Übersetzung Eva Sixt
Lektorat Till R. Lohmeyer

ISBN 978-3-8310-4972-1
5902-335006-23456-01

Druck und Bindung C&C Offset Printing, China

MIX
Papier | Fördert gute Waldnutzung
FSC® C018179

www.dk-verlag.de

Haftungsausschluss
Viele Pilze enthalten Gifte, die verschiedene Symptome hervorrufen können, von Magenkrämpfen bis hin zu Organversagen und dem Tod. Es liegt in der Verantwortung des Lesers, sie zu sammeln, um sie zu essen oder zu erforschen. Pilzsporen können allergische Reaktionen hervorrufen, weshalb man sie nicht einatmen sollte. Mit den Informationen, die dieses Buch vermittelt, kann man Krankheiten weder diagnostizieren noch behandeln, heilen oder verhindern. Die Illustrationen sind künstlerische Darstellungen und die beschreibenden Texte zu den vorgestellten Arten unvollständig. Man kann die Pilzarten anhand dieser Informationen nicht exakt bestimmen. Wird eine Pilzart im Buch als ungiftig beschrieben, heißt das nicht, dass man den Pilz essen darf. Die Autorinnen und der Verlag übernehmen keinerlei Haftung für Schäden und Unfälle, die durch im Buch enthaltene Informationen entstehen.

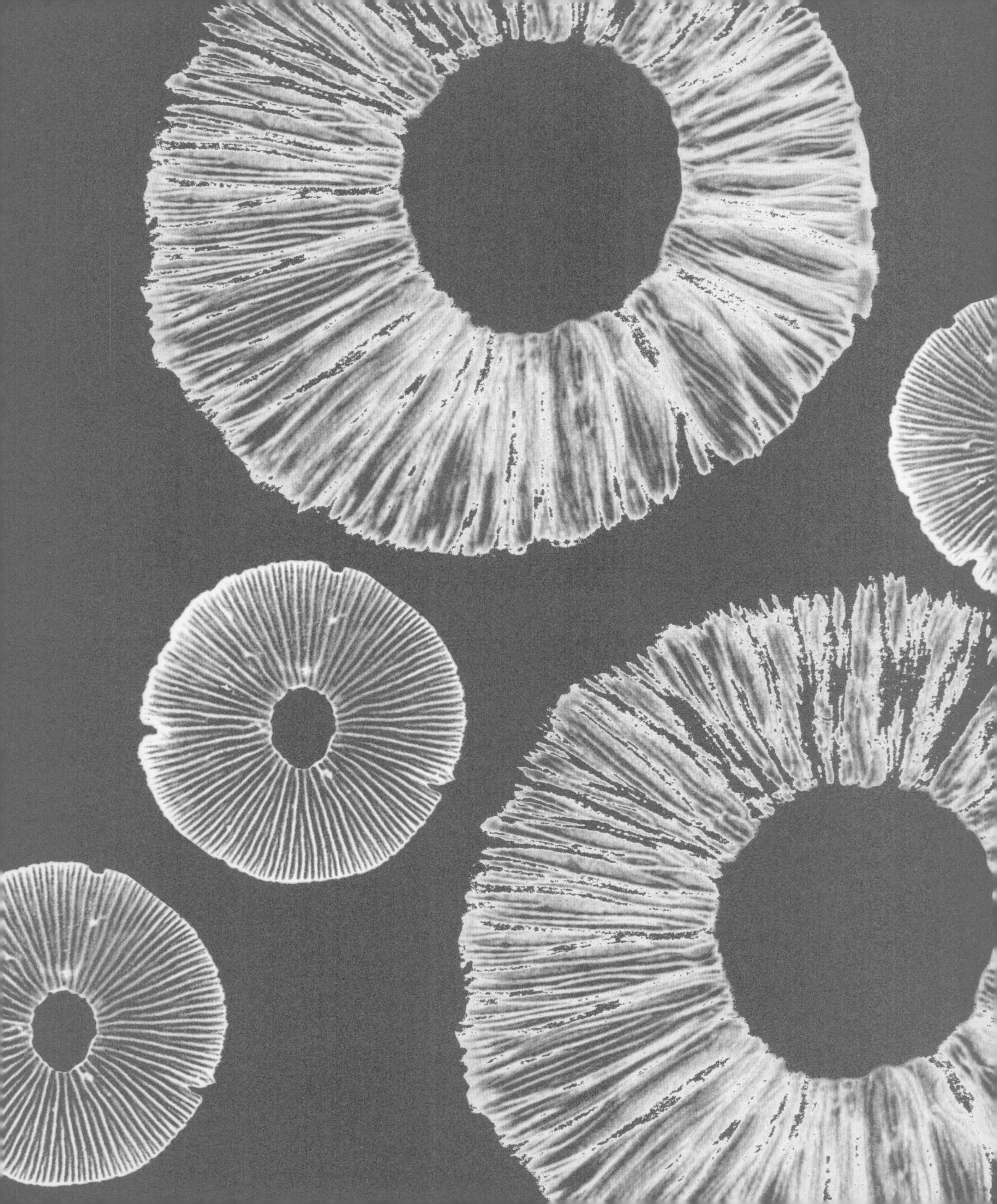